普通高等教育机电类系列教材

机械制造装备设计
课程设计指导书

大连理工大学　关慧贞　徐文骥　编著

机 械 工 业 出 版 社

本书是与“十二五”普通高等教育本科国家级规划教材《机械制造装备设计》（第3版）一书相配套的课程设计教材，也可结合实际教学独立使用。

本书立足于机械制造装备设计基础理论，结合多年教学实践，使读者可以在较低起点下进行高效的机械装备设计实践。书中主要包括普通机床或数控机床主传动系统设计、移动机器人设计和机床夹具设计三部分内容。

本书可作为高等工科院校机械设计制造及其自动化专业以及相关专业的教学用书，也可供从事机械制造装备设计和研究的工程技术人员和研究生设计时参考。

图书在版编目（CIP）数据

机械制造装备设计课程设计指导书/关慧贞，徐文骥编著.—北京：机械工业出版社，2013.5（2024.8重印）
普通高等教育机电类系列教材
ISBN 978-7-111-41981-5

Ⅰ.①机… Ⅱ.①关… ②徐… Ⅲ.①机械制造工艺—工艺装备—设计—高等学校—教学参考资料 Ⅳ.①TH16

中国版本图书馆CIP数据核字（2013）第062408号

机械工业出版社（北京市百万庄大街22号 邮政编码100037）
策划编辑：刘小慧 责任编辑：刘小慧 王勇哲 武 晋 蔡开颖
版式设计：潘 蕊 责任校对：闫玥红
封面设计：张 静 责任印制：张 博
北京中科印刷有限公司印刷
2024年8月第1版第12次印刷
184mm×260mm·10.5印张·1插页·246千字
标准书号：ISBN 978-7-111-41981-5
定价：25.00元

电话服务	网络服务
客服电话：010-88361066	机 工 官 网：www.cmpbook.com
010-88379833	机 工 官 博：weibo.com/cmp1952
010-68326294	金 书 网：www.golden-book.com
封底无防伪标均为盗版	机工教育服务网：www.cmpedu.com

前　　言

本书是与“十二五”普通高等教育本科国家级规划教材《机械制造装备设计》相配套的课程设计教材，也可结合实际教学独立使用。书中的课程设计有三个方向可供选择：普通机床或数控机床主传动设计，机器人设计，机床夹具设计。课程设计是学生在学完相应的专业课之后，运用所学的基础课、技术基础课和专业课的理论知识，生产实习与实验等实践知识进行的一次实践性教学环节，是学生学习设计的综合性训练过程。学生通过课程设计，加深和扩展所学的知识，积累设计经验和提高设计能力，培养创新意识、综合素质及分析问题和解决实际工程技术问题的能力。

本书由大连理工大学关慧贞、徐文骥编著，它凝聚了大连理工大学机械学院原机床和工艺教研室教授们的心血，是数十年教学经验的提炼和总结。在本书编写过程中，多位研究生参与了其中的工作，在此一并向大家表示感谢。

本书可作为高等工科院校机械设计制造及自动化专业以及相关专业的教学用书，也可供从事机械制造装备设计和研究的工程技术人员和研究生设计时参考。

限于编者的水平，书中错误或不足之处在所难免，恳请批评指正。

编　者

目　录

第三部分 机床夹具设计

第一部分　机床课程设计

一、机床课程设计的题目和内容

1. 机床课程设计的题目

机床课程设计题目包括：①普通车床主传动系统设计；②普通铣床主传动系统设计；③数控车床主传动系统设计；④数控铣床主传动系统设计。

2. 机床课程设计的内容

机床课程设计的内容是设计一个中等复杂程度的机床主传动系统，包括如下内容。

（1）运动设计　根据任务书中给定的规格、参数，拟订传动系统结构方案，确定传动副的传动比及齿轮齿数等。

（2）动力设计　确定电动机的功率，传动零件的计算载荷、尺寸，验算主要传动件的受力变形或零件的寿命是否在允许的范围内。

（3）结构设计　进行主传动轴系、变速机构、操纵机构等布局和具体结构的详细设计。

3. 学生应完成的设计工作

（1）设计图　绘制主传动系统装配图（A0 号图）1 张，部件展开图 1 ~ 2 张（A0 号或 A1 号图），主要零件图 1 张。

（2）设计计算说明书　包括机床规格、用途说明、机床主传动系统的设计（方案拟订、主传动参数、转速图和传动系统图）、动力计算和校核。通过计算确定：主要传动件的材料和尺寸；操纵机构和润滑方式；设计的优缺点和改进意见，以及参考文献等。

二、机床课程设计的步骤

1. 明确题目要求，查阅有关资料

在研究设计题目时，应明确所给定的条件、数据，所设计装备的性能、应用范围以及规定的设计内容。根据题目需要查阅有关资料。除《机械制造装备设计》教材外，还可参阅《金属切削机床》、《金属切削机床设计》、《机床设计》等教材，查阅《机床设计手册》、《机械设计手册》、《机床图册》和相关的图样等。在认真读懂有关图样的同时，还应到实验室或工厂实地了解同类型装备的结构、各传动部分与其他相邻部件的安装关系、机床的使用性能与操作等。

2. 设计主传动系统

拟订主传动系统总体方案时，要慎重考虑各传动组中传动副的传动比，一般为降速传动。同时，还要充分注意各传动轴在空间如何布置才更为合理。

设计中，常取 V 带传动的传动比 $u = 1:1 \sim 1:2.5$。这是因为小带轮的直径不能选得太小，大带轮的直径不能过大，以避免带因过度绕曲而缩短寿命。主传动系从电动机到主轴，

通常为降速传动。接近电动机的传动件转速较高，传递的转矩较小，尺寸小一些；反之，靠近主轴的传动件转速较低，传递的转矩较大，尺寸就较大。因此，在拟订主传动系统总体方案时，应尽可能将传动副较多的变速组安排在前面，传动副数少的变速组放在后面，使主传动系统中更多的传动件在高速范围内工作，尺寸小一些。减小变速箱的外形尺寸，也节省变速箱的成本。选择齿轮传动比时，为避免从动齿轮尺寸过大而增加箱体的径向尺寸，一般限制直齿圆柱齿轮最小传动比 $u_{min} \geqslant 1/4$；为避免放大传动误差，减少振动噪声，直齿圆柱齿轮的最大传动比 $u_{max} \leqslant 2$，即齿轮传动比 $u = 2 \sim 1/4$ 为宜。这里所推荐的极限传动比不是绝对的，有时也可超出，但不宜超出过多，设计时应根据具体情况而定。通常，应尽可能少用极限传动比，以免因增大传动件的尺寸而浪费材料或因提高转速而增强噪声。一个主传动链的最高转速和最低转速确定以后，若不采用极限传动比，可能会增加传动件的数目（如采用背轮传动），但最大零件的尺寸减小，从而使整个箱体的截面尺寸减小。但有些机床，如升降台铣床，利用立式床身作为传动件的箱体，各传动轴的中心又近似于排在一个平面上，内部空间足够容纳大齿轮；而且对断续切削的铣削来说，还希望在主轴上靠近前轴承处装一个起飞轮作用的大齿轮。因此，在最后一级扩大组中采用极限传动比是有利的。

（1）普通机床主传动系统设计　通常，普通机床主传动系统设计是在给定主电动机功率、电动机最高转速的情况下，拟订传动系统。可根据教学计划，从学时实际情况考虑，决定普通机床主传动系统中的主轴级数，可选主轴变速级数 $z = 8$、12、18 等；因学时所限，对于级数较多的机床主传动系统设计，建议采用双速电动机传动，以简化机构。这样也可以减少学生大量的计算、绘图工作。然后，确定机床主传动运动参数，拟订结构形式和转速图；确定各传动轴之间的转速比、齿轮传动比、齿轮齿数和带轮直径，绘制出主传动系统图等。

设计主变速传动系时，一般应该遵循主传动系统的设计原则，尽可能做到变速传动组的传动顺序与扩大顺序一致。即传动副数前多后少原则，传动顺序与扩大顺序一致的原则，变速传动组的降速要前慢后快，中间轴的转速不宜超过电动机转速的原则。从电动机到主轴之间的总趋势是降速传动，在分配各变速传动组的传动比时，为使中间传动轴具有较高的转速，以减小传动件的尺寸，前面的变速传动组降速要慢些，后面变速传动组降速要快些。但是，中间轴的转速不应过高，以免产生振动、发热和噪声。通常，中间轴的最高转速不超过电动机的转速。当主传动采用双速电动机时，双速电动机作为第一扩大组，虽然不符合传动顺序与扩大顺序一致的原则，但却使结构大为简化，可减少变速传动组和转动件的数目。

当各变速传动组的传动比确定之后，可确定齿轮齿数、带轮直径。对于定比传动的齿轮齿数和带轮直径，可依据《机械设计手册》推荐的计算方法确定。对于变速传动组内齿轮的齿数，如传动比是标准公比的整数次方时，变速组内每对齿轮的齿数和及小齿轮的齿数可从附录 I－1 中选取。

对转速图的设计要求：转速图标注要完整，应标明各传动轴的轴号、转速数列、带轮传动比、齿轮齿数比、电动机转速。

对传动系统图的设计要求：传动系统图应按规定的符号绘制，应标注电动机功率和转速、带轮直径、齿轮齿数、模数、各传动轴的轴号。

（2）数控机床主传动系统设计 数控机床主传动系统设计时，主传动采用直流或交流电动机无级调速。设计时，必须要考虑电动机与机床主轴功率特性匹配问题。由于主轴要求的恒功率变速范围远大于电动机的恒功率变速范围，所以在电动机与主轴之间要串联一个分级变速箱，以扩大其恒功率调速范围，满足低速大功率切削时对电动机的输出功率的要求。在设计分级变速箱时，考虑机床结构复杂程度、运转平稳性要求等因素，根据给定的主电动机功率、主电动机最高转速及额定转速，有以下几种变速情况，可任选其一。

1）采用2级减速的主传动系统设计（绘制转速图、传动系统图、功率特性图）。

2）采用3级减速的主传动系统设计（绘制转速图、传动系统图、功率特性图）。

3）采用4级减速的主传动系统设计（绘制转速图、传动系统图、功率特性图）。

数控机床转速图和传动系统图的设计要求与普通机床主传动系统的设计要求一样。功率特性图应按比例画出，注意功率特性图是否有缺口或重叠，若有缺口，要求标出缺口处的功率。

3. 初选和初算主要传动件及参数

需要初选和初算的主要传动件有：V带的选型和计算，包括大小带轮间的中心距、V带的型号和所需的根数；同步带的选型，包括带轮的结构和尺寸，同步带的模数、齿数，传动轴的中心距等。其中，传动轴是按扭转刚度的要求，初步估算和确定轴径；齿轮是按接触和弯曲强度计算，取两者中的大值来确定齿轮模数，再进行齿轮的几何计算，正确选择齿轮的精度；对于有线速度限制的传动件，要检查是否超过了线速度的允许值。

4. 绘制部件装配图

1）部件装配图应按1:1绘制，按规定的标准和画法绘图，要求尺寸准确、线条清晰、文字工整，标准件必须按规定绘制。注意布图的匀称和美观。展开图与剖视图的绘制常需交叉进行，以便互相对照，全面检查。要先通过计算绘制出草图，安排各传动轴的位置，再绘制底图，待验算修改后一次加深。

2）展开图，基本上是按照传动顺序，将各轴间展开画在一个平面上，清楚地表明传动系统的传动关系与结构。根据课程设计的要求，在展开图上应标注下列内容：轴号、轴承型号、主轴轴承的型号和精度等级、齿轮的齿数与模数、各配合处的配合尺寸和配合性质、一根轴的联系尺寸（即轴向尺寸链）、移动件行程的极限位置、轴向轮廓尺寸和与其他部件有关的连接尺寸等。

3）在剖视图上，要求准确地表达出各传动轴的空间位置，尤其是做车床主传动系统设计的学生，更要注意各传动轴的空间布局，防止出现干涉。通过剖视图的设计，着重于建立空间概念。要绘制出一个操纵机构组件的结构以及在展开图上难以表达或表达不清楚的机构。剖视图中应标注出轴号，展开图中没有的轴承型号，主要的配合尺寸和配合性质，有啮合关系的齿轮。此外，轴孔的轴间距和偏差都应详细标出。车床设计中还要标注出主轴中心线到主轴箱安装基面的距离，即中心高。

4）进行零件结构设计时，应注意如下问题：

① 齿轮的结构形状与加工齿轮的方法有关。对于双联和三联齿轮，加工方法决定了相邻齿轮的间距，设计时应注意。齿轮轮毂的长度应按导向的要求来确定，通常齿轮直径为齿

轮轮毂直径的1.5倍左右。

② 根据所选轴承的类型确定传动轴组件的结构，要正确选定轴的轴向定位方式，要考虑传动轴上所安装的零件如何固定和装拆。

③ 设计主轴组件时，要注意主轴头已标准化，要按标准选择和绘图。正确选择主轴上的轴承类型和精度，注意轴承间隙的调整方法，主轴组件的固定和装拆，合理选择润滑与密封的方式，并计算主轴组件的合理跨距。

④ 设计时应注意检查可能产生的干涉现象，如轴上固定齿轮之间的间距不够长，在滑移齿轮滑动时，会出现原啮合的一对尚未完全脱开，另一对齿轮就要进入啮合；由于齿数或传动比确定的不当而引起齿轮与相邻轴的干涉问题。

5. 验算主要传动件

当传动件的尺寸和位置确定以后，就可进行详细的验算。计算所需的原始数据可从绘制的图中得到。验算的主要内容是轴的弯曲刚度和滚动轴承的寿命。可从受载较重的轴中选出一根（或一对）轴进行验算。当验算结果不能满足性能要求时，应修改设计或在说明书中阐述改进意见和措施。

6. 绘制零件图

可选择主轴、传动轴或其他零件，视课程设计的时间而定。零件图上应有足够的视图和剖视图，应标注尺寸和公差，注明加工表面粗糙度、几何公差和技术要求，只有在用符号难以表达的情况下，才可用文字注明技术要求，且要符合相关标准。

7. 编写设计计算说明书

设计计算说明书的编写应与设计同时进行，在图样绘制工作全部完成后，再继续编写未完成部分，并加以整理，装订成册。一般要求说明书的篇幅在25~30页（B5纸）。说明书要求叙述简明扼要，层次分明，文字通顺，书写工整，图表清晰，计算准确。说明书后要附有参考文献目录，包括作者、书刊名称、出版社和出版年份。

三、带传动的选择和计算

1. 同步带传动的选择和计算

同步带传动的特点是：传动无相对滑动，速比准确；传动精度较高；不需要润滑油及润滑装置；角速度稳定，传动效率高，噪声小；使用寿命长。同步带按照齿的形状分为圆弧齿和梯形齿两大类。

（1）圆弧齿同步带的规格和结构及带轮材料

1）圆弧齿同步带的规格标记如图1-1所示，圆弧齿同步带的规格尺寸见表1-1。圆弧齿同步带结构图如图1-2所示，不同形状的圆弧齿带轮结构如图1-3所示。其中，图1-3a是没有轮毂的，图1-3b、c所示是有轮毂的，可作为设计时的参考。圆弧齿同步带的规格尺寸见表1-2。

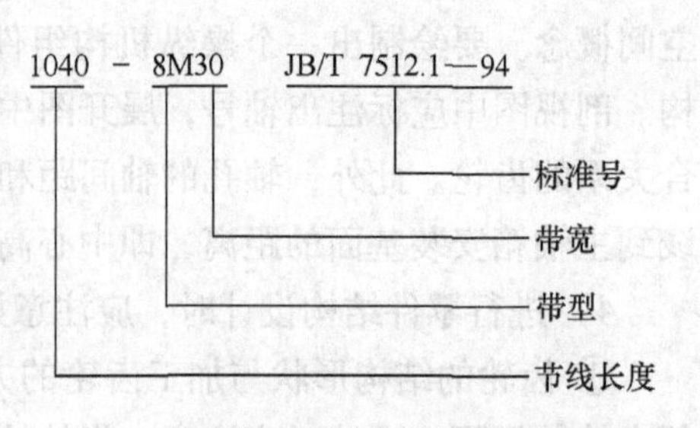

图1-1 圆弧齿同步带的规格标记

2）圆弧齿带轮材料：一般采用35钢或45钢；

转速在33m/s以下时可采用HT200或HT250。此外，根据用户具体使用要求，可采用粉末冶金、尼龙、胶木、塑料等材料。

表1-1 圆弧齿同步带的规格尺寸（摘自JB/T 7512.1—1994）

规格	节线长度/mm	齿数	规格	节线长度/mm	齿数
120-3M	120	40	450-5M	450	90
201-3M	201	67	550-5M	550	110
252-3M	252	84	635-5M	635	127
300-3M	300	100	710-5M	710	142
384-3M	384	128	800-5M	800	160
459-3M	459	153	900-5M	900	180
537-3M	537	179	1000-5M	1000	200
633-3M	633	211	1125-5M	1125	225
295-5M	295	59	1420-5M	1420	284
320-5M	320	64	2000-5M	2000	400
416-8M	416	52	1760-8M	1760	220
480-8M	480	60	2000-8M	2000	250
600-8M	600	75	2400-8M	2400	300
720-8M	720	90	966-14M	966	69
800-8M	800	100	1400-14M	1400	100
880-8M	880	110	1778-14M	1778	127
1040-8M	1040	130	2100-14M	2100	150
1200-8M	1200	150	2310-14M	2310	165
1440-8M	1440	180	4578-14M	4578	327

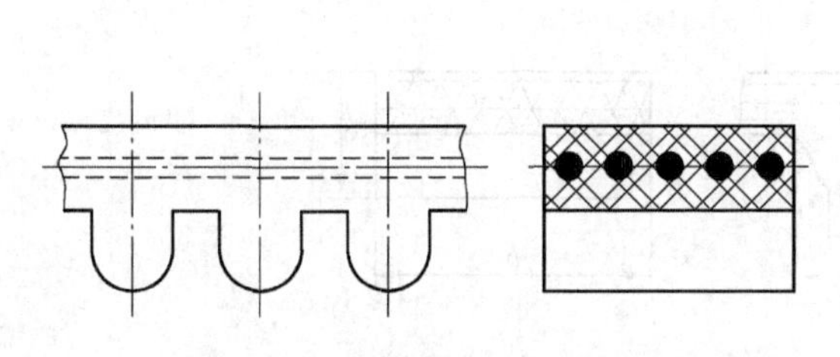

图1-2 圆弧齿同步带结构图

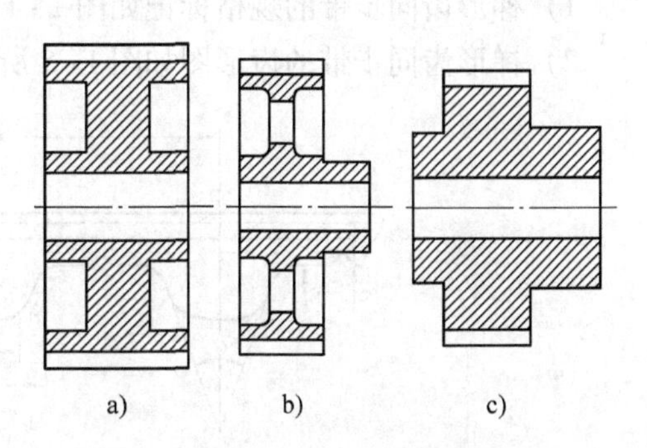

图1-3 不同形状的圆弧齿带轮结构

表 1-2 圆弧齿带轮的规格标记

槽型	3M			5M					8M				14M			
轮宽代号	6	9	15	9	15	20	25	30	20	30	50	85	40	55	85	115
t_1	3			4					5				7			
t_2	1			1.5					1.5~2				1.5~2			
t_3	1~2			2~3					4				4~4.5			
r	0.5~1			0.5~1					1				1			
w	12	15	22	17	23	28	34	40	32	43	64	100	56	72	103	134
A	7	11	17	11	17	22	27	33	22	33	54	90	46	62	93	124
d_e	d_a+2t_2															
$d_f\frac{H_9}{h_9}$	d_a-5			d_a-7					d_a-9				d_a-16			
X	6	7	8	7	8	8	8	9	8	9	12	16	14	16	21	26
L	22	25	32	32	38	43	49	55	52	63	84	120	81	97	128	159
d	$D+(20\sim30)$			$D+(20\sim50)$					$D+(30\sim60)$				$D+(70\sim130)$			
M	d_a-20			d_a-25					d_a-30				d_a-40			

注：D 由设计者确定。

（2）梯形齿同步带的主要参数与规格　由于强力层在工作时长度不变，所以强力层的中心线被确定为同步带的节线（中性层），并以节线的周长 L 作为同步带的公称长度，周节 t 为相邻两齿在节线上的距离。模数 m 是同步带尺寸计算的一个主要依据。带轮的齿形一般推荐使用渐开线齿形，并由渐开线同步带轮刀具用展成法加工而成。

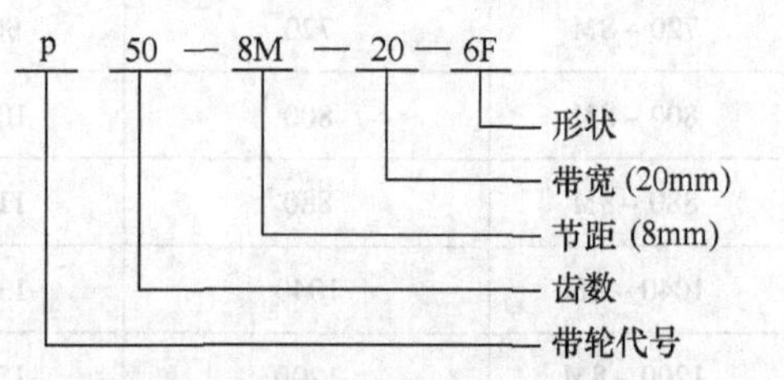

图 1-4　梯形齿同步带的规格标记

1）梯形齿同步带的规格标记如图 1-4 所示。

2）梯形齿同步带的齿形图如图 1-5 所示。表 1-3 为梯形齿同步带的齿形尺寸表。

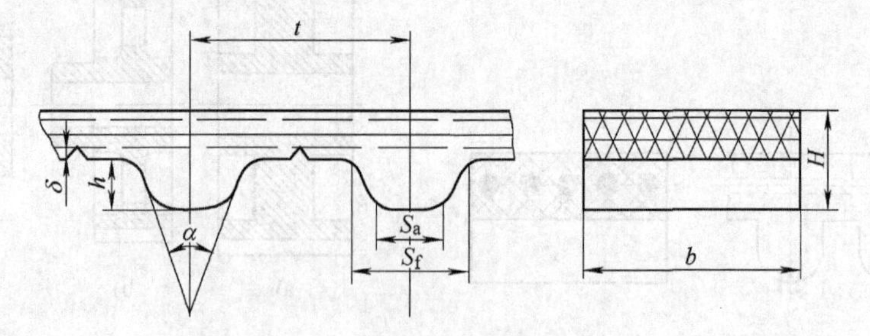

图 1-5　梯形齿同步带齿形图

表 1-3　梯形齿同步带齿形尺寸

模数	周节	齿形角	齿高	带总高	节线到齿根间距离	齿顶厚	齿根厚	齿根圆角半径
m/mm	$t=\pi m$	α	$h'=0.6m$	$H=1.1m$	$\delta=0.25m$	$S_a=m$	$S_f=S_a+2h'th\alpha/2$	$r_1=0.1m$
1.5	4.71	40°	0.9	1.65	0.375	1.5	2.16	0.15
2.0	6.28		1.2	2.20	0.50	2.0	2.87	0.20
2.5	7.85		1.5	2.75	0.625	2.5	3.59	0.25
3.0	9.42		1.8	3.30	0.75	3.0	4.31	0.30
4.0	12.57		2.4	4.40	1.00	4.0	5.75	0.40
5.0	15.71		3.0	5.50	1.25	5.0	7.18	0.50
7.0	21.99		4.2	7.70	1.75	7.0	10.06	0.70
10.0	31.42		6.0	11.00	2.5	10.0	14.37	1.00

（3）带轮的主要参数及尺寸　为了保证同步带与带轮轮齿的正确啮合和接触良好，必须满足：带轮沿节圆度量的周节必须与同步带的周节相等，或者同步带与带轮的模数相等；带轮的齿槽角应与同步带的齿形角相等。梯形齿同步带的宽度 b 可由表 1-4 中查出，梯形齿同步带的齿数和长度可查表 1-5。表 1-6 为带轮的几何尺寸，表 1-7 为齿侧间隙和径向间隙，表 1-8 为带轮挡边尺寸。两种不同结构的带轮如图 1-6、图 1-7 所示。

图 1-6　带轮结构

图 1-7　带轮毂的带轮结构

表 1-4　梯形齿同步带的宽度 b　（单位：mm）

模数 m \ 宽度	8	10	12	16	20	25	32	40	50	60	80	100	120
1.5	○	○	○	○	○	○							
2		○	○	○	○	○	○	○					
2.5			○	○	○	○	○	○	○	○			
3			○	○	○	○	○	○	○	○			
4				○	○	○	○	○	○	○	○		
5					○	○	○	○	○	○	○		

表 1-5 梯形齿同步带的齿数和长度

齿数 z	模数 m/mm					
	1.5	2.0	2.5	3	4	5
	公称长度 $L_p = \pi mz$/mm					
32	150.8	201.1				
35	164.9	219.9	274.9	329.9		
40	188.5	251.3	314.2	377.0	502.7	628.3
45	212.1	282.7	353.4	424.1	565.5	706.9
50	235.6	314.2	392.7	471.2	628.3	785.4
55	259.2	345.6	432.0	518.4	691.2	863.9
60	282.7	377.0	471.2	565.5	754.0	942.5
65	3.603	408.4	510.5	612.7	816.8	1021.0
70	329.9	439.8	549.8	659.7	879.7	1099.6
75	353.4	471.2	589.1	706.9	942.5	1178.1
80	377.0	502.7	628.3	754.0	1005.3	1256.6
85	400.6	534.1	667.6	801.1	1068.1	1355.2
90	424.1	565.5	706.9	848.2	1131.0	1413.7
95	447.7	596.9	746.1	895.4	1193.8	1492.3
100	471.2	628.3	785.4	942.5	1256.6	1570.8
110	518.4	691.2	863.9	1036.7	1382.3	1727.9
120	565.5	754.0	942.5	1131.0	1508.0	1885.0
140	659.7	879.7	1099.6	1319.5	1759.3	2199.1
160	754.0	1005.3	1256.6	1508.0	2010.6	2513.3
180	848.2	1131.0	1413.7	1696.5	2261.9	2827.4
200	942.5	1256.6	1570.8	1885.0	2513.3	3141.6

表 1-6 带轮的几何尺寸

计算项目	符号	计算公式	
		小带轮	大带轮
周节	t	$t = \pi m$	$t = \pi m$
节圆直径	D	$D_1 = mz_1$	$D_2 = mz_2$
顶圆直径	D_a	$D_{a1} = D_1 - 2\delta$	$D_{a2} = D_2 - 2\delta$
顶圆周节	t_a	$t_{a1} = \dfrac{\pi D_{a1}}{z_1}$	$t_{a2} = \dfrac{\pi D_{a2}}{z_2}$
顶圆齿槽宽	w_a	$w_a = s_f + j_1$	
齿侧间隙	j_1		
径向间隙	c		
齿槽深	h	$h = h' + c$	
根圆直径	D_f	$D_f = D_c - 2h$	
根圆齿槽宽	w_f	$w_f = s_a$	
齿根圆角半径	r_f	$0.1m$	
齿顶圆角半径	r_a	$0.15m$	
轮齿宽	B	$B = b + (3 \sim 10)$ b—带宽	

表 1-7　齿侧间隙和径向间隙

模数	1.5	2	2.5	3	4	5	7	10
齿侧间隙 j_1	0.4	0.5	0.55	0.6	0.8	1.0	1.0	1.0
径向间隙 $c=\dfrac{j_t}{2\tan\dfrac{\alpha}{2}}$	0.55	0.69	0.75	0.82	1.10	1.37	1.37	1.37

表 1-8　带轮挡边尺寸

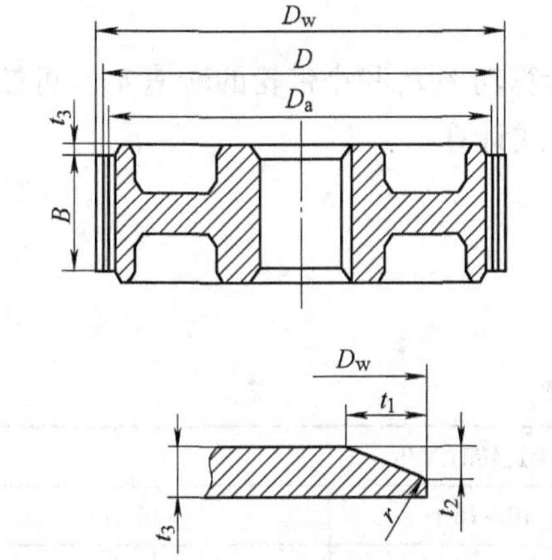

m	1.5～3	4、5	7、10
t_1	2	4	8
t_2	1	1.5	2
t_3	1～2	2～3	3～4
r	0.5～1		
D_w	D_a+2t_1		

（4）带轮的材料与齿形加工　带轮的材料一般采用铸铁或者钢，在高速、小功率场合下也可采用轻合金、塑料等。带轮轮齿最好采用直线齿廓圆盘铣刀或者展成直线齿廓的特制滚刀加工，小批量生产时也可以采用渐开线圆盘铣刀或者标准齿轮滚刀加工或成形加工。

（5）同步带的强度　应该保证同步带有足够的强度，避免由于强度不够，同步带工作时可能产生的弯曲疲劳破损、断裂，带齿的磨损等。同步带的强度计算是计算作用在同步带单位宽度上的拉力，计算公式为

$$b=\frac{1000P}{([S]-S_c')v} \tag{1-1}$$

式中　b——同步带的宽度（mm）；

P——同步带所传递的功率（W）；

$[S]$——同步带单位宽度上的许用拉力（N/mm），见表 1-9；

S_c'——同步带单位宽度上的离心拉力（N/mm），其计算公式为

$$S_c'=\frac{q'v^2}{g} \tag{1-2}$$

式中　q'——单位宽度、单位长度的带重（N/mm · m）；

v——带速（m/s）；

g——重力加速度，取 9.81m/s^2。

表1-9列出了聚氨酯同步带的［S］和q'值。

表1-9 聚氨酯同步带的［S］和q'值

模数/mm	1.5	2	2.5	3	4	5	7	10
单位宽度的许用拉力［S］/(N/mm)	3.9	5.9	7.8	9.8	15	25	29	39
单位宽度、单位长度的重量 q'（N/mm·m）	18	24	29	34	47	59	80	110

（6）同步带的计算　主要有同步带的模数、齿数和宽度，带轮的结构和尺寸、传动中心距、作用在该轴上的载荷等。

1）同步带的模数选取：主要根据同步带所传递的计算功率P_c和小带轮的转速n_1。可按图1-8所示的同步带模数选择图选取。计算功率P_c按下式计算

$$P_c = K_g P \tag{1-3}$$

式中　P——同步带所传递的功率（W）；

K_g——工作情况系数，见表1-10。

表1-10 工作情况系数K_g

载荷性质	一天运转时间/h		
	≤10	10～16	>16
载荷平稳	1.0	1.1	1.2
载荷变动小	1.2	1.4	1.6
载荷变动较大	1.4	1.7	2.0

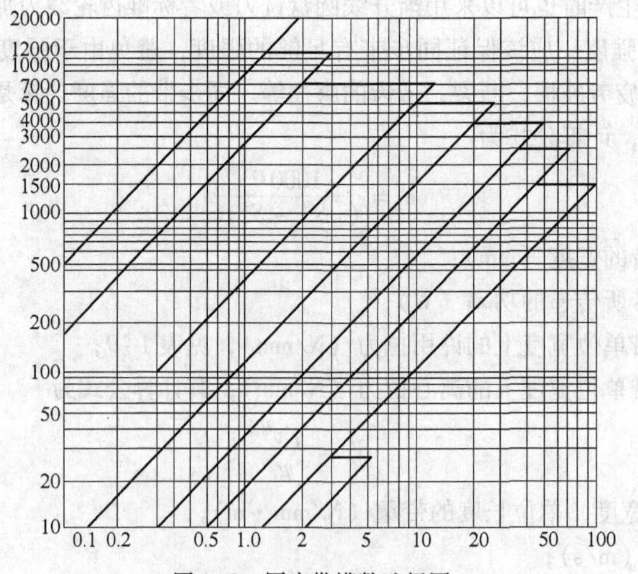

图1-8　同步带模数选择图

2）小带轮的最小直径 $D_{\min}$ 不是直接选定，而是由最小齿数 $z_{1\min}$ 控制，见表 1-11。所选定的 z_1 应大于 $z_{1\min}$。

表 1-11 同步带带轮的最小齿数

小带轮转速 /(r/min)	模数 m/mm						
	1.5	2	2.5、3	4	5	7	10
<1000	12	14	16	18	20	22	24
1000~3000	14	16	18	20	22	24	26
>3000	16	18	20	22	24	—	—

3）初选中心距 A_0，若无条件限制，可按下式确定

$$0.7(D_1 + D_2) \leqslant A_0 \leqslant 2(D_1 + D_2) \tag{1-4}$$

式中 A_0——初选中心距（mm）；

D_1、D_2——小带轮和大带轮直径（mm）。

4）验算小带轮包角 α_1。α_1 不是直接算出，而是通过验算小带轮与同步带的啮合齿数 z_n 得出。一对带轮的传动几何关系图如图 1-9 所示。其中，D_1、D_2 为小带轮和大带轮直径（mm），α_1、α_2 为小带轮和大带轮的包角，A 为小带轮和大带轮之间的中心距（mm），γ 为中心角。小带轮包角 α_1 的计算公式为

$$\alpha_1 \approx 180° - \frac{D_2 - D_1}{A} \times 60° \tag{1-5}$$

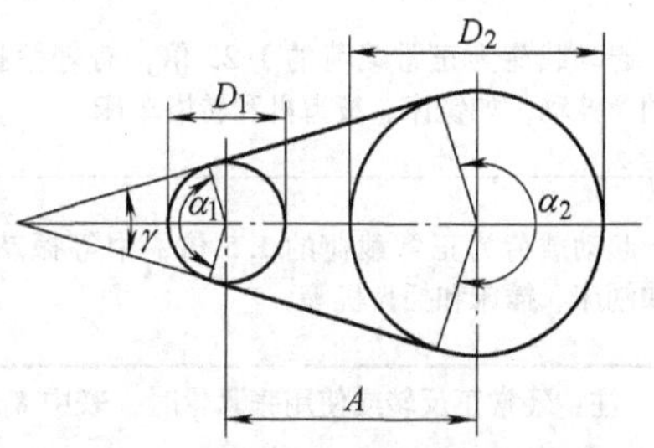

图 1-9 一对带轮的传动几何关系图

而小带轮与同步带的啮合齿数 z_n 为

$$\frac{z_n}{z_1} = \frac{\alpha_1}{360°} \tag{1-6}$$

结合式（1-5）、式（1-6）得出啮合齿数 z_n

$$z_n \approx \left(\frac{1}{2} - \frac{D_2 - D_1}{6A}\right) z_1 \tag{1-7}$$

若 z_n 过小，则同步带每个带齿上所受拉力将过大，会引起齿根被剪断或齿侧面磨损过快。因此当 $m \leqslant 2$ 时，取 $z_n \geqslant 4$；当 $m > 2$ 时，取 $z_n \geqslant 6$。如不能满足可加大中心距，或在带轮直径不变的情况下采用较小的模数以增加 z_1，从而增加 z_n。

5）作用在轴上的载荷 F_s 为同步带所传递的圆周力 F，即

$$F_s = F = \frac{P}{v} \tag{1-8}$$

式中 P——同步带所传递的功率（W）；

v——带速（m/s）。

2. V带传动的选择和计算

V带的选用应保证有效地传递最大功率（不打滑），并有足够的使用寿命（一定的疲劳强度）。按已知条件，即所传递的功率，主、从动轮的转速和工作情况来确定带轮直径、中心距、带型号、长度和根数及作用在支承轴上的径向力。

（1）确定计算功率 P_j

$$P_j = KP \tag{1-9}$$

式中 P——主动轮传递的功率（kW）；

K——V带工作情况系数，见表1-12。

表1-12 V带工作情况系数 K

载荷性质	工作时间		
	一班	二班	三班
起动载荷很轻，工作载荷稳定，没有振动，如车床、钻床、磨床等	1.0	1.1	1.2
起动载荷为正常载荷的1.25倍，有轻微振动及波动，如铣床、滚齿机和转塔车床	1.1	1.2	1.3
起动载荷为正常载荷的1.5倍，中等振动，如刨床、插床和插齿机等	1.2	1.3	1.4

注：经常正反转或使用张紧轮时，表中 K 值须再乘以1.1。

（2）选择V带的型号　V带型号应根据计算功率 P_j 和小带轮的转速 n_1 由图1-10选定。

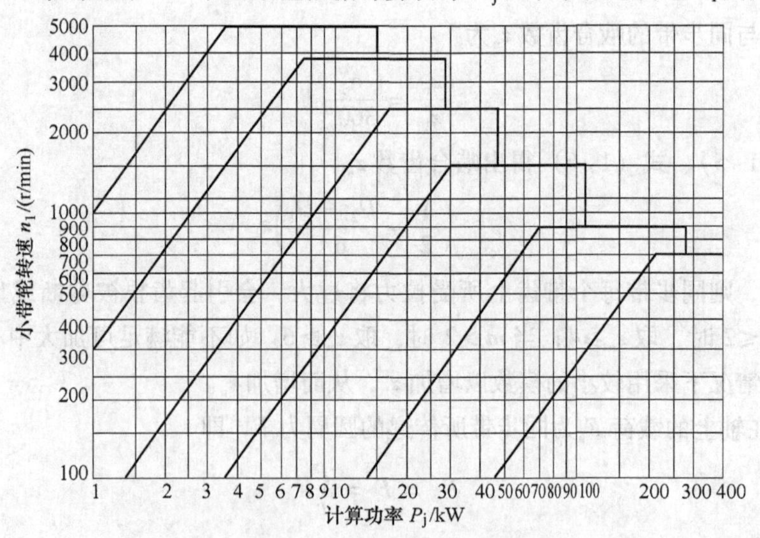

图1-10　V带型号的选择图

（3）确定小带轮和大带轮直径 D_1、D_2　小带轮直径 D_1（mm）应满足：$D_1 \geqslant D_{\min}$，$D_{\min}$ 为V带带轮的最小计算直径。D_1尽量选用较大些的值，以减小V带的弯曲应力，从而提高V带的使用寿命。

$D_{\min}$值见表1-13。大带轮直径 $D_2 = \frac{n_1}{n_2}D_1$，取整数。其中，n_1、n_2 为小带轮及大带轮的转速，单位是r/min。

表1-13　V带带轮最小计算直径 $D_{\min}$　　（单位：mm）

V带型号		Y	Z	A	B	C	D	E
$D_{\min}$	推荐值	70	100	140	200	315	500	800
	允许值	50	80	125				

（4）计算V带速度 v

$$v = \frac{\pi D_1 n_1}{60000} \tag{1-10}$$

一般，$v \geqslant 5\text{m/s}$；对于Y、Z、A、B型V带 $v_{\max} \leqslant 25\text{m/s}$；对于C、D、E型V带，$v_{\max} \leqslant 30\text{m/s}$。

（5）初定中心距 A_0　两带轮的中心距 A_0应在 $A_0 = (0.6 \sim 2)(D_1 + D_2)$ 范围内选定。中心距过小，V带短，因而增加V带的单位时间弯曲次数，降低V带的寿命；反之，中心距过大，在带速较高时易引起振动。

（6）计算V带的长度 L_0　V带长度 L_0是按V带截面重心层计算的，计算公式为

$$L_0 = 2A_0 + \frac{\pi}{2}(D_1 + D_2) + \frac{(D_2 - D_1)^2}{4A_0} \tag{1-11}$$

按式（1-11）计算出 L_0值，查表1-14V带长度系列，选标准计算长度 L 及作为标记的V带的内周长度 L_N。标准计算长度 $L = L_N + Y$，Y 为修正值。表1-15给出了平稳工作情况下单根V带所能传递的功率 P_0。

表1-14　V带长度系列（GB/T 1171—2006）　　（单位：mm）

内周长度 L_N	标准计算长度 L						
	Y	Z	A	B	C	D	E
450	469						
500	519						
560	579	585					
630	649	655	663				

（续）

内周长度 L_N	标准计算长度 L						
	Y	Z	A	B	C	D	E
710	729	735	743				
800	819	825	833				
900	919	925	933				
1000	1019	1025	1033				
1120	1139	1145	1153				
1250	1269	1275	1283	1294			
1400	1419	1425	1433	1444			
1600	1619	1625	1633	1644			
1800	1819	1825	1833	1844			
2000	2019	2025	2033	2044			
2240	2259	2265	2273	2284			
2500	2519	2525	2533	2544			
2800		2825	2833	2844			
3150		3175	3183	3194	3210		
3550		3575	3583	3594	3610		
4000		4025	4033	4044	4060		
4500			4533	4544	4560	4574	
5000			5033	5044	5060	5074	
5600			5633	5644	5660	5674	
6300			6333	6344	6360	6374	6395
7100				7144	7160	7174	7195
8000				8044	8060	8074	8095
9000				9044	9060	9074	9095
10000					10060	10074	10095
11200					11260	11274	11295
12500						12574	12595
14000						14074	14095
16000						16074	16095
修正值 Y	19	25	33	44	60	74	95

表 1-15 平稳工作情况下单根 V 带所能传递的功率 P_0（包角 $\alpha=180°$） （单位：kW）

型号	小带轮直径 D_1/mm	胶带速度 v/(m/s)														
		1	2	3	4	5	6	7	8	9	10	11	12	13	14	15
Y	63	1.09	1.13	1.18	1.22	1.26	1.30	1.26	1.24	1.20	1.18	—	—	—	—	—
	71	1.22	1.27	1.30	1.34	1.38	1.43	1.39	1.34	1.32	1.26	—	—	—	—	—
	80	1.27	1.33	1.39	1.45	1.51	1.55	1.55	1.55	1.51	1.47	—	—	—	—	—
	≥90	1.40	1.47	1.55	1.60	1.67	1.74	1.78	1.74	1.65	1.62	—	—	—	—	—
Z	90	1.77	1.84	1.84	1.84	1.84	1.84	1.84	1.80	1.75	1.69	—	—	—	—	—
	100	1.91	1.95	1.99	1.99	1.99	1.99	1.99	1.99	1.91	1.91	—	—	—	—	—
	112	2.12	2.20	2.29	2.33	2.41	2.41	2.41	2.41	2.33	2.29	—	—	—	—	—
	≥125	2.33	2.41	2.50	2.57	2.65	2.65	2.65	2.65	2.65	2.65	—	—	—	—	—
A	125	2.94	2.94	2.94	2.94	2.94	2.88	2.80	2.72	2.65	2.50	—	—	—	—	—
	140	3.32	3.46	3.54	3.60	3.60	3.60	3.54	3.46	3.40	3.24	—	—	—	—	—
	160	3.76	3.90	4.05	4.20	4.35	4.35	4.35	4.35	4.35	4.35	—	—	—	—	—
	≥180	4.05	4.27	4.42	4.57	4.71	4.94	4.94	4.94	4.94	4.94	—	—	—	—	—
B	200	5.52	5.82	6.00	6.19	6.25	6.25	6.19	6.12	6.05	5.90	—	—	—	—	—
	224	6.25	6.55	6.78	7.00	7.15	7.45	7.15	7.00	6.85	6.70	—	—	—	—	—
	250	6.63	6.94	7.15	7.38	7.50	7.70	7.73	7.73	7.73	7.73	—	—	—	—	—
	≥280	7.29	7.40	7.58	7.65	7.80	7.95	8.10	8.10	8.10	8.10	—	—	—	—	—
C	315	11.40	11.62	11.78	11.90	11.90	11.82	11.62	11.40	11.10	10.08	—	—	—	—	—
	355	12.50	13.00	13.30	13.52	13.72	13.82	13.82	13.72	13.60	13.32	12.92	12.54	—	—	—
	400	14.11	14.62	15.00	15.42	15.72	16.08	16.19	16.19	16.03	15.80	15.38	15.00	14.70	14.41	14.01
	≥450	15.14	15.72	16.19	16.60	17.00	17.25	17.25	17.45	17.45	17.25	17.20	16.90	16.55	16.19	15.72
D	500	19.00	19.50	19.85	20.22	20.46	20.46	20.46	20.46	20.46	20.46	20.46	—	—	—	—
	560	20.80	21.60	22.40	23.00	23.60	23.85	24.20	24.30	24.30	24.30	24.30	24.30	24.30	—	—
	630	23.20	24.00	24.80	25.70	26.50	27.00	27.30	27.30	27.50	27.50	27.60	27.60	27.60	27.60	27.60
	≥710	25.20	26.20	27.20	28.20	29.00	29.70	30.20	30.40	30.80	31.20	31.40	31.70	31.80	31.80	34.80
E	800	32.40	33.80	35.00	35.90	36.80	37.50	38.20	38.90	38.90	39.70	40.00	40.30	40.50	40.70	40.70
	900	36.00	37.30	38.40	39.50	40.60	41.00	42.60	43.40	44.10	44.90	45.60	45.00	46.30	46.30	46.30
	≥1000	40.10	41.60	42.70	43.70	44.90	46.00	47.10	47.80	48.60	48.30	50.00	50.80	51.50	51.50	51.50

（续）

型号	小带轮直径 D_1/mm	胶带速度 v/(m/s)														
		16	17	18	19	20	21	22	23	24	25	26	27	28	29	30
Y	63	1.09	1.13	1.18	1.22	1.26	1.30	1.26	1.24	1.20	1.18	—	—	—	—	—
	71	1.22	1.27	1.30	1.34	1.38	1.43	1.39	1.34	1.32	1.26	—	—	—	—	—
	80	1.27	1.33	1.39	1.45	1.51	1.55	1.55	1.55	1.51	1.47	—	—	—	—	—
	≥90	1.40	1.47	1.55	1.60	1.67	1.74	1.78	1.74	1.65	1.62	—	—	—	—	—
Z	90	1.77	1.84	1.84	1.84	1.84	1.84	1.84	1.80	1.75	1.69	—	—	—	—	—
	100	1.91	1.95	1.99	1.99	1.99	1.99	1.99	1.99	1.91	1.91	—	—	—	—	—
	112	2.12	2.20	2.29	2.33	2.41	2.41	2.41	2.41	2.33	2.29	—	—	—	—	—
	≥125	2.33	2.41	2.50	2.57	2.65	2.65	2.65	2.65	2.65	2.65	—	—	—	—	—
A	125	2.94	2.94	2.94	2.94	2.94	2.88	2.80	2.72	2.65	2.50	—	—	—	—	—
	140	3.32	3.46	3.54	3.60	3.60	3.60	3.54	3.46	3.40	3.24	—	—	—	—	—
	160	3.76	3.90	4.05	4.20	4.35	4.35	4.35	4.35	4.35	4.35	—	—	—	—	—
	≥180	4.05	4.27	4.42	4.57	4.71	4.94	4.94	4.91	4.94	4.94	—	—	—	—	—
B	200	5.52	5.82	6.00	6.19	6.25	6.25	6.19	6.12	6.05	5.90	—	—	—	—	—
	224	6.25	6.55	6.78	7.00	7.15	7.45	7.15	7.00	6.85	6.70	—	—	—	—	—
	250	6.63	6.94	7.15	7.38	7.50	7.70	7.73	7.73	7.73	7.73	—	—	—	—	—
	≥280	7.29	7.40	7.58	7.65	7.80	7.95	8.10	8.10	8.10	8.10	—	—	—	—	—
C	315	11.40	11.62	11.78	11.90	11.90	11.82	11.62	11.40	11.10	10.08	—	—	—	—	—
	355	12.50	13.00	13.30	13.52	13.72	13.82	13.82	13.72	13.60	13.32	12.92	12.54	—	—	—
	400	14.11	14.62	15.00	15.42	15.72	16.08	16.19	16.19	16.03	15.80	15.38	15.00	14.70	14.41	14.01
	≥450	15.14	15.72	16.19	16.60	17.00	17.25	17.25	17.45	17.45	17.25	17.20	16.90	16.55	16.19	15.72
D	500	19.00	19.50	19.85	20.22	20.46	20.46	20.46	20.46	20.46	20.46	20.46	—	—	—	—
	560	20.80	21.60	22.40	23.00	23.60	23.85	24.20	24.30	24.30	24.30	24.30	24.30	24.30	—	—
	630	23.20	24.00	24.80	25.70	26.50	27.00	27.30	27.30	27.50	27.50	27.60	27.60	27.60	27.60	27.60
	≥710	25.20	26.20	27.20	28.20	29.00	29.70	30.20	30.40	30.80	31.20	31.40	31.80	31.80	31.80	34.80
E	800	32.40	33.80	35.00	35.90	36.80	37.50	38.20	38.90	38.90	39.70	40.00	40.30	40.50	40.70	40.70
	900	36.00	37.30	38.40	39.50	40.60	41.00	42.60	43.40	44.10	44.90	45.60	45.00	46.30	46.30	46.30
	≥1000	40.10	41.60	42.70	43.70	44.90	46.00	47.10	47.80	48.60	48.30	50.00	50.80	51.50	51.50	51.50

(7) 计算V带的弯曲次数 u　计算公式为

$$u = \frac{100mv}{L} \leqslant 40 \tag{1-12}$$

式中　m——带轮的个数。

若弯曲次数超过 $40s^{-1}$，应加长 L 即相应增大中心距 A，或降低带速 v，相应减小带轮直径 D_1 及 D_2。

(8) 计算实际中心距 A　计算公式为

$$A = \frac{a + \sqrt{a^2 - 8(D_2 - D_1)^2}}{8} \tag{1-13}$$

式中　$a = 2L - \pi(D_1 + D_2)$，或按下式计算

$$A \approx A_0 + \frac{L - L_0}{2} \tag{1-14}$$

为了张紧和装拆V带，中心距的最小调整范围为 $A^{+0.02L}_{-(h+0.01L)}$，其中，上标 $0.02L$ 为张紧调节量，下标 $(h+0.01L)$ 为装拆调节量，h 为V带厚度。

(9) 确定小带轮的包角 α_1　计算公式为

$$\alpha_1 \approx 180° - \frac{D_2 - D_1}{A} \times \frac{180°}{\pi} \geqslant 120° \tag{1-15}$$

如果 α_1 过小，应加大中心距 A 或增加张紧装置。

(10) 确定V带的根数 z，计算公式为

$$z = \frac{P_j}{P_0 C_1} \tag{1-16}$$

式中　P_0——单根V带能传递的功率（kW），见表1-15；

C_1——小带轮包角系数，见表1-16。

表1-16　小带轮包角系数 C_1

小带轮包角 α_1	180	170	160	150	140	130	120	110	100
小轮包角系数 C_1	1.00	0.98	0.95	0.92	0.89	0.86	0.83	0.78	0.74

对于小截面Y、Z、A、B、D、E型V带，$z_{max}=5\sim7$；对于大截面D、E型V带，$z_{max}=8\sim12$。

(11) 求作用在支承轴上的径向力 Q　计算公式为

$$Q = 2S_0 z \sin\frac{\alpha_1}{2} \tag{1-17}$$

式中　S_0——V带的初拉力（N），见表1-17。

表1-17　V带的初拉力 S_0　（单位：N）

V带型号	Y	Z	A	B	C	D	E
初拉力 S_0	55~85	100~150	165~250	280~420	580~860	850~1250	1400~2100

注：1. 最小的初拉力用于小直径的带轮，较高的初拉力用于大直径的带轮。

2. 对于 $v<5m/s$ 的V带传动，初拉力 S_0 值应比表中数值增加20%。

（12）采用卸荷式V带带轮的结构　V带带轮可直接安装在传动轴上，也可采用卸荷式结构，减小作用在传动轴上的载荷，减少变形。卸荷式带轮的结构如图1-11所示。在图1-11a中，带轮3承受的径向力通过花键套1、轴承2和5、套4传给箱体6，从而避免带轮的径向力直接作用在传动轴上。利用箱体内的润滑油润滑卸荷结构中的轴承，润滑油从箭头A处的油孔进入，从油孔B处流回箱体。在图1-11b中，带轮7承受的径向力通过轴承8和9、套10传给箱体11，该结构是采用润滑脂润滑卸荷带轮结构中的轴承。

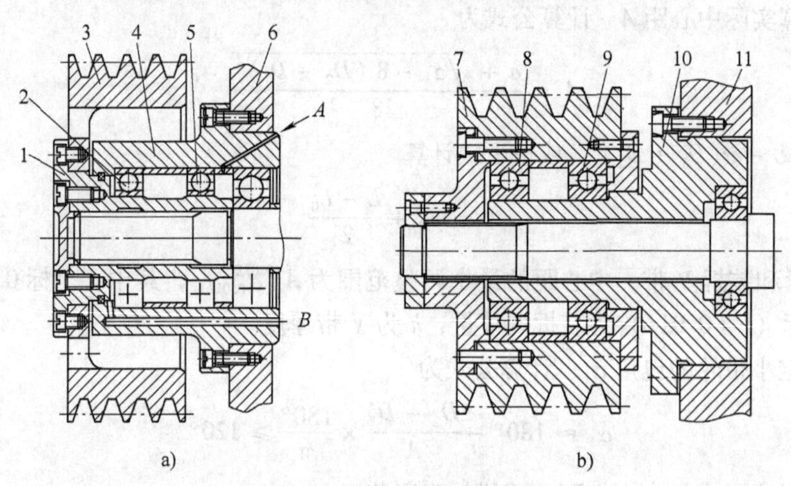

图1-11　卸荷带轮的结构

四、齿轮的设计与计算

1. 齿轮齿数的确定

齿轮齿数的确定可参考同类型机床，用类比法进行。当确定了传动比后，先确定各传动组齿数之和，一般应按传动顺序逐渐加大，齿数和S_z取值范围为：$60 \leqslant S_z \leqslant 120$。根据传动组的传动比，用查表法确定齿轮传动组中的小齿轮齿数，这是一个简单、准确而迅速的方法。附录I-1列出了各种常用传动比的适用齿数和，为40~120，传动比为1.00~4.73。一般在主传动中，取齿轮最小齿数$z_{min} \geqslant 18 \sim 20$，齿数过少的齿轮传递平稳性也差。分配完齿轮齿数之后，应检验传动件之间是否干涉。

齿轮齿数确定后，还应验算实际传动比（齿轮齿数之比）与理论传动比（转速图上给定的传动比）的转速误差是否在允许范围之内，一般应满足

$$(n' - n)/n \leqslant \pm 10(\varphi - 1)\%$$

式中　n'——主轴实际转速；

n——主轴的标准转速；

φ——公比。

2. 齿轮精度的选择

渐开线圆柱齿轮的精度按GB/T 10095—2008的规定划分为第Ⅰ、Ⅱ、Ⅲ三个公差组，第Ⅰ公差组表示传递运动的准确性，第Ⅱ公差组表示传动的平稳性，第Ⅲ公差组表示载荷分布的均匀性。根据所设计齿轮对精度的要求，可参考表1-18选择其精度。对于传递动力的

齿轮，应以第Ⅱ公差组为主，第Ⅲ公差组精度与第Ⅱ公差组相同，第Ⅰ公差组可取低一级的精度。齿轮副的侧隙公差可按《互换性与技术测量》中规定计算，一般取啮合的标准侧隙 D_c。机床主传动系统中最后一组齿轮传动组的齿轮一般采用磨齿方法加工。

表 1-18　机床齿轮精度的选择

<table>
<tr><td rowspan="5">第Ⅰ公差组</td><td>齿轮精度</td><td>$v_{直}$/(m/s)</td><td>$v_{斜}$/(m/s)</td><td colspan="6">应用场合</td></tr>
<tr><td>5</td><td>>20</td><td>>40</td><td colspan="6">精密分度机构，标准齿轮</td></tr>
<tr><td>6</td><td>>15</td><td>>30</td><td colspan="6">分度机构，精密传动齿轮</td></tr>
<tr><td>7</td><td><10</td><td><15</td><td colspan="6">普通机床主传动进给传动齿轮</td></tr>
<tr><td>8</td><td><4</td><td><6</td><td colspan="6">进给传动齿轮</td></tr>
<tr><td rowspan="3">机床噪声/dB</td><td colspan="6">第Ⅱ公差组精度</td><td colspan="3">第Ⅲ公差组精度</td></tr>
<tr><td colspan="3">$v_{直}$/(m/s)</td><td colspan="3">$v_{斜}$/(m/s)</td><td colspan="3">载荷</td></tr>
<tr><td>≤3</td><td>>3~15</td><td>>15</td><td>≤5</td><td>>5~30</td><td>>30</td><td>重</td><td>中</td><td>轻</td></tr>
<tr><td>85~95</td><td>8</td><td>7</td><td>6</td><td>8</td><td>7</td><td>6</td><td>6</td><td>7</td><td>8</td></tr>
<tr><td>75~85</td><td>7</td><td>6</td><td>5</td><td>7</td><td>6</td><td>5</td><td>5</td><td>6</td><td>7</td></tr>
<tr><td><75</td><td>6</td><td>5</td><td>5</td><td>6</td><td>5</td><td>5</td><td>5</td><td>5</td><td>6</td></tr>
</table>

3. 齿轮模数的计算

齿轮模数的选择应参考同类型机床的设计经验。如齿轮模数选择得过小，齿轮经不起冲击，易磨损；如选择得过大，齿数和将较小，使变速组内的最小齿轮齿数小于 17，产生根切现象，并且最小齿轮还有可能无法套装到轴上。齿轮可套装在轴上的条件为齿轮的齿槽到孔壁或键槽底部的壁厚应大于或等于 $2m$（m 为齿轮模数），以保证齿轮具有足够的强度。

对于已选择好模数的齿轮，还要进行弯曲疲劳强度和接触疲劳强度的计算。在模数相同的传动组中，只需验算齿数最少的齿轮。根据计算出的 m_w 和 m_j 中的大值取相似的标准模数。也可先判断出 m_w 和 m_j 中的大值，再进行计算。齿轮材料可选用优质中碳钢，齿面高频淬火热处理，以提高齿轮的耐磨性和寿命。

按弯曲疲劳计算齿轮模数的公式为

$$m_w = 267\sqrt[3]{\frac{K_c K_d K_b K_{sw} P}{z_1 y \varphi_m n_j [\sigma_w]}} \qquad (1-18)$$

按接触疲劳计算齿轮模数的公式为

$$m_j = 16338\sqrt[3]{\frac{(i+1) K_c K_d K_b K_{sj} P}{\varphi_m z_1^2 i [\sigma_j] n_j}} \qquad (1-19)$$

式中　m_w 中的 $267 = \sqrt[3]{2 \times 955 \times 10^4}$；

m_j 中的 $16338 = \sqrt[3]{\dfrac{8 \times 955 \times 10^4 \times 0.418^2}{\sin 40°}}$。

P——所传递的额定功率（kW），$P = \eta P_d$；

P_d——电动机功率（kW）；

n_j——齿轮的计算转速（r/min）；

φ_m——齿宽系数，$\varphi_m = \frac{B}{m}$，取 6 ~ 10；

z_1——小齿轮齿数；

i——大齿轮对小齿轮的齿数比；

K_{sw}和K_{sj}——变动工作用量下，材料在弯曲和接触应力状态下的寿命系数，有极限值；

K_c——工作状况系数，中等冲击的主传动 $K_c = 1.2 \sim 1.6$；

K_d——动载荷系数，按表 1-19 选取；

K_b——齿向载荷分布系数，按表 1-20 选取；

γ——齿形系数，按表 1-21 选取；

$[\sigma_w]$——许用弯曲应力（MPa），按表 1-22 选取；

$[\sigma_j]$——许用接触应力（MPa），按表 1-22 选取。

表 1-19 动载荷系数 K_d

平稳性精度	齿面硬度（HBW）	圆周线速度/(m/s)				
		>1	1 ~ 3	3 ~ 8	8 ~ 12	12 ~ 18
6	≤350	1	1.1	1.2	1.3	1.5
	>350	1	1.1	1.2	1.3	1.4
7	≤350	1	1.2	1.4	1.5	—
	>350	1	1.2	1.3	1.4	
8	≤350	1	1.3	1.5	—	—
	>350	1	1.3	1.4		

表 1-20 齿向载荷分布系数 K_b

$\varphi_d = \frac{1}{z_1}\varphi_m$	齿轮对称布置于两轴之间	齿轮非对称布置于两轴之间		齿轮悬臂安装
		轴的刚度较高	轴的刚度较低	
0.2	1.00	1.00	1.05	1.08
0.4	1.00	1.04	1.12	1.15
0.6	1.03	1.10	1.22	1.22
0.8	1.05	1.16	1.28	1.30
1.0 ~ 1.5	1.08	1.30 ~ 1.40	1.45 ~ 1.55	—
1.5 ~ 2.2	1.15	—	—	—

表 1-21 标准齿轮的齿形系数 y

z	y	z	y	z	y
14	0.345	22	0.408	39	0.470
15	0.355	24	0.420	42	0.475
16	0.362	26	0.430	45	0.481
17	0.370	28	0.438	50	0.488
18	0.378	30	0.444	65	0.502
19	0.386	33	0.454	80	0.510
20	0.395	36	0.463	>100	0.513

表 1-22 许用应力

齿轮材料					许用应力	
材料	热处理	机械性能			接触应力 $[\sigma_j]$ /MPa	弯曲应力 $[\sigma_w]$ /MPa
		强度极限 σ_b/MPa	屈服强度 σ_s/MPa	硬度		
45	高频淬火（G54）	—	—	52~55HRC	1370	280
40Cr	高频淬火（G52）	—	—	50~55HRC	1370	354
20Cr	渗碳淬硬（S-C59）	800	600	芯 180~250HBW 面≥59HRC	1650	297
20CrMn	S-C59	1000	800	芯 240~380HBW 面≥59HRC	1750	354
12CrNi3	S-C59	950	700	芯 220~300HBW 面≥59HRC	1750	340

公用齿轮双面受力，其弯曲疲劳特性属于对称循环，因此，公用齿轮的弯曲许用应力应等于表 1-22 中的弯曲许用应力乘 0.7。接触应力则与表 1-22 中相同，因为接触面分别处于齿轮的两侧。

齿轮模数 m_w 和 m_j 大值的判断。如果在计算 m_w 和 m_j 之前能判断出其中的大值，就可以节省一些计算时间。对于外啮合齿轮，可利用图 1-12、图 1-13 进行判断。依据 m_w 和 m_j 的计算公式，对同一个需要计算的齿轮可先按下式求出 m_j/m_w 的比值

$$\frac{m_j}{m_w}=\frac{16338}{267}\sqrt[3]{\frac{(i+1)y[\sigma_w]K_{sj}}{iz_1\,[\sigma_j]^2K_{sw}}} \tag{1-20}$$

如比值大于 1，应计算 m_j，反之，应计算 m_w。

通过计算发现，普通车床、转塔车床和升降台铣床等通用机床的主传动齿轮的 K_{sw} 值都超过了极大值 K_{swmax}，取 $K_{sw}=0.85$。主传动中，齿轮的材料绝大多数采用 45 钢或 40Cr，也可采用 20CrMnTi。如按不同材料绘制图表，$[\sigma_w]$ 和 $[\sigma_j]$ 也可按常量处理。把常量统一

用 K 表示，则

$$\frac{m_j}{m_w}=K\sqrt[3]{\frac{(i+1)\gamma K_{sj}}{iz_1}} \tag{1-21}$$

令 $m_j/m_w=1$，$\lambda=K\sqrt[3]{K_{sj}}$，又可得出

$$i=\frac{\gamma\lambda^3}{z_1-\gamma\lambda^3} \tag{1-22}$$

当给定一个 λ 值（也即给定 K_{sj} 值）后，就可绘出一条 z_1-i 的关系曲线，因为齿形系数 γ 是由齿数 z_1 决定的。依此，便可以绘出图 1-12、图 1-13 所示各条 $m_w=m_j$ 时的 z_1-i 关系曲线，以判断 m_w 和 m_j 中的大值。

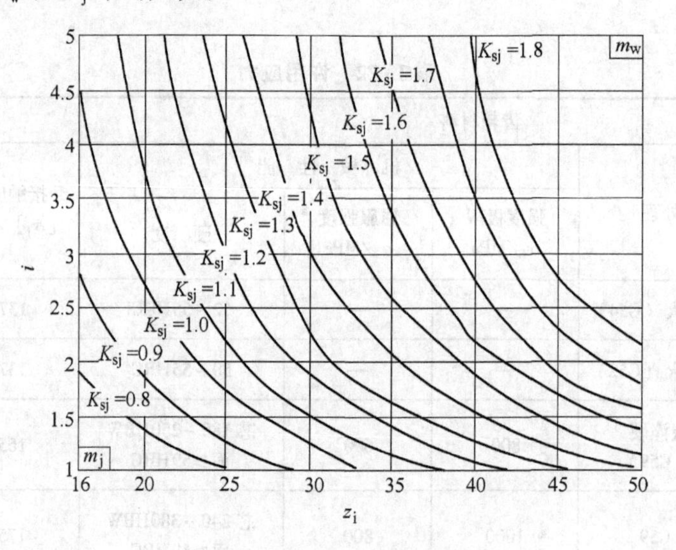

图 1-12　45 钢高频淬火

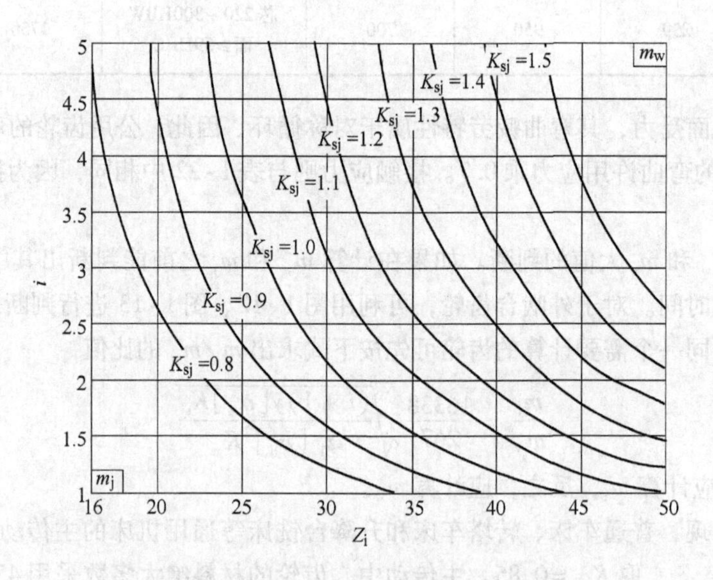

图 1-13　40Cr 高频淬火

例如，有一齿轮，$z_1=25$，$i=2$，材料为45钢，高频淬火，判断应计算 m_w 还是 m_j。如计算出 $K_{sj}=1.1$，查图1-12，$z_1=25$ 和 $i=2$ 的交点在 $K_{sj}=1.1$ 曲线的左侧（即在 m_j 一侧），应按 m_j 计算，如 $K_{sj}=1.0$ 则交点在右侧（即在 m_w 一侧），应按 m_w 计算。此外，在齿轮模数的计算中，要注意寿命系数有极限值。齿轮孔与轴的配合长度以直径的1.5倍为宜。

4. 齿轮的结构设计

（1）齿轮要能装在轴上　如图1-14所示，能装在花键轴上的小齿轮必须保证齿根圆与花键轴外径 d 之间的径向距离 H 为某一值，为保证其强度，推荐 $H \geqslant s$（s 为齿轮基圆上的齿厚）。如小齿轮 $z=20$，$m=2.5$ 时，可从图1-14中查出，套装在花键轴上的齿轮所允许的最大轴径 $d \leqslant 35$mm。

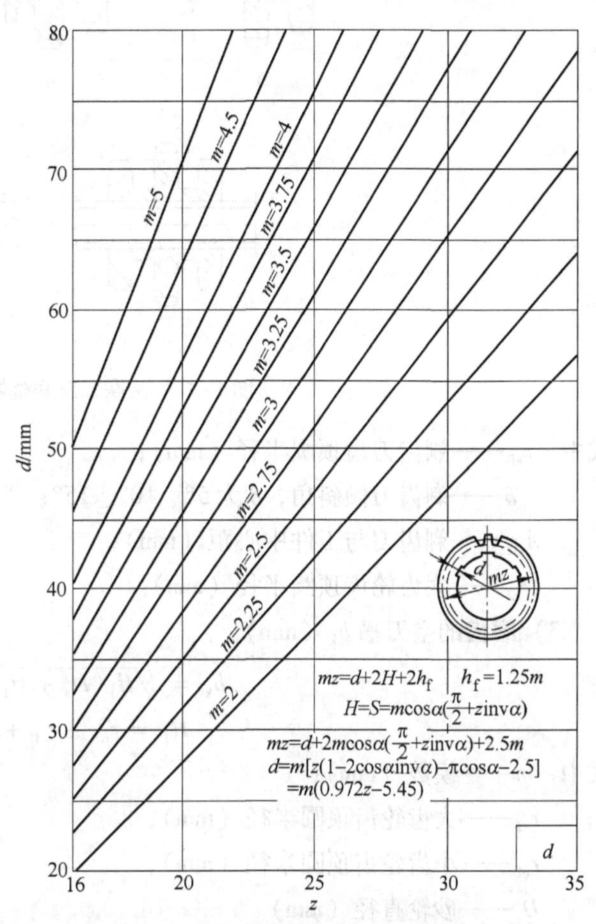

图1-14　齿轮套装在花键轴上的最大轴径

（2）多联齿轮　多联齿轮有整体式和镶装式两种结构，选择哪种方式，取决于齿轮的精度等级及其精加工的工艺方法。如果插齿就能满足精度要求，可做成多联整体齿轮，齿轮之间要留有空刀槽；如果采用滚铣加工或剃、珩、磨齿等工艺，则整体齿轮要留有足够的空刀槽。特别要注意热处理的要求，如果两个齿轮都要淬火，空刀槽宽度 $b \geqslant 8$mm。两联、三联整体齿轮结构如图1-15所示。其中图1-15a、d中的拨叉拨动大齿轮，图1-15b、c、e中的拨叉拨动轮毂。

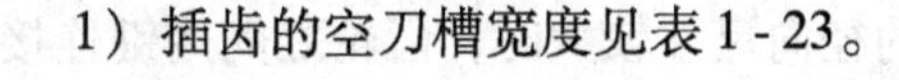

1）插齿的空刀槽宽度见表1-23。

表1-23　插齿的空刀槽宽度　（单位：mm）

模数 m	1~2	2.5~4	5~6
空刀槽宽度	5	6	7

2）剃齿的空刀槽 b_k（mm）。

$$b_k = \sqrt{2} r_{eD} \sin\delta \sqrt{1 - \frac{A_{D1}^2 + r_{eD} - r_{e2}}{2A_{D1} r_{eD}}} + 5 \quad (1-23)$$

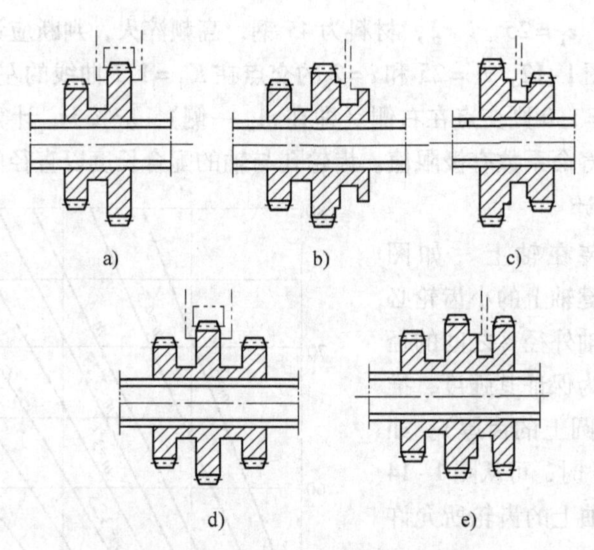

图 1-15　两联、三联整体齿轮结构

式中　r_{eD}——剃齿刀齿顶圆半径（mm）；

δ——剃齿刀倾斜角，δ 为 5°、10°、15°；

A_{D1}——剃齿刀与工件中心距（mm）；

r_{e2}——大齿轮齿顶圆半径（mm）。

3）磨齿的空刀槽 b_k（mm）。

$$b_k = \sqrt{H_1(D_s + H_1)} + 20$$

$$H_1 = r_{e2} - r_{e1} + 2m \tag{1-24}$$

式中　m——模数（mm）；

r_{e2}——大齿轮齿顶圆半径（mm）；

r_{e1}——小齿轮齿顶圆半径（mm）；

D_s——砂轮直径（mm）。

4）若采用磨齿作为精加工工序，为了缩短多联齿轮的轴向尺寸，可采用镶装结构，如图 1-16 所示。其中，图 1-16a、b 所示适用于齿轮的径向尺寸较大时，齿轮之间用键连接，最好采用双键，以避免产生侧压力和不平衡。当齿轮的径向尺寸较小，轴向尺寸较长时，可采用花键-销连接的结构，如图 1-16c 所示。当齿轮的径向尺寸较小，又要缩短轴向尺寸时，可采用图 1-16d 所示的结构形式，即采用电子束焊或氩弧焊的方式将两个齿轮安装在花键心轴上进行焊接。为使滑移齿轮与固定齿轮顺利进入啮合，对进入啮合端的齿轮应倒角 12°。

（3）轮毂孔与轴配合的长度 L　固定齿轮：$L=(1.2\sim1.5)d$，d 为轴的直径；滑移齿轮：$L=(1.5\sim2)d$；带轮：$L=(1.4\sim1.8)d$。当 $L/d<1$ 时采用紧配合，轴向也固定压紧以免产生偏斜，影响齿轮正常工作。L 也不宜太长，否则会增加轴向尺寸。拨叉至轴线的半径 R，取 $L/R>1$。

（4）齿轮在轴上的定位方式　直齿圆柱齿轮的轴向固定可用弹性挡圈、定位螺钉、轴

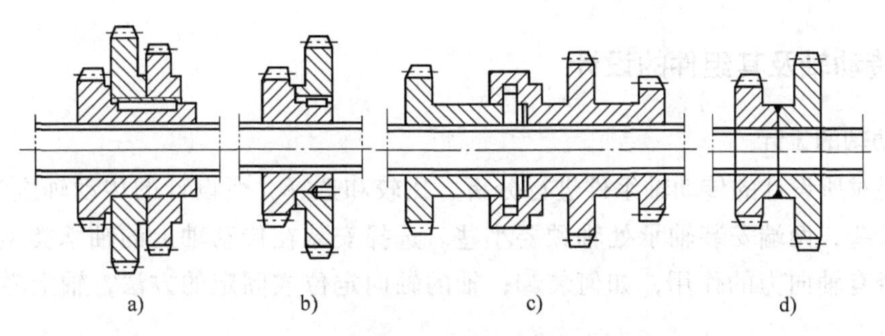

图 1 - 16　采用镶装结构的齿轮

肩、套、半圆环隔套等，如图 1 - 17 所示。图 1 - 17a 所示是采用定位螺钉定位，图 1 - 17b 所示是采用弹性挡圈定位。当齿轮是斜齿圆柱齿轮时，斜齿圆柱齿轮由于有轴向力，不能用弹性挡圈或定位螺钉轴向固定，可用图 1 - 17c 所示的半圆环隔套来定位。

普通车床主轴变速箱中采用六位变速操纵机构时，应注意Ⅱ、Ⅲ轴的两个滑移齿轮处在图1 - 18所示位置时，要保证 $\Delta > \delta$（Δ——Ⅱ轴上固定齿轮与两联滑移齿轮间的距离，δ——Ⅲ轴滑移齿轮越程量），否则会因Ⅲ轴滑移齿轮的越程使它与Ⅱ轴上的滑移齿轮相撞，产生干涉。

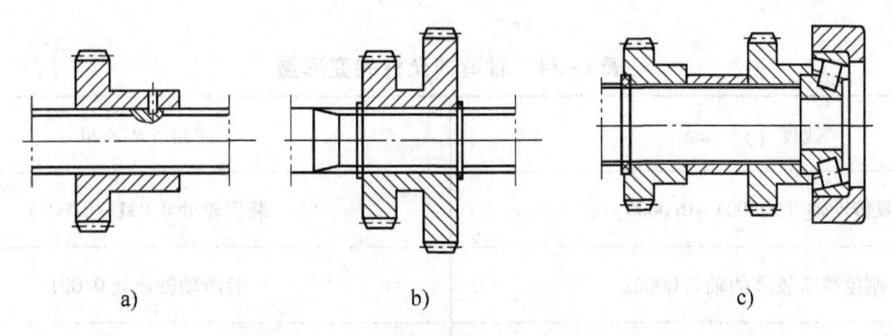

图 1 - 17　齿轮在轴上的定位方式

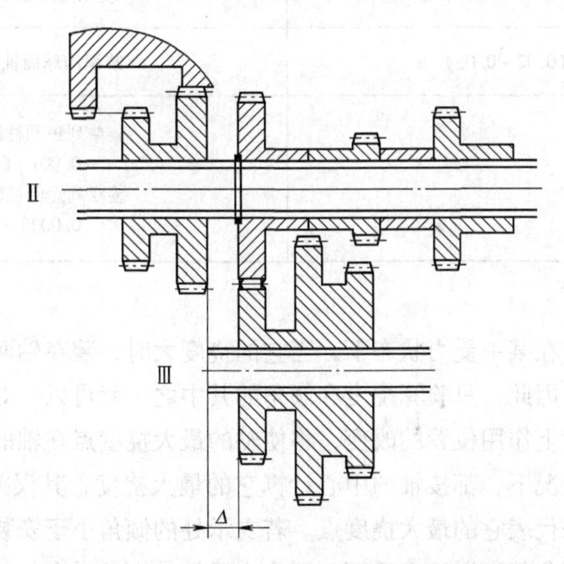

图 1 - 18　注意防止因滑移齿轮越程产生干涉

Δ——Ⅱ轴上固定齿轮与两联滑移齿轮间的距离

五、传动轴及其组件的设计

1. 传动轴的设计

首先要对所设计的传动轴组件进行分析、比较和选择，所设计的传动轴应为阶梯状，中间尺寸大些，两端安装轴承处轴颈要小些。选择安装在传动轴上的轴承类型时，要考虑轴上是否有轴向力的作用，如何装卸；轴的轴向定位或固定的方法，轴上零件的安装与固定。

机床主轴变速箱中的传动轴多为细长轴，承受轻、中载荷，中等转速。因此，可不进行强度和临界转速的验算。保证机床传动轴正常工作的条件是考虑其刚度。轴在弯矩的作用下，如产生过大的弯曲变形，则装在轴两端的齿轮会因倾角过大而使齿面的压强分布不均，产生不均匀的磨损和增强噪声；并且会使滚动轴承的内、外环产生相对倾斜，影响滚动体和滚道的接触寿命，尤其对滚子（柱与锥）轴承影响更大。此外，还会影响轴上摩擦片离合器中摩擦片的接触和压紧力，以及动作的灵活性。如果轴的扭转刚度不够，则会引起扭振。轴的刚度验算包括滚动轴承处的倾角验算。传动轴弯曲时变形量的许用值见表 1-24。

表 1-24　轴弯曲允许的变形量

挠度 [y]/mm	倾角 [θ]/rad
一般传动轴（0.0003～0.0005）L	装齿轮处 0.001～0.0015
刚度要求较高的轴 0.0002L	装滑动轴承处 0.001
安装齿轮的轴（0.01～0.03）m	装深沟球轴承处 0.0025
安装蜗轮的轴（0.02～0.05）m	装深沟球面轴承处 0.005
	装单列短圆柱滚子轴承处 0.001～0.0015 装双列短圆柱滚子轴承处 0.0006～0.001

注：L 为跨距，m 为模数。

对同一根轴来说，在某一受力状态下，当它的挠度大时，装在轴两端的齿轮和轴承处的倾角也大，反之亦然，因此，只验算挠度和倾角的其中之一就可以。对简支梁来说，同样大小的力，由于沿轴长度上作用位置的改变，将使轴的最大挠度点在轴的中点左右摆动，如在各种不同位置受力的情况下，都按轴的中心计算它的最大挠度，其误差小于3%。因此，计算时可以用轴的中点来代表它的最大挠度点。若支承处的倾角小于安装齿轮处规定的倾角的允许值，则齿轮处的倾角就可以不必验算，因为支承处的倾角最大。

对于一般传动轴，扭转角 ψ 的许用值 [ψ] = 0.5～1°/m；要求较高的轴取 [ψ] = 0.1～

0.5°/m；要求较低的轴取 $[\psi]=1.5\sim2°/m$。

轴的弯曲刚度验算即验算齿轮处的挠度、倾角及轴承处的倾角是否在允许值的范围内。为简化计算，也可用验算轴的中点挠度来代替最大挠度，误差为3%。若轴承处的倾角小于安装齿轮处规定的倾角允许值，则齿轮处的倾角不必验算。

2. 初选传动轴的轴径

机床各传动轴在工作时，必须保证具有足够的弯曲刚度和扭转刚度。轴在弯矩作用下，如产生过大的弯曲变形，则安装在轴上的齿轮会因倾角过大而使齿面的压力分布不均，产生不均匀磨损和加大噪声；也会使滚动轴承内、外圈产生相对倾斜，影响轴承使用寿命。如果轴的扭转刚度不够，则会引起传动轴的扭振。所以在设计开始时，要先按扭转刚度估算传动轴的直径，待结构确定之后，定出轴的跨距，再按弯曲刚度进行验算。

按扭转刚度估算轴的直径 d

$$d \geqslant KA\sqrt[4]{\frac{P\eta}{n_j}} \tag{1-25}$$

式中 K——键槽系数，按表1-25选取；

A——系数，按表中的轴每米长允许的扭转角（°）选取；

P——电动机额定功率（kW）；

η——从电动机到所计算轴的传动效率；

n_j——传动轴的计算转速（r/min）。

表1-25 估算轴径时系数 A、K 值

$[\psi]/[(°)/m]$	0.25	0.5	1.0	1.5	2.0
A	130	110	92	83	77
K	无键	单键		双键	花键
	1.0	1.04~1.05		1.07~1.1	1.05~1.09

按扭转刚度进行计算，公式为

$$d = A\sqrt[4]{\frac{N}{n_j}} \tag{1-26}$$

$$\text{或} \ d = B\sqrt[4]{M_n} \tag{1-27}$$

$$P = P_D\eta \tag{1-28}$$

式中 P——所传递的额定功率（kW）；

P_D——电动机功率；

η——从电动机到计算轴的传动效率；

n_j——轴的计算转速；

M_n——额定扭矩；

A、B——系数，按表1-26轴允许扭转角对应的系数 A、B 值选取。

表 1-26 轴允许扭转角对应的系数 A、B 值

[ψ]/[(°)/m]	0.25	0.5	1	1.5	2
A	12.92	10.94	9.127	8.252	7.69
B	1.306	1.107	0.923	0.835	0.778

根据计算出的 d 值确定轴的直径时，如采用花键轴，可将计算出的值与花键轴当量直径比较而定，花键轴的当量直径可查《机床设计手册》（参考文献[5]）的第八章。如采用平键，轴截面上有一个键槽时，d 值应增大 4% ~5%，有两个键槽时，d 值应增大 7% ~10%，求出的 d 值应圆整。

3. 传动轴弯曲刚度的校核

传动轴弯曲刚度一般按机床设计手册进行计算、校核。可将传动轴简化为集中载荷作用下的简支梁，求传动轴的挠度和倾角，按材料力学公式分别计算。在分析力的作用方向时，首先要确定各传动轴的转向，而各传动轴的转向应根据主轴的转向来确定，因为转向不同，轴的受力也不相同。判断齿轮圆周力的方向时，从动齿轮所受的圆周力方向与齿轮的旋转方向相同，而主动齿轮所受圆周力的方向与其旋转方向相反。齿轮的圆周力为

$$F_t = \frac{2M}{D} \tag{1-29}$$

当 $\alpha = 20°$ 时，对于直齿圆柱齿轮，可取齿轮的径向力 $F_r = 0.5F_t$，径向力方向指向圆心。由于滑移齿轮在轴上有几个啮合位置，在各个啮合位置上，轴和轴承的受载不同。因此，应首先判断和选择工作情况最严重的状态（轴的挠度最大、轴承和齿轮处倾角最大或某一轴承处支反力最大），据此验算轴的弯曲刚度和轴承的寿命。求出齿轮的作用力之后，就可以计算轴承处的支反力，然后作弯矩图，确定最大弯矩。一般轴承支反力和轴上的作用力不在同一平面上，先选择计算用的坐标系，然后分别向坐标系投影，求出 M_x 和 M_y，然后再合成求出最大弯矩。

弯曲刚度校核时，按最危险情况判断。三支承轴的弯曲变形，可先求出中间支承处的支反力，然后将中间支承去掉，把这个支反力当做外力进行计算。计算阶梯轴的弯曲变形时，如轴的各段直径相差不大，可取平均（或当量）直径按等直径计算。提高轴的刚度的最有效的方法是加大轴径或缩短轴的长度。改变轴的材料不能提高轴的刚度，因为各种钢的弹性模量几乎无变化。

4. 传动轴上的轴肩与孔台设计

传动轴上的轴肩是使轴上的零件（齿轮或轴承）轴向定位的，所以传动轴常常有轴肩，从而成为阶梯轴。箱体上的孔最好是通孔，但有时为了固定零件（如圆锥滚子轴承的外环），也做成有台阶的孔。轴肩与孔台的尺寸应尽量小些，但必须满足定位需要。装滚动轴承用的孔台和轴肩尺寸可以在设计手册中的滚动轴承尺寸和主要性能表中查到，也可参看附录 I-2 安装轴承环的轴肩高度。当轴肩的尺寸不够大，但又不能加大尺寸时，可在中间加垫，如图 1-19c 所示。图 1-19a 所示是正确的，图 1-19b 所示是错误的，因为有轴向力，

不能用弹性挡圈定位。图1-19c所示是在箱体中装了两个规格不同的圆锥滚子轴承，装大规格轴承的箱体孔尺寸大，孔台也深。装配时须加垫，以便拆出轴承的外环；若不加垫，如图1-19d所示，轴承的外环就拆不下来。

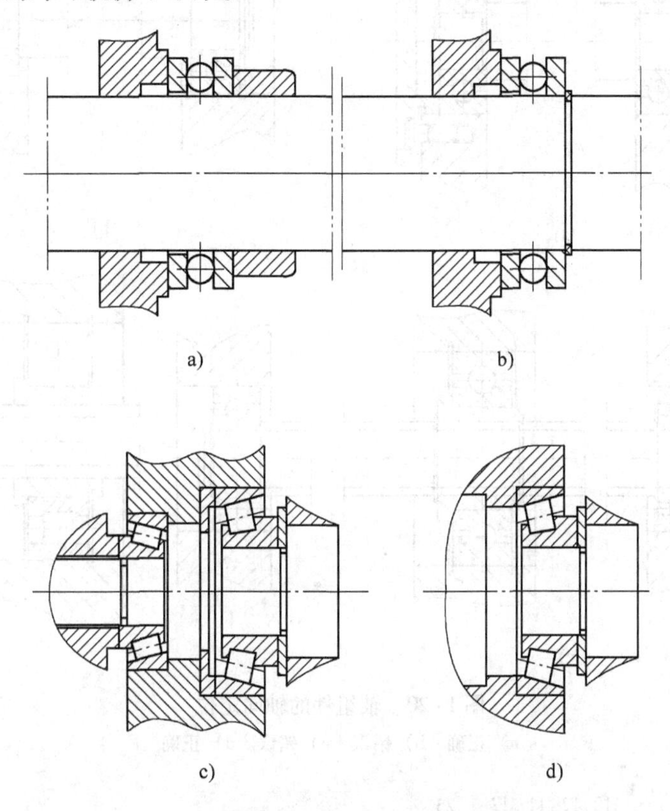

图1-19 轴肩与孔台不合要求时的解决方法

a）正确 b）错误 c）正确 d）错误

5. 轴向定位

轴组件设计中，它的轴向定位是一个非常重要的问题。不仅要保证滚动轴承在箱体中的定位，还要保证它在轴上的定位，可采用一端定位或两端定位的方式。设计中经常会发生定位不足和超定位的现象。图1-20a所示是一个正确的两端定位的结构，两个端盖分别顶住两个轴承的外环，既限定了轴承在箱体内的位置，又限定了轴承在轴上的位置。当采用一端定位时，往往只限定了轴承在箱体上的位置，如图1-20b所示，却忽略了另一自由端上的轴承在轴上的定位，使得轴承有可能从轴上脱落下来。当采用三支承结构时，有时又会出现超定位的错误。如图1-20c所示，中间支承既在箱体中定位又通过套在轴上定位，从而引起定位干涉。应该解除一个定位，或把孔上的两个弹性挡圈去掉，使中间轴承对箱体孔有相对移动的可能；或是把装中间轴承处轴上的两个弹性挡圈去掉，使套与轴有相对移动的可能，如图1-20d所示。

组件上应标注各零件的轴向尺寸，以便在绘制零件图时，防止各零件轴向尺寸的混淆。其标注方式如图1-21所示。

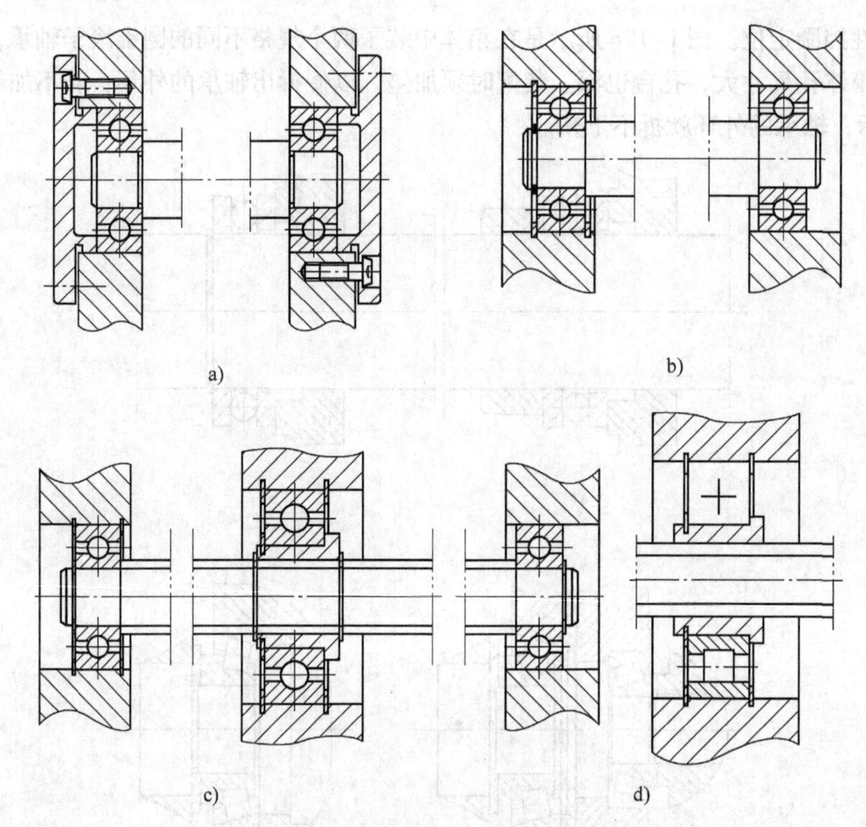

图 1-20　轴组件的轴向定位

a）正确　b）错误　c）错误　d）正确

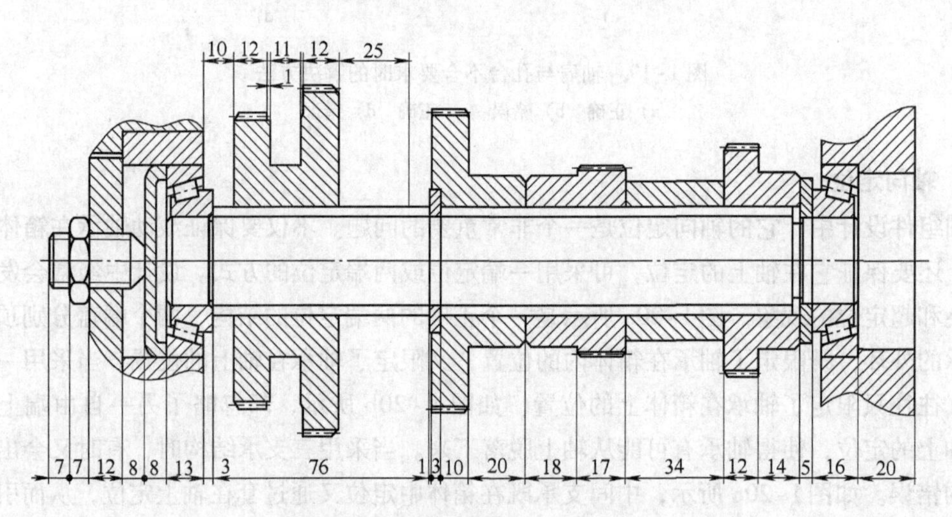

图 1-21　轴组件上轴向尺寸的标注

6. 轴在箱体上的固定

图 1-22 所示为几种常用的轴在箱体上的固定方法。其中，图 1-22a 所示为采用止推挡片固定；图 1-22b 所示为用定位螺钉固定，为防松可再用一紧定螺钉锁紧；图 1-22c 所示为用紧定螺钉骑缝固定，装配时，钻孔攻丝；图 1-22d 所示的固定方法是扭动紧定螺钉，

通过中间的钢球将两侧的钢球挤紧在孔壁上，这种定位方式的优点是：除不必在装配时进行机械加工外，其轴向位置还可以根据需要进行调整。

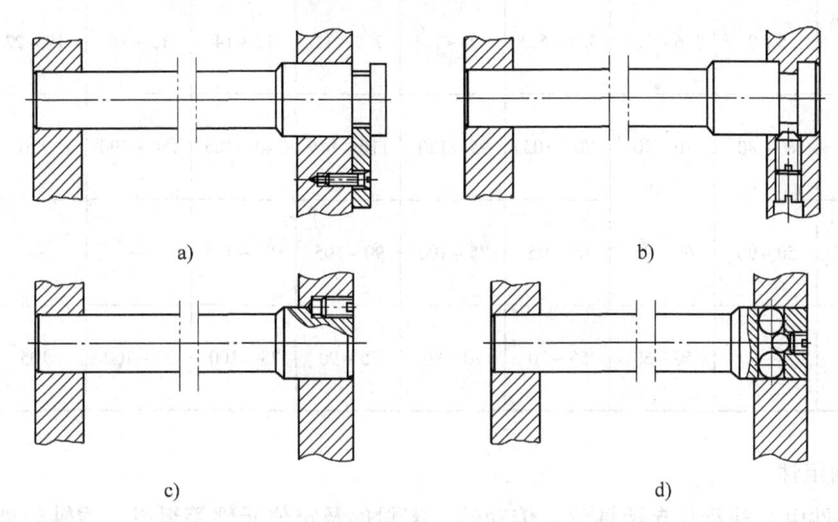

图 1-22 轴在箱体上的固定方法

7. 传动轴和电动机输出轴之间的连接

在设计时，还要注意传动轴和电动机输出轴之间的连接，可采用弹性柱销联轴器连接，图 1-23 所示为采用挠性联轴器的连接形式，图 1-24 所示为消隙联轴器的连接方式，都可作为设计时的参考。

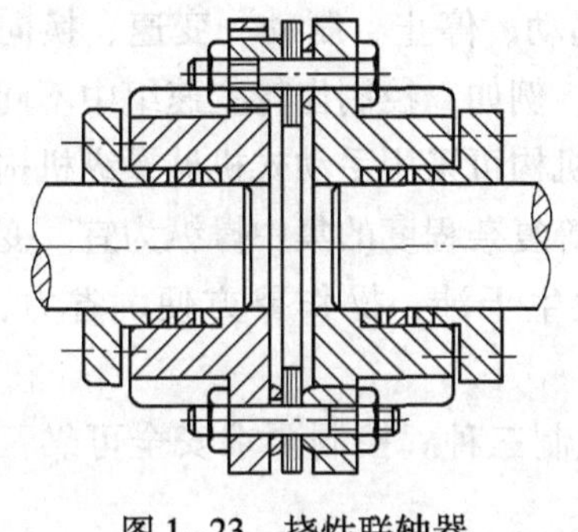

图 1-23 挠性联轴器

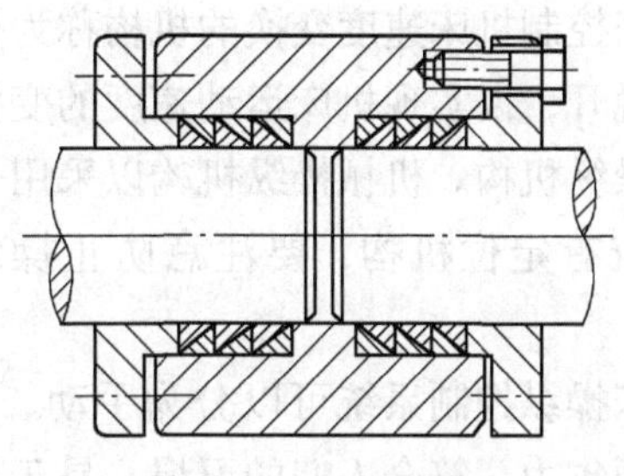

图 1-24 消隙联轴器

六、主轴设计及主轴组件

1. 主轴

主轴是中空的，以便通过棒料或拉杆。主轴为阶梯轴，且主轴头为标准化结构，设计时可查阅相关手册。

2. 主轴轴径的确定

主轴轴径的取值范围一般是由主传动电动机功率来确定的，常用的主轴前轴径 D_1 可参考表 1-27 选取，后轴径 D_2 常为

$$D_2 = (0.7 \sim 0.85) D_1 \tag{1-30}$$

表 1-27　主轴前轴径的直径 D_1　（单位：mm）

功率/kW 机床	1.5 ~ 2.5	2.6 ~ 3.6	3.7 ~ 5.5	5.6 ~ 7.4	7.5 ~ 11	12 ~ 14	15 ~ 18	19 ~ 22	23 ~ 30
车床	60 ~ 80	70 ~ 90	70 ~ 105	95 ~ 130	110 ~ 145	140 ~ 165	150 ~ 190	220	230
升降台、铣床	50 ~ 90	60 ~ 90	60 ~ 95	75 ~ 100	90 ~ 105	100 ~ 115	—	—	—
外圆磨床	—	50 ~ 60	55 ~ 70	70 ~ 80	75 ~ 90	75 ~ 100	90 ~ 100	105	105

3. 主轴组件

主轴组件由主轴及其支承轴承、传动件、密封件及定位元件等组成。主轴组件的工作性能对整机性能和加工质量以及机床生产率有着直接的影响，是决定机床性能和技术经济指标的重要因素。因此，对主轴组件要有较高的要求。主轴轴承的配置和选型应考虑承受轴向力的轴承位置，轴承轴向、径向间隙的调整或预紧，轴承的精度、极限转速等。

七、变速操纵机构的设计

机床的操纵机构用于控制机床各执行件运动的起动、停止、制动、变速、换向等。其中，用来控制机床速度变换的机构称为变速操纵机构。例如，控制齿轮变速组中不同齿轮的接合、脱开，以实现机床运动速度的变换。变速操纵机构可采用手动式机械操纵机构或自动式液压操纵机构。机械操纵机构以采用分散操纵或中等复杂程度的集中操纵为宜。变速操纵机构中应有定位机构，要注意防止操纵机构动作发生干涉；操作要方便、省力、安全、可靠。

机床操纵控制系统可以分为手动、机动和自动控制三种。控制要求安全可靠，操纵灵活、轻便省力，符合人们的习惯，易于记忆。

1. 变速操纵机构应满足的要求

（1）操纵方便、省力、迅速　设计时，要考虑机床操作时操纵机构的位置和高度。操作者使用时应不易感到疲劳，使用方便。要考虑人所能施加力的大小和方向，操纵力在操作行程范围内应均匀。为减少操纵力，可以采用增大操纵机构传动部分的传动比，如加长手柄的长度，或者为完成同一控制作用，而增加手柄转动的角度等；尽量采用标准操作件。一般圆柱形手柄较合适的长度不小于70mm，手柄直径为30mm左右较为适宜。末端带有小球的手柄，小球直径以35 ~ 50mm为宜。设计时，应尽量减少操纵机构的数量，可采用集中变速机构或用一个手柄同时操纵几个运动。

（2）操作安全、可靠　操纵手柄之间、手柄与邻近的机床表面之间应有足够的距离，防止操作时碰伤手或者因碰撞引起其他意外，安全操作。为使被操纵件能准确可靠地处于工作位置，变速操纵机构中要有定位机构，定位要牢靠。一般采用螺钉、弹簧、钢球定位，制造容易，使用方便，可安装在手柄处。操纵机构应有足够的强度、刚度和使用寿命。

（3）结构工艺性　变速操纵机构的结构要简单、成本低，便于制造和维修调整。设计中应随时检查可能产生的不合理设计或干涉现象，如：

1）若轴上固定齿轮之间的间距不够长，当滑移齿轮滑动时，会造成原来啮合的一对齿轮尚未脱开，另一对齿轮就要进入啮合。

2）由于齿数或传动比确定不当，而引起齿轮与相邻轴的干涉。

3）因轴的轴向定位不足，而使轴产生轴向窜动。

4）因超定位而引起干涉或操纵机构动作的干涉。

5）调整环节不能调整或不便于调整。

6）有的零件难于进行装拆，应改善零件的结构工艺性。

2. 变速操纵机构的组成

变速操纵机构一般由以下几部分组成：

1）操纵件是指发出操纵指令的元件，如手柄、手轮、把手及按钮等，这些零件已标准化。

2）传动件是指将操纵运动从操纵件传递给执行件的元件，包括机械、液压、气动电动传动件，如齿轮、齿条、丝杠螺母等。

3）执行件是指拨动被操纵件使之运动的元件，如滑块、拨叉以及拨销等。

4）控制件是指控制操纵运动按照一定方向或行程传递给执行件的元件，如凸轮、孔盘、机械及液压预选阀等。

3. 手动与机动操纵机构

手动操纵机构是由人直接操纵控制手柄、手轮等，靠机械传动来实现操纵要求。机动操纵机构是由人来发出指令，靠电气、液压或者气压传动来实现操纵要求。前者结构简单、成本低，但操作时较费力，常用于要求不高的机床控制中。后者操作方便、省时省力，但是成本较高，一般用于对生产力有明显影响或操纵力较大的场合。

（1）手动操纵机构分类　手动操纵机构按照控制的执行件数量不同，可以分为单独操纵机构和集中操纵机构。在机床设计中，可根据使用要求和结构特点，同时采用集中操纵和单独操纵机构，使结构不过于复杂，使用方便。

1）单独操纵机构又称为分散式操纵机构，是一个操纵件只控制一个执行件的操纵机构。其特点是结构简单、动作可靠，制造维修方便，可灵活地安排手柄位置。但当执行件数量较多时，操纵件也相应增多，使用不方便，操作时间长，难于记忆。这种机构多用于执行件较少、操纵不频繁的机床中。单独操纵机构又可分为摆动式操纵机构和移动式操纵机构。

① 摆动式操纵机构是通过摆杆 - 滑块直接拨动滑移件，结构比较简单。滑块的形状可为圆柱形、矩形或钳形。当操纵件要求的推力较小且高速转动时，可采用圆形或者矩形滑块，其摩擦表面小，但要求槽宽尺寸较大。当销轴垂直放置时，滑块容易靠在被操纵件的转动表面上，增加磨损与发热。这时可采用钳形滑块。钳形滑块是夹持在轮缘或凸缘上进行拨

动的。摆动式操纵机构的操作方式结构简单，应用普遍。常用的摆动式操纵机构如图1-25所示，H为手柄轴5中心线与滑移齿轮1轴中心线间的距离，R为摆杆3的摆动半径。转动手柄4，经手柄轴5使摆杆3转动，通过安装在摆杆3和滑块2中的轴销带动滑块2拨动滑移齿轮1，使其沿齿轮轴轴向滑移，靠手柄座上的钢球定位。滑块在拨动齿轮轴向移动的同时，还要沿其环形槽壁滑移，滑块轴心的运动轨迹为一段圆弧，则相对齿轮的轴心线会产生一个偏离量。齿轮滑移距离越大，滑块偏移量也越大，滑块所需的拨动力相应增加，操纵越费力。当齿轮滑移距离过大时，滑块还有可能脱离齿轮环形槽而失去正常操纵能力。为了减少偏移量，可尽量缩短滑移齿轮的滑移距离，并正确确定摆杆转轴的位置和摆杆摆动半径R；摆杆转轴最好布置在与滑块左右两极限位置相对称的位置上，使滑块上下偏移量相等。为避免摆角过大使操纵费力，一般取手柄摆动角小于或等于60°~90°。所以，这种操纵机构适用于被操纵件移动距离较小的场合。为了减小偏移量，通常采用对称摆动式操纵机构；当出现摆杆与轮缘相碰情况或结构不允许采用对称式时，可选用非对称摆动式操纵机构。

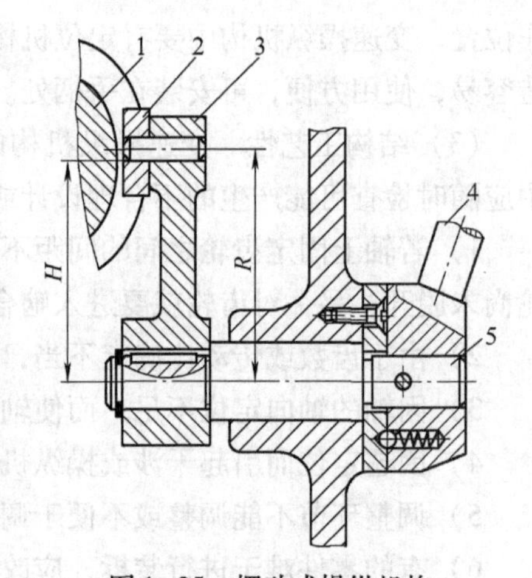

图1-25 摆动式操纵机构
1—滑移齿轮 2—滑块 3—摆杆
4—手柄 5—手柄轴
H—手柄轴轴心线与滑移齿轮轴心线间的距离
R—摆杆3的摆动半径

② 移动式操纵机构是拨叉沿导杆移动，拨动滑移件，又称为导杆移动式操纵机构。拨叉可呈钳形，夹持在滑移件的轮缘上，也可呈弧形嵌在环形槽内。移动式操纵机构具有操纵滑移距离不受限制、便于采用液压缸操纵、结构简单的特点。设计时为避免自锁，拨叉作用面至轴线距离应小于滑移件的导向长度。滑块与销轴间的配合比较松，可以转动。销轴与摆杆间的配合相对较紧。滑块与销轴为一个整体，可在摆杆孔内转动，刚性好。

2）集中变速操纵机构。当采用单独操纵机构时，机床上的手柄往往较多。为了方便操作，各部件上的操纵件要尽可能布置在一个区域内，或者将两个操纵件安装在同一个轴上集中操纵，从而简化机构，使操纵简单。集中变速操纵机构是一个操纵件能控制多个执行件，可实现顺序变速或越级变速。机床集中变速操纵机构可分为顺序变速和预选变速两类。

① 顺序变速机构。顺序变速是指速度的变换需要按照控制件既定顺序进行的一种变速方法。其操纵件与执行件之间的传动联系不能断开，从某转速变换到另一个转速时，要经过两者之间，由控制件决定所有的变速位置，而不能超越。这种操纵机构的特点是：结构简单，工作可靠，使用方便，操纵时间短。但是在操纵过程中滑移件会出现重复和超程现象，顶齿机会较多，齿顶端容易磨损，变速较费时、费力，故多用于执行件较多、操纵较频繁的机床上。

顺序变速多采用凸轮控制，如圆柱凸轮或圆盘凸轮控制。凸轮控制容易实现运动所要求的先后次序，如果变速级数不多，如6级变速可用一个凸轮控制。这种机构的变速特点是在转动手柄时，各变速机件以一定的规律移动，使主轴的各级速度按一定的先后顺序出现。通常，为得到某一速度必须经过中间各级转速，手柄和各拨叉之间具有不能断开的传动关系。因此，变速时间长，齿顶磨损快。为变速方便，当手柄顺时针方向转动时，各速度出现的顺序是逐次递增，反之是递减。因此，顺序变速机构必须保证各变速机件按次序动作，常用于变速级数不超过12～16级的变速箱中。图1-26所示为采用一个柱状凸轮同时控制一个三联齿轮和一个双联齿轮的六级变速操纵机构。

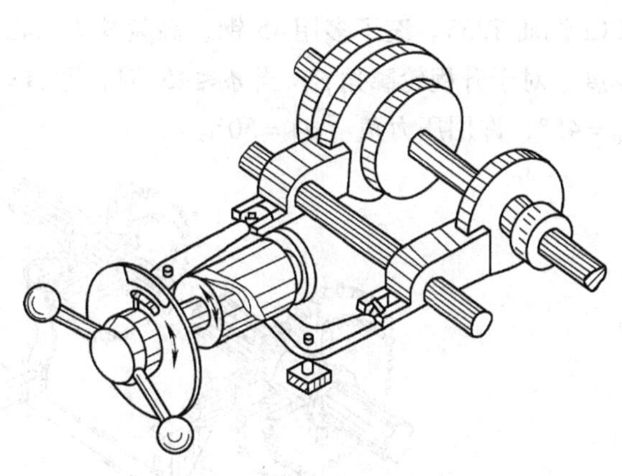

图1-26　六级变速操纵机构

设计凸轮操纵机构时，首先要确定由凸轮操纵机构实现变速级数z，然后确定变速角$\phi=360°/z$；确定滑移齿轮行程L与相应的凸轮升程h之比i，即$i=L/h$。对于移动杆从动件，$i=1$；对于摆动杆从动件，一般$i=1\sim3$，增大放大比i可减小凸轮尺寸，但同时也加大滑移齿轮的行程误差。设计时，需画出转速-滑移齿轮位置、行程对照表和滑移齿轮变速位置表。

例如，采用一个公用凸轮控制两个双联轮滑移齿轮$z=2\times2=4$的方案，设计方案如下。表1-28给出转速-滑移齿轮位置、行程对照关系表，表1-29列出了滑移齿轮变速位置关系表。

表1-28　转速-滑移齿轮位置、行程对照表

转速		n_1	n_2	n_3	n_4
滑移齿轮位置	A	右	右	左	左
	B	左	右	左	右

表1-29　滑移齿轮变速位置表

滑移件	从动件位置		变速位置			
	滚子代号	变速角ϕ	1	2	3	4
A	a	0°	大	大	小	小
	b_1	90°	大	小	小	大
B	a	0°	大	大	小	小
	b_1	270°	小	大	大	小

当$z=4$时，因变速角较大（$\phi=90°$）会造成滑移齿轮的越位现象，因而，应取较小的升程轮廓角β，一般$\beta=45°$，并使实际升程段居于相邻定位点的中间位置。如图1-27所示，采用一个盘形公用凸轮操纵两个双联滑移齿轮实现四级变速，即$z=2\times2=4$的凸轮操纵机构，凸轮曲线由半径分别是r_0和r_1的两段圆弧与两段直线组成。盘形凸轮具有结构简单，尺寸紧凑的特点，便于实现单手柄集中操作。凸轮材料多为45钢，高频淬火G42，或采用

40Cr 调质 T235。滚子多用 45 钢，高频淬火 G42。为保证凸轮的刚性，盘状凸轮应有足够的厚度。对于升程轮廓角 β，当 $\phi \leqslant 45°$ 时，取 $\beta = \phi$；当 $\phi > 45°$ 时，取 $\beta = 45°$。名义压力角 $\alpha_0 = 45°$，许用压力角 $[\alpha] = 50°$。

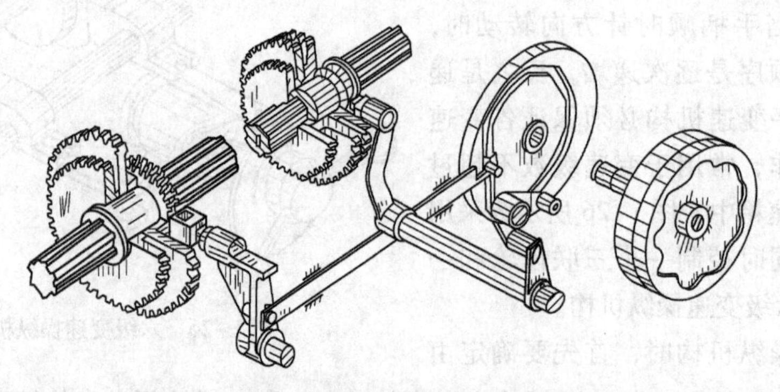

图 1-27　两个双联滑移齿轮的四级变速机构

设计者在刚开始设计时常出现干涉问题，主要原因是：缺乏空间概念，不注意检查运动链的动作范围，在需要调整的零件周围缺少调整所需的空间。

② 预选变速机构。这种机构避免了顺序变速机构的缺点，使变速可以越级、不按顺序地进行。它是通过断开或结合手柄和各个拨叉之间的联系来达到越级目的的。

预选变速是指在机床运转过程中可预先“选速”，而停机后只进行“变速”的一种变速方法，图 1-28 所示为利用孔盘预选变速的一个实例。由于“选速”动作与机床的工作时间重合，所以可降低辅助时间，提高生产率。这种操纵机构的特点是：变速较省时省力，齿端磨损小，但结构复杂，故适用于转速级数较多的场合。预选变速控制件（预选器）有机械、液压、气压及电气等多种结构形式。当在较高速度运转变速时，滑移齿轮很难进入啮合位置，会引起较大的冲击，造成齿端严重磨损甚至损坏。因此，常采用人工点动或自动点动方法，消除齿轮变速时的顶齿现象；也可停机变速，推动齿轮渐渐进入啮合位置，减少齿端磨损。

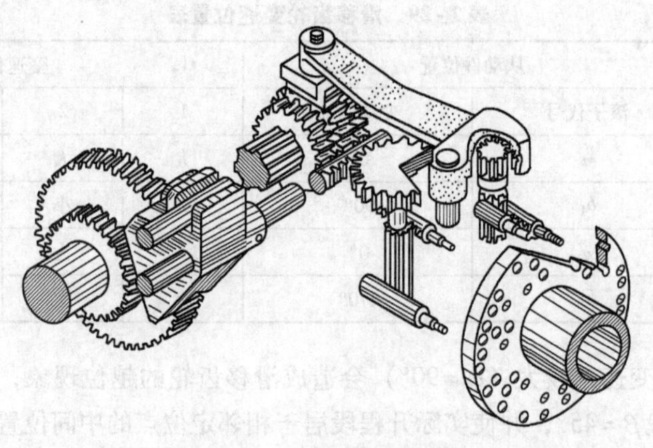

图 1-28　孔盘变速实例

（2）操纵机构的定位　操纵机构中一般采用弹簧钢球定位、柱销定位、锥销定位以及槽口定位等定位装置，以确保在操纵过程中使被操纵件准确达到所要求的各个位置，而在工作中又不会自行脱离既定位置。

钢球定位结构简单，使用方便，制造容易，零件已标准化，应用普遍。若被操纵件工作中受较大轴向力或定位准确性要求较高时，可用定位力较大，定位较准确的其他三种定位装置，但结构较复杂。应根据结构、制造、使用要求来确定定位装置安放的位置，定位装置可安放在操纵机构的各组成部分及被操纵件上。要注意的是在操纵过程中会发生越程现象，即被操纵件超越两端定位的现象，所以操纵件可能会与箱壁或其他零件相碰，造成磨损甚至是破坏。因此，为了防止被操纵件越程，特别是集中变速操纵机构，除本身具有限位作用（如凸轮、孔盘）外，还需要安装限位件，如挡套、弹性挡圈等。

4. 自动控制系统的设计

（1）自动控制系统组成　自动控制系统由三部分组成：发令器、执行器、转换器。

1）发令器用于发出自动控制指令，如分配轴上的凸轮和挡块、挡铁—行程开关、仿形机床靠模及计算机控制程序等。

2）执行器用于最终实现控制作用的环节，如滑块、拨叉、电磁铁、机械手等。

3）转换器将发令器的指令传送到执行器，如简单的传动件。转换器可把指令放大或者缩小，如液压随动系统或电伺服系统等，也可把电指令转换为液压或气压指令。

（2）数控机床自动控制系统分类　数控机床自动控制系统可按照有无反馈控制系统及反馈系统安装的位置分类，分为开环、闭环、半闭环控制系统。

1）开环控制系统。开环控制系统中没有检测反馈装置，其工作原理如图 1-29 所示。数控系统发出一个步进信号，通过环形分配器和步进电动机驱动电路控制步进电动机往设定方向转动一定的角度，工作台的移动距离取决于数控装置发出的步进信号数。位移的精度取决于三方面的因素：步进电动机至工作台间传动系统的传动精度，步距长度和步进电动机的工作精度。后者与步进电动机的转动精度和可能产生的丢步现象有关。这类系统的定位精度较低，但系统简单，调试方便，成本低，适用于精度要求不高的数控机床中。

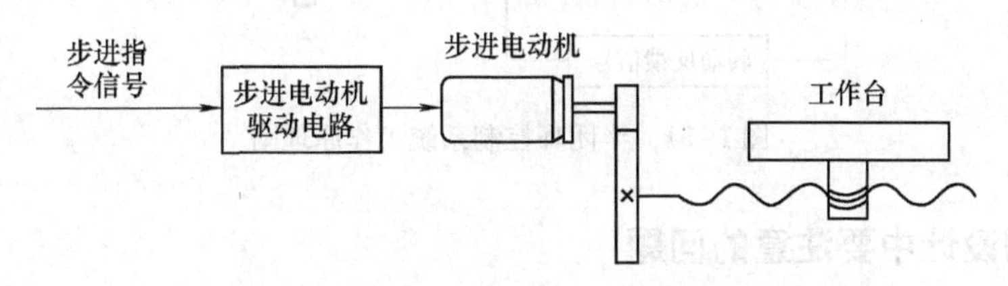

图 1-29　开环控制系统的工作原理图

2）闭环控制系统。闭环控制系统中有检测反馈装置，系统复杂。为提高系统的稳定性，闭环系统除了检测执行部件的位移量外，还检测其速度。检测反馈装置有两类：用旋转变压器作为位置反馈，测速发电机作为速度反馈；用脉冲编码器兼作位置和速度反馈。其中，后者用得较多。如图 1-30 所示，位置检测装置直接安装在机床的最终执行部件上，传感器直接测量出执行部件的实际位移，与输入的指令位移进行比较，比较后的差值反馈给控制系统，对执行部件的移（转）动进行补偿，使机床向减小差值的方向运行，控制实际运动与指令要求运动的误差在允许范围内为止，其可靠度和精度都很高。

3）半闭环控制系统。半闭环控制系统也有检测反馈装置，检测反馈装置可装在伺服电

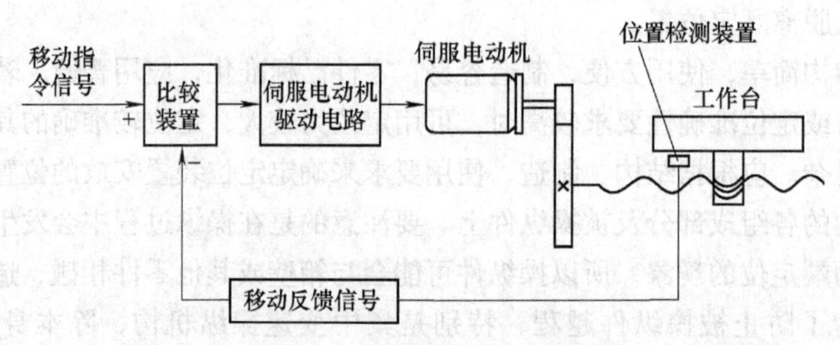

图 1 - 30 闭环控制系统工作原理图

动机后面。如利用高性能的脉冲编码器作为检测反馈元件，其信号可以作为位置反馈信号和速度反馈信号，构成半闭环系统，可靠度较高，精度介于开环和闭环之间，如图 1 - 31 所示。其位置反馈装置采用角位移传感器，如圆光栅、光电编码器、旋转式感应同步器等，安装在电动机的转子轴或丝杠上。该系统不直接测量工作台的位移，而是通过检测电动机或丝杠的转角，间接测量工作台的位移。由于工作台位移和丝杠传动机构等没有包含在反馈回路中，故称为半闭环控制系统。如伺服电动机采用宽调速直流力矩电动机，不需要通过齿轮传动机构而直接与丝杠连接，可以将角位移传感器与伺服电动机制成一个部件。该系统结构简单，价格低，安装调试都很方便，应用较多。由于机械传动环节和惯性较大的工作台没有包括在系统反馈回路内，可以获得比较稳定的控制特性，但丝杠等机械传动部件的传动误差不能通过反馈得以校正。

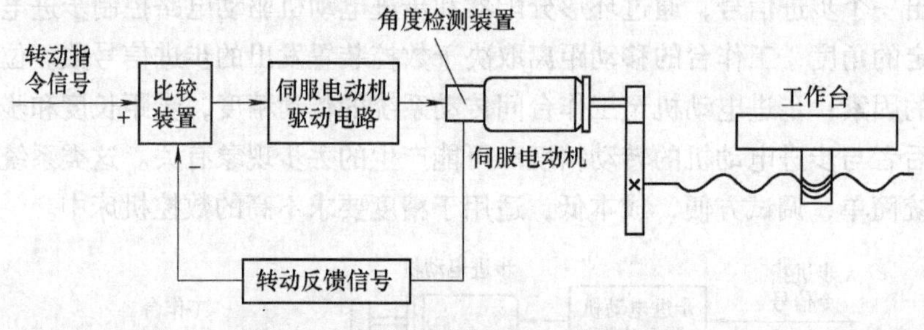

图 1 - 31 半闭环控制系统工作原理图

八、结构设计中要注意的问题

1. 结构工艺性

图 1 - 32 所示列举了一些在零件设计时应考虑的加工工艺性的例子。图 1 - 32b、d 所示都留有空刀槽，便于磨削时清根；图 1 - 32f 所示的空刀槽是插削键槽时插刀的越程槽；图 1 - 32h所示可实现在一次装夹下加工两端的孔，而图 1 - 32g 所示需调头加工，不易保证同轴度；钻孔表面应与孔的轴线垂直，如图 1 - 32j、k 所示，否则如图 1 - 32i 所示，则难以加工。

箱体孔端面的凸台应在同一平面上，如果孔较多时，如图 1 - 33a 所示，可将整个面作为加工面，即图 1 - 33b 所示的左端面。这样可在一次走刀下完成表面的加工。尺寸也应尽可能设计成外大内小，如图 1 - 33b 所示，便于镗孔。

为便于装配，可先装好轴组件。然后将轴组件从箱体一端一次装入，如图 1 - 34 所示，

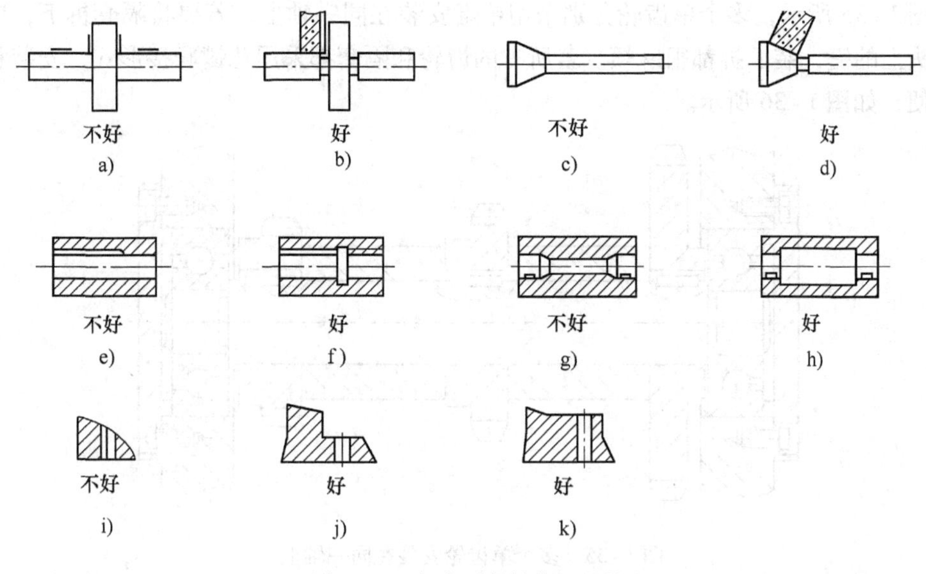

图 1-32　提高零件结构工艺性

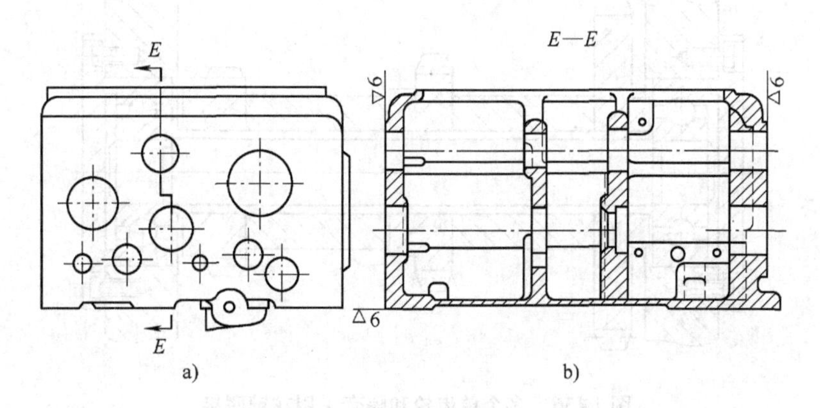

图 1-33　箱体的孔与台

避免了将两个轴承同时装入箱体孔中给装配带来的麻烦。设计时，应注意使轴承能依次装入箱体孔中。

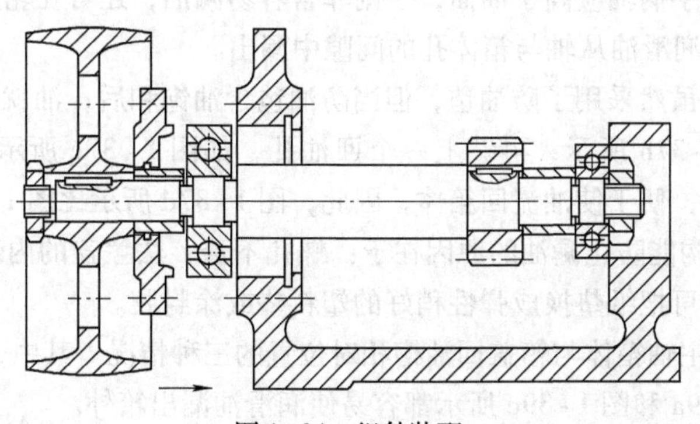

图 1-34　组件装配

如图 1 - 35 所示，多个单齿轮分别采用单键安装在同一轴上，若要将隔套拆下，应先取下轴两头上的键，装、拆都很麻烦。若所有的齿轮和隔套都采用花键联接形式，安装和拆卸都很方便，如图 1 - 36 所示。

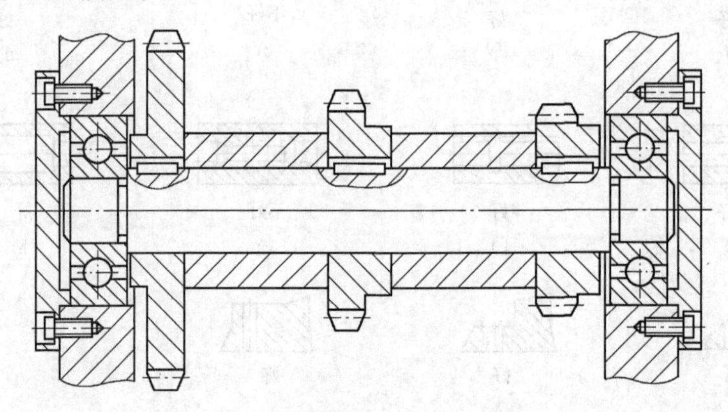

图 1 - 35 多个单齿轮安装在同一轴上

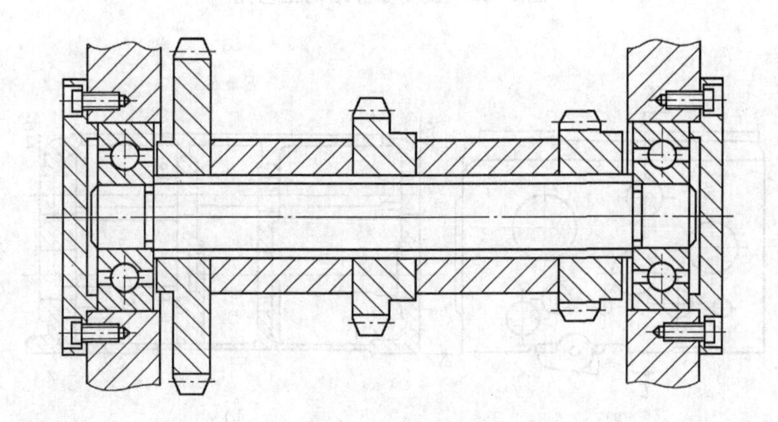

图 1 - 36 多个单齿轮和隔套采用花键联接

2. 润滑与密封

主轴变速箱中的润滑一般采用体外循环润滑。下面是几种常见的漏油实例和防止漏油的处理方法。设计时，手柄轴应高于油面，否则非常容易漏油，还可在轮上切一个环槽，装上 O 形密封圈，可防止润滑油从轴与箱体孔的间隙中漏出。

在图 1 - 37a 中，虽然采用了防油毡，但当防油毡含油饱和后，油就会透过毡垫外渗；加一道回油槽，如图 1 - 37b 所示，再钻上一个回油孔，如图 1 - 37c 所示，就可以防止漏油。回油孔应钻成倾斜的，便于使油流回箱体，因此，图 1 - 37d 所示比图 1 - 37c 所示好。

图 1 - 38 所示结构能防止漏油的原因在于：螺孔不透；法兰盖的内表面做成斜面，使油从轴承道间流回，也可把纸垫换成弹性稍好的塑料垫或涂封胶。

图 1 - 39 所示是主轴箱体与箱盖回油槽相对位置的三种情况。其中，图 1 - 39b 所示的防漏效果较好，图 1 - 39a 和图 1 - 39c 所示都容易使润滑油漏出箱外。

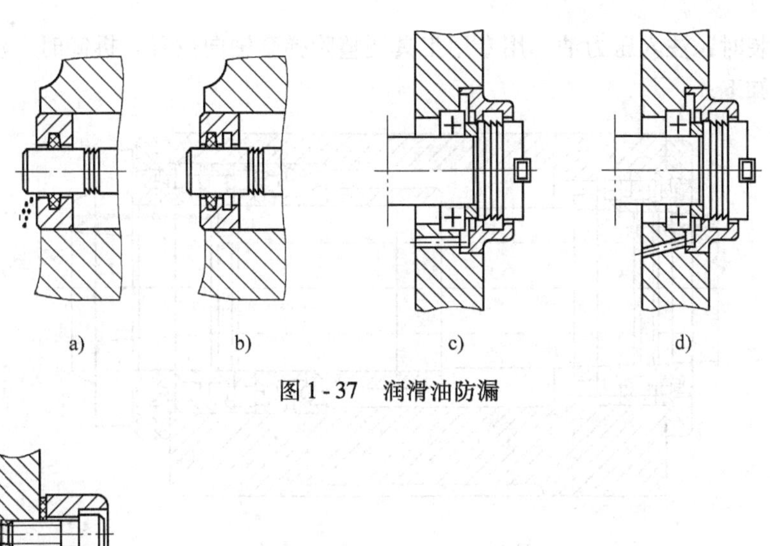

图 1 - 37　润滑油防漏

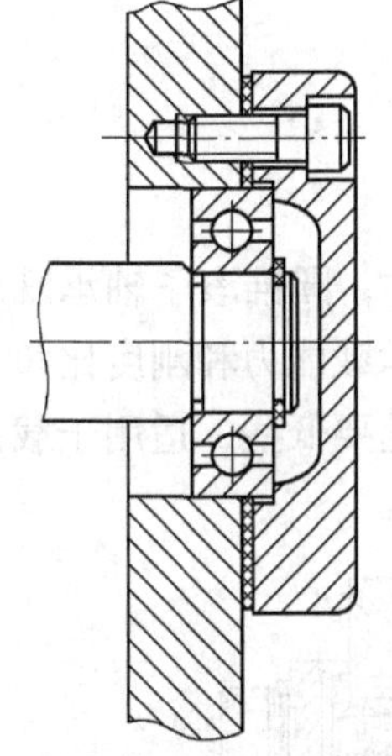

图 1 - 38　法兰端盖防漏

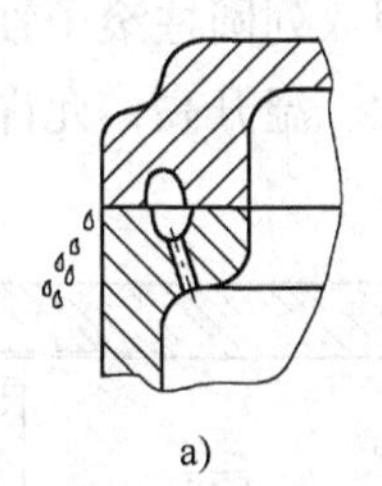

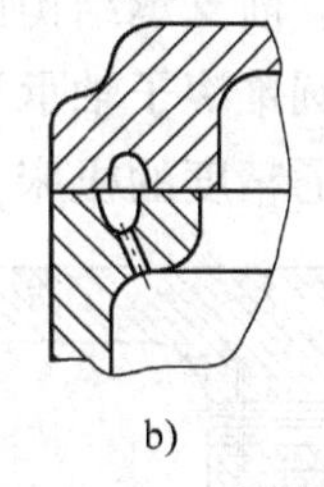

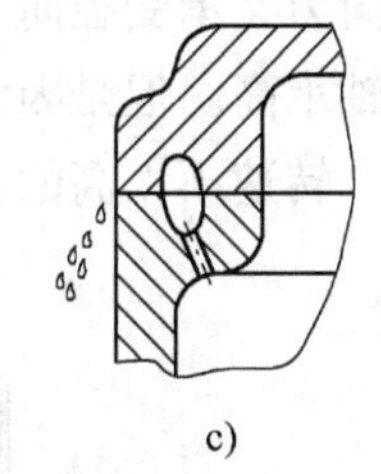

图 1 - 39　床头箱盖与箱体间的回油

a）不好　b）好　c）不好

九、机床主轴部件结构实例

1. 高刚度型主轴部件结构

如图 1 - 40 所示，主轴前支承用双列圆柱滚子轴承承受径向载荷，接触角为 60°双列角接触球轴承承受轴向载荷，后支承采用双列圆柱滚子轴承。这种轴承配置的主轴部件称为高刚度型主轴部件结构，适用于中等转速和切削负载较大、要求刚度高的机床，如数控车床主轴、镗削主轴单元等。在图 1 - 40 中，主轴组件轴向定位为前端定位方式，采用接触角为 60°的双向推力球轴承（2268100 系列）。它的承载能力、刚度和极限转速较高，是通过修磨内环隔套来消隙或预紧的。它的名义外径和内径与相应的双列圆柱滚子轴承相同，其极限转速也相同，外径为负公差，与箱体孔之间有间隙，因而不承受径向载荷，外环开有油槽以利于润滑。它与双列圆柱滚子轴承（3182100 系列或 4162900 系列）配套使用，承载能力大，刚度高，极限转速也高，适用于中、高速各种精度的车床、铣床主轴组件。图 1 - 40 所示的主轴组件还有一个显著特点，就是主轴前端和后端都用阶梯套轴向调整和固定轴承环。一般情况下，主轴上用螺母调整和固定轴承环，由于螺纹精度不高易使主轴产生弯曲变形，从而降低主轴的回转精度。所以，对要求高的精密主轴组件，阶梯套内径与相应的主轴轴径采用过盈配合。热装时，注入压力油，用专用工具调整阶梯套轴向位置。拆卸时，注压力油于轴套之间，即可卸下。

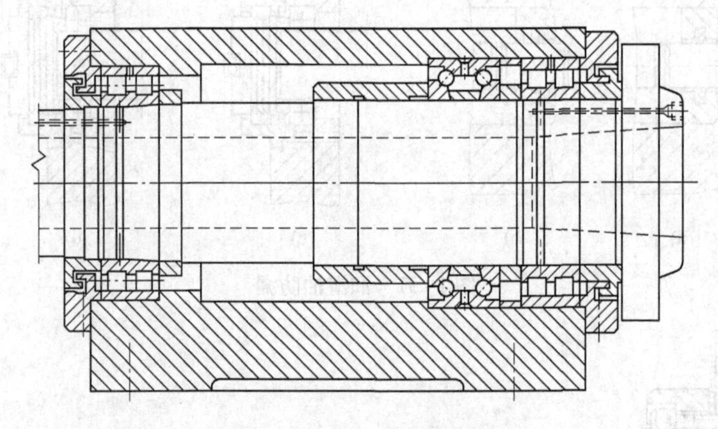

图 1-40 高刚度型主轴部件

如图 1-41 所示，主轴前后端都是采用圆锥滚子轴承的主轴部件，圆锥滚子轴承既承受轴向力又承受径向力。前支承结构比采用双列圆柱滚子轴承简化；承载能力和刚度比角接触球轴承高。但是因为圆锥滚子轴承发热大、温升高，允许的极限转速要低些，适用于载荷较大、转速不太高的普通精度的机床主轴。

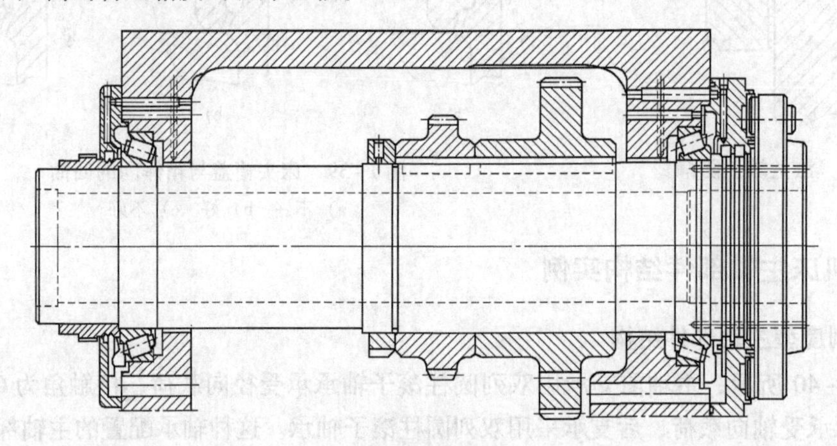

图 1-41 采用圆锥滚子轴承的主轴部件

2. 高速型主轴部件结构

如图 1-42、图 1-43 所示，主轴前后端轴承都采用角接触球轴承（单个或两联），结构简单。当轴向切削分力较大时，可选用接触角为 25°的球轴承；当轴向切削力较小时，可选用接触角为 15°的球轴承。在相同工作条件下，前者的轴向刚度比后者大一倍。角接触球轴承具有良好的高速性能，但它的承载能力较小，因而适用于高速轻载或精密机床，如高速镗削单元、高速 CNC 车床等。

3. 速度刚度型主轴部件结构

如图 1-44 所示，主轴前轴承采用三联角接触球轴承，既承受轴向力又承受径向力，为前

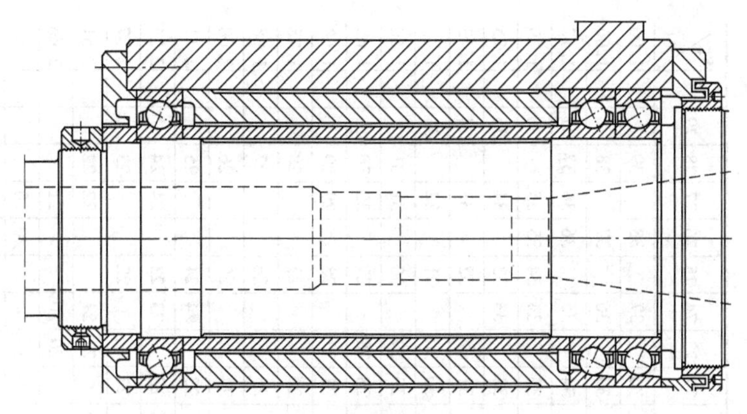

图 1-42 采用角接触球轴承的主轴部件

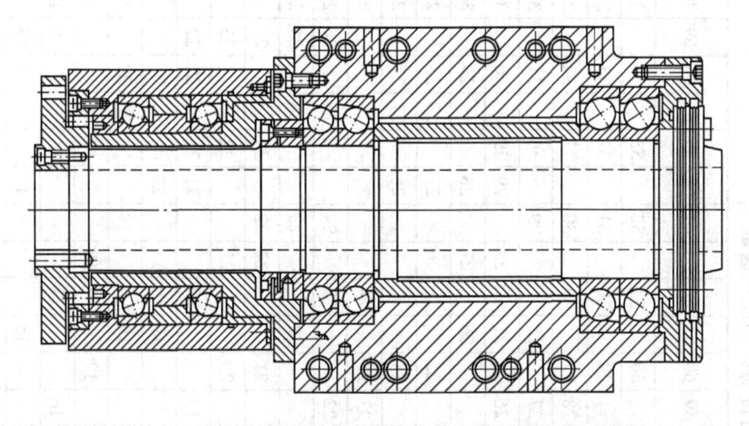

图 1-43 前后都采用两联角接触球轴承的主轴部件

端定位的主轴，热变形对主轴前端伸长影响小。前轴承的配置特点是：外侧的两个角接触球轴承大口朝向主轴工作端，承受主要的轴向力；第三个角接触球轴承则通过轴套与外侧的两个轴承背靠背配置，使三联角接触球轴承有一个较大支承跨度；后支承采用双列圆柱滚子轴承承受径向载荷，径向刚度较高，常用于要求径向刚度好、有较高转速的卧式铣床、数控车床中。

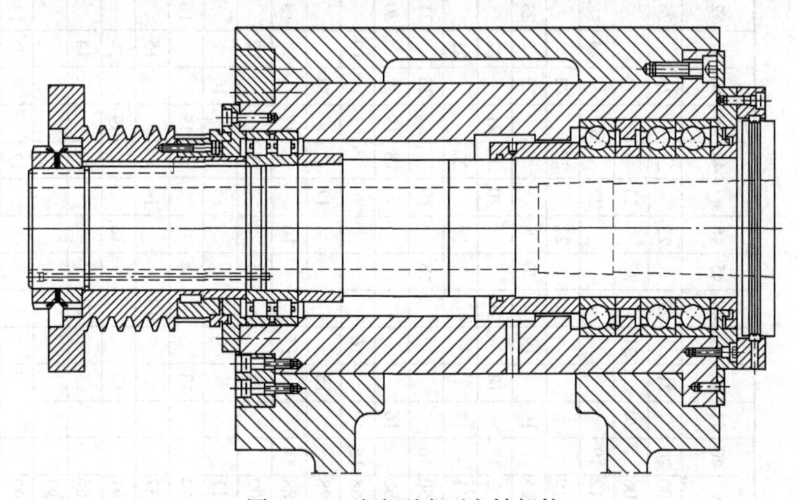

图 1-44 速度刚度型主轴部件

附录 I

1. 各种常用传动比的适用齿数

各种常用传动比的适用齿数

S_z / i	40	41	42	43	44	45	46	47	48	49	50	51	52	53	54	55	56	57	58	59	60	61	62	63	64	65	66	67	68	69	70	71	72	73	74	75	76	77	78	79		S_z / i
1.00	20		21		22		23		24		25		26		27		28		29		30		31		32		33		34		35		36		37		38		39			1.00
1.06		20		21		22		23									27		28		29		30		31		32		33		34		35		36		37		38			1.06
1.12	19							22		23		24		25		26		27		28			29		30		31		32		33		34		35		36	36	37	37		1.12
1.19					20		21		22		23					25		26		27		28		29	29		30		31		32		33		34	34	35	35		36		1.19
1.25		19		19		20					22		23		24		25			26		27		28		29	29		30		31		32		33	33		34		35		1.25
1.33	17		18		19			20		21		22			23		24	52				26		27		28			29		30		31			32		33		24		1.33
1.41		17					19		20			21		22		23			24		25			26		27		28	28		29		30	30		31		32		33		1.41
1.50	16					18		19			20		21			22		23			24					26		37	27		28		29	29		30		31	31			1.50
1.60		16			17				18	19			20		21			22		23	23		24			25		26			27		28	28		29		30	30			1.60
1.68	15			16								19			20		21			22			23		24			25		26	26		27	27		28		29	29			1.68
1.78			15					17			18			19			20		21			22			23			24		25	25		26			27			28			1.78
1.88	14			15			16			17			18			19			20		21	21		22	22		23	23		24			25			26			27			1.88
2.00			14			15			16			17			18			19			20			21			22			23			24			25			26			2.00
2.11					14			15			16			17			18			19			20			21	21		22	22		23	23		24	24			25			2.11
2.24			13			14				15			16			17			18			19	19			20			21			22	22		23	23		24	24			2.24
2.37					13			14				15			16			17				19			19			20	20				21			22			23			2.37
2.51			12				13			14				15			16				17			18			19	19			20	20		21	21			22	22			2.51
2.66					12				13			14				15			16	16			17				18			19	19			20	20			21				2.66
2.82																						16				17			18	18			19	19			20	20				2.82
2.99									12				13				14				15				16			17	17			18	18			19	19			20		2.99
3.16																											16	16			17	17				18				19		3.16
3.35																														16	16				17				18	18		3.35
3.55																																	16	16				17	17			2.55
3.76																																15	15				16	16				3.76

（续）

S_z \ i	80	81	82	83	84	85	86	87	88	89	90	91	92	93	94	95	96	97	98	99	100	101	102	103	104	105	106	107	108	109	110	111	112	113	114	115	116	117	118	119	120	S_z / i
1.00	40		41		42		43		44		45		46		47		48	49	49	50	50	51	51	52	52	53	53	54	54	55	55	56	56	57	57	58	58	59	59	60	60	1.00
1.06	39		40	40	41	41	42	42	43	43	44	44	45	46	46	47	47		48			49		50		51		52		53	53	54	54	55	55	56	56	57	57	58	58	1.06
1.12	38	38		39		40		41		42		43		43	44	45	45	46	46	47	47		48		49		50		51	51	52	52	53	53	54	54	55	55	56	56	57	1.12
1.19		37		38		39	39	40	40	41	41		42		43		44	44	45	45	45	46		47		48		49	49	50	50	51	51	52	52		53		54	54	55	1.19
1.25		36	36	37	37		38		39			40	41	41		42		43		44	44	45	45		46		47	47	48	48	49	49	50	50		51	51	52	52	53	53	1.25
1.33	34	35	35		36		37	37	38	38		39		40	40	41	41		42		43	43	44	44		45		46	46	47	47		48	48	49	49	50	50	51	51	52	1.33
1.41	33		34		35	35		36		37	37	38	38		39		40	40		41		42	42	43	43		44	44	45	45	46	46		47	47	48	48		49	49	50	1.41
1.50	32		33	33		54		35	35		36		37	37	38	38		39	39	40	40		41	41	42	42		43	43	44	44		45	45	46	46		47	47	48	48	1.50
1.60	31		32	32		33	33		34		35	35		36		37	37		38	38	39	39		40	40	41	41	41	42	42		43	43	44	44		45	45	46	46	46	1.60
1.68	30	30		31		32	32		33	33		34		35	35		36	36		37	37	38	38		39	39		40	40	41	41		42	42		43	43	44	44	44	45	1.68
1.78	29	29		30	30		31			32		33	33		34	34		35	35		36	36	37	37		38	38		39	39		40	40	41	41	41	42	42		43	43	1.78
1.88	28	28		29	29		30	30		31	31		32	32		33	33		34	34	35	35		36	36		37	37		38	38		39	39		40	40		41	41	42	1.88
2.00		27			28		29	29		30	30		31	31		32		33	33			34	34		35	35		36	36		37	37		38	38	38	39	39	39	40	40	2.00
2.11		26			27			28	28		29	29		30	30		31	31		32	32		33	33		34	34		35	35	35	36	36	36		37	37		38	38		2.11
2.24		25			26	26		27	27		28	28		29	29			30	30		31	31		32	32		33	33	33	34	34	34		35	35		36	36		37	37	2.24
2.37		24			25	25		26	26			27	27		28	28		29	29			30	30		31	31		32	32	32		33	33		34	34		35	35	35		2.37
2.51	23	23			24	24		25	25			26	26		27	27			28	28		29	29			30	30		31	31	31		32	32		33	33	33		34	34	2.51
2.66	22	22			23	23		24	24			25	25			26	26		27	27			28	28		29	29	29		30	30	30		31	31		32	32	32		33	2.66
2.82	21	21			22			23	23			24	24			25	25			26	26		27	27	27		28	28	28		29	29	29		30	30			31	31		2.82
2.99	20			21	21			22	22			23	23			24	24			25	25			26	26	26		27	27			38	38			29	29			36	30	2.99
3.16	19			20	20			21	21			22	22			23	23			24	24	24		25	25	25		26	26	26			27	27			28	28			29	3.16
3.35			19	19			20	20	20			21	21			22	22			23	23	23			24	24			25	25	25		26	26	26			27	27			3.35
3.55		18	18	18			19	19			20	20	20			21	21			22	22	22			23	23	23		24	24	24			25	25	25		26	26	26		3.55
3.76	17	17				18	18				19	19				20	20			21	21	21			22	22	22		23	23	23			24	24	24			25	25	25	3.76
3.98	16	16			17	17	17			18	18	18			19	19	19			20	20	20		21	21	21	21		22	22	22	22		23	23	23	23		24	23	24	3.98
4.22				16	16				17	17	17			18	18	18			19	19	19			20	20	20	20		21	21	21	21		22	22	22	22			23	23	4.22
4.47		15	15	15				16	16				17	17	17			18	18	18	18			19	19				20	20	20	20		21	21	21	21			22	22	4.47
4.73	14	14				15	15	15				16	16	16			17	17	17	16			18	18	18				19	19	19			20	20	20	20			21	21	4.73

2. 安装轴承环的轴肩高度

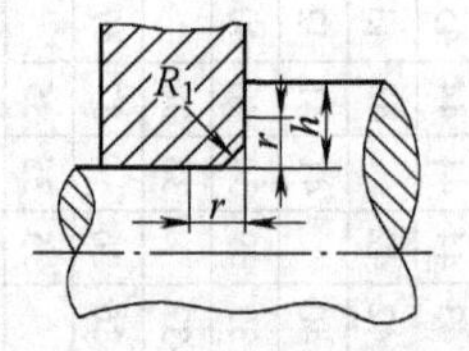

（单位：mm）

轴承内孔圆角坐标尺寸			轴肩圆角半径	轴肩高度
r	r_{max}	r_{min}	R_{1max}	h_{min}
0.2	0.4	0.1	0.1	1
0.3	0.5	0.2	0.2	1
0.4	0.7	0.2	0.2	1
0.5	0.8	0.3	0.3	1
0.8	1.2	0.5	0.5	2
1	1.5	0.7	0.6	2.5
1.2	1.7	0.9	0.8	3
1.5	2.1	1.1	1	3
2	2.7	1.3	1	3.5
2.5	3.3	1.8	1.5	4.5
3	4	2.3	2	5
3.5	4.5	2.5	2	6
4	5.2	3	2.5	7
5	6.3	3.7	3	9
6	7.5	4.7	4	11
8	10	6	5	14
10	12.5	7.5	8	18
12	15	9.5	8	22
15	19	12	10	28
18	23	14	12	34

3. 直流主轴电动机系列

项　目	型　号			
	3	4	6	8
输出功率/kW （hp）	3.7 （4.9）	5.5 （7.4）	5.5 （7.4）	7.5 （10）
额定转矩/N·m （kg·cm）	23.5 （240）	35.0 （357）	44.9 （459）	61.6 （629）
最高转速/（r/min）	3500	3500	3500	3500
基本转速/（r/min）	1500	1500	1160	1160
质　量/kg	57	67	110	151

1hp = 735.499W。

4. 交流主轴电动机系列

项　　目	型　　号			
	1PH6 101	1PH6 105	1PH6 135	1PH6 138
输出功率/kW	3.7	7.5	15	22
额定转矩/N·m	24	48	95	140
最高转速/(r/min)	9000	9000	8000	8000
额定转速/(r/min)	1500	1500	1500	1500

5. 直流伺服电动机系列

项　　目	型　　号		
	B4	B11	FB15
输出功率/kW	0.4	1.1	1.4
额定转矩/N·m	2.7	11.8	17.6
最大转矩/N·m	23	94	154
最高转速/(r/min)	2000	1500	1500
质　　量/kg	12	27	30

6. 交流伺服电动机系列

项　　目	型　　号			
	ASM－L－10－2	ASM－L－10－4	ASM－S－14－8	ASM－S－17－25
功率/kW	0.2	0.4	0.8	2.5
额定转矩/N·m	1	2	5	15
最大转矩/N·m	5	10	20	75
最高转速/(r/min)	3000	3000	2000	2000
质　　量/kg	6	8	16.5	24.5

7. 北京第一机床厂主轴电动机表

型号	3	4	6	8	12	15	180S	180S
输出功率/kW	3.7	5.5	5.5	7.5	11	15	3.7	6.3
额定转距/N·m	23.5	35	44.9	61.6	89.9	122.5	180	300
最大转距/N·m							700	700
最高转速/(r/min)	3500	3500	3500	3500	3500	3500	6000	6000
转子惯量/(kg·m^2)	0.025	0.037	0.088	0.196	0.196	0.235	0.16	0.16
质量/kg	57	67	110	151	151	184	44	48
输出轴直径/mm								
备注	直流，发那科公司授权，北京第一机床厂						交流 AC－200 系列	

参考文献

[1] 关慧贞、冯辛安．机械制造装备设计 [M]．3版．北京：机械工业出版社，2010.
[2] 冯辛安．机械制造装备设计 [M]．北京：机械工业出版社，1999.
[3] 周伯英．工业机器人设计 [M]．北京：机械工业出版社，1995.
[4] 戴曙．金属切削机床设计 [M]．北京：机械工业出版社，1981.
[5] 机床设计手册编写组．机床设计手册 [M]．北京：机械工业出版社，1979～1986.
[6] 戴曙．机床滚动轴承应用手册 [M]．北京：机械工业出版社，1993.
[7] 戴曙．机床设计分析（第一、二集）[M]．北京：北京机床研究所，1985～1987.
[8] 戴曙．金属切削机床 [M]．北京：机械工业出版社，1993.
[9] 金属切削机床设计编写组．金属切削机床设计（下）[M]．上海：上海科学技术出版社，1980.
[10] 顾维邦．金属切削机床概论 [M]．北京：机械工业出版社，1991.
[11] 吴祖育，等．数控机床 [M]．上海：上海科学技术出版社，1990.
[12] 赵松年，等．机电一体化机械系统设计 [M]．北京：机械工业出版社，1997.
[13] 王惠方．金属切削机床 [M]．北京：机械工业出版社，1994.
[14] 日本机器人学会．机器人技术手册 [M]．宗光华，等译．北京：科学出版社，1996.
[15] 机电一体化技术手册编委会．机电一体化技术手册 [M]．北京：机械工业出版社，1994.
[16] 顾熙堂．金属切削机床（上、下册）[M]．上海：上海科学技术出版社，1995.
[17] 陈隆德等，互换性与测量技术基础 [M]．大连：大连理工大学出版社，1997.
[18] 胡家秀，简明机械零件设计实用手册 [M]．北京：机械工业出版社，1999.
[19] 华东纺织工学院，哈尔滨工业大学，天津大学．机床设计图册 [M]．上海：上海科学技术出版社，1979.
[20] 王先逵．机械制造工艺学 [M]．北京：机械工业出版社，1995.
[21] 东北重型机械学院，等．机床夹具设计手册 [M]．2版．上海：上海科学技术出版社，1981.

第二部分　移动机器人设计

一、移动机器人设计的要求和设计内容

1. 移动机器人设计的目的和要求

移动机器人设计是在学生学习了相关的专业课程之后，再通过机器人课程设计的训练，进一步培养学生的设计能力、创新思维和创新能力，将大学三年多所学过的基础课和专业课知识用于移动机器人的设计中，通过了解机器人的工作原理、功能和结构，巩固和扩展所学知识。由于机器人技术是集机械、电子、传感于一体，涉及知识广泛的交叉学科技术，所以机器人设计，尤其是竞赛型机器人设计没有一定的模式可依。因此，在课程设计中要求学生灵活地应用所学的知识，开动脑筋，发挥想象力，活跃创新思维，并在此基础上进行一定的创新设计。

本课程设计的题目来源于2003年开始的各届CCTV全国大学生机器人大赛，依据各届大赛的要求和规则，从中选取设计题目，根据具体任务设计相应的机器人。若机器人结构简单，可以一名学生分配一个题目；若机器人结构相对复杂，也可2～3人共同设计一台机器人，但每个人有各自的设计重点。这是一种全新的、实战型课程设计，具体内容包括：

1）根据机器人所要完成的任务进行总体方案设计，包括方案分析和对比。

2）在确定方案的基础上，进行机器人总体设计，画出总体装配图1张（A0号图）。

3）对机器人各个部件分别进行设计，根据个人的设计重点画出该部件的装配图1～2张（A0号或A1号图）。

4）对关键零件进行设计计算，如：齿轮、轴、凸轮等。

5）撰写设计说明书1份，内容包括整个机器人的设计过程与设计计算。

2. 技术参数

一台手动控制机器人的体积$\leqslant 1200\times1200\times3000\text{mm}^3$，质量$\leqslant$10kg。

每台自动控制机器人的体积$\leqslant 1200\times1200\times3000\text{mm}^3$，质量$\leqslant$10kg。

直流电源电压24V，机器人移动速度为1～1.3m/s。

3. 设计内容

学生主要进行两种类型机器人的设计：手动控制机器人设计和全自动机器人设计。

1）手动控制机器人设计包括机器人总体方案设计、遥控器设计、底盘设计、轮式移动机构设计、传动机构设计、物品取放机构设计、控制系统设计和外观设计等。

2）全自动机器人设计包括机器人总体方案设计、底盘设计、轮式移动机构设计、传动机构设计、物品取放机构设计、控制系统设计和外观设计等。

4. 具体设计步骤

1）在机器人总体方案设计阶段要明确题目要求，查阅有关文献和资料。

在研究设计中，应明确所给定的条件、数据，特别是所选定的机器人大赛的规则和要求，确定设计的内容，包括机器人的性能、工作空间，以及运动功能方案和传动方案，确定关节的形式，各构件的概略形状、尺寸。根据题目需要查阅相关资料，除各种机器人设计方面的教材外，还可参阅机器人图册。从网上查看 2003 年开始的历届 CCTV 大学生机器人大赛的实况报道，充实大脑，增加感性认识。有条件的还可到实验室或工厂实地了解同类型机器人的结构、各传动部分与其他相邻部件的安装关系、机器人的使用性能与操作等。确定整台机器人装置的总体尺寸（长、宽、高）及各主要部件之间的尺寸联系图。

2）拟订机器人的传动系统。

通常，机器人的传动系统是依据给定的电动机电压，先选取电动机的功率和转速，拟订传动路线，根据动力及速度参数、驱动方式等选择传动方式和传动元件。对机器人的各个部件，如轮式移动机构、传动机构、物品取放机构等，可根据具体要求确定传动系统，绘制整机传动系统简图和总装配草图。

3）初选和初算主要传动件和参数。

需要初选和初算的主要传动件和参数有：根据所需的转矩、功率选择驱动电动机；传动机构中齿轮的模数、齿数、传动比；选择同步带型号，选择或设计带轮；传动轴初步计算和确定轴径等。

4）部件设计（个人的重点设计部分），绘制部件装配图。

按规定的标准画法画图，按 1:1 比例绘制部件装配图。要求尺寸准确、线条清晰、文字工整。注意布图的匀称和美观，标准件必须按规定绘制。展开图与剖视图的绘制常需交叉进行，以便互相对照，全面检查。先通过计算，再安排各传动件的位置，以绘制的草图作为底图，待验算修改后一次加深，完成部件装配图的设计。

5）各部件装配图完成后，要修改总装配草图，并完成总体装配图设计。

6）绘制零件图。

根据课程设计的时间，可选择齿轮、传动轴或其他零件，绘制零件图。零件图上应有足够的视图和剖面，应标注尺寸和公差，注明表面粗糙度、几何公差和技术要求。只有在用符号难以表达的情况下，才可用文字注明技术要求，文字标注要符合相关标准。

7）编写设计计算说明书。

说明书的编写可与设计同时进行，在图样工作全部完成后，再继续编写未完成部分，并加以整理，装订成册。说明书内容包括整台机器人的设计过程与设计计算，要附有参考文献，包括作者、书刊名称、出版社和出版年份等。一般要求说明书的篇幅在 25 ~ 30 页（B5 纸）。说明书要求叙述简明扼要，层次分明，文字通顺，书写工整，图表清晰，计算准确。

5. 时间安排（3 周）

1）拟订方案 2 ~ 3 天。

2）绘制总体方案设计图和零部件图 8 ~ 10 天。

3）修改设计、编写说明书 5 ~ 7 天。

4）准备答辩。

二、移动机器人的分类与组成

1. 移动机器人的分类

本课程设计中的移动机器人是指大学生竞赛型移动机器人，而竞赛型移动机器人一般分为手动控制机器人和全自动机器人两种类型。

手动控制机器人是由一个操作者手动对机器人进行操作和控制，是依靠操作者的观察和判断去做出一系列动作，如灵活地转弯，快速地移动，可以随时改变行进路线和策略。所以，手动控制机器人适应环境的能力强，能够完成的任务种类多，要求操作起来方便、灵活。

全自动机器人是根据比赛规则和行进路线事先编好程序，将程序存储到机器人控制系统中。机器人起动后，只能按编好的程序移动和动作，无法处理意外事件。较高级的全自动机器人可具有智能性，它能根据比赛场上的情况快速分析，进行决策，并采取相应的行动。一般全自动机器人体积小、质量轻、移动速度快。竞赛中常采用一个手动控制机器人和多个全自动机器人相配合共同完成比赛，每个全自动机器人的目的和任务不同。所以，每个全自动机器人的大小、形状、功能可以各不相同。

2. 移动机器人的组成

移动机器人由驱动部件、支承部件、传动部件、执行部件和控制部件组成。

（1）驱动部件　驱动部件一般由驱动器和传动件组成，驱动器是机器人的动力源，选择驱动器时应注意驱动器的类型、功率、转速等参数及输出形式、控制方式等。所选的驱动器应该是在市场上能够买到的、质量较好的那种。一般可采用电气、液压、气压三种方式驱动，又以电气驱动最为常见。电气驱动包括步进电动机驱动、直流电动机驱动和伺服电动机（舵机）驱动等。

1）步进电动机。步进电动机又称为脉冲电动机，是将电信号变换成角位移（或线位移）的一种机电式数模转换器，它每接受数控装置输出的一个电脉冲信号，电动机轴就转过一定的角度，该角度称为步距角。步距角一般为0.5°~3°，角位移与输入脉冲个数成严格的比例关系。步进电动机的转速与控制脉冲的频率成正比。电动机的步距角用α表示

$$\alpha = \frac{360°}{PZK} \tag{2-1}$$

式中　P——步进电动机相数；

Z——步进电动机转子的步数；

K——通电方式系数，当采用三相三拍导电方式时，$K=1$，三相六拍导电方式时，$K=2$。

可以通过改变绕组通电顺序来改变步进电动机的转向，以控制电动机的正转或反转。步进电动机的优点是结构简单，使用、维修方便，制造成本低。步进电动机适用于速度、精度要求不高的地方。

2）直流电动机。直流电动机转动惯量小，快速响应性好，跟踪指令信号响应快，无滞后；抗负载振动能力强，可承受频繁的起动、制动；振动和噪声小，可靠性高，寿命长；调

整、维修方便。因此，它在竞赛型机器人设计中被广泛采用。

3）舵机。舵机通常用在轮船、飞机航模中，舵机是一种带有位置反馈的伺服电动机，它将角度位置转化为电信号输出。舵机的输入信号一般为50Hz的脉宽调制（PWM）信号，PWM信号解调后与电位器反馈的电压相比较，如果有差异，电动机则对转角进行调整，直到比较的电压为零时，电动机准确停止在给定位置上。因此，舵机实际上是一种角度的位置伺服机构。在制作比赛机器人时，可根据被驱动零件的质量、转数、转动角度等要求选择购买。

（2）支承部件　通常，支承部件是指机架和底盘。一般机架为框架结构，在机架上安装机器人的主要零部件。机架设计要牢固可靠，具有较高的强度和刚度，质量还要轻，以满足机器人对质量的要求。底盘用来安装车轮及其驱动部件和传动部件等。

（3）传动类型　常用的传动有齿轮传动、带传动（如同步带、V带、平带等)、蜗杆传动和钢丝绳传动等。

1）齿轮传动。齿轮传动效率高，结构紧凑，工作可靠，传动稳定，常作为减速机构使用。齿轮传动的制造和安装精度要求高，价格较贵，当传动距离较大时，不适于使用。在竞赛型机器人的设计中，齿轮传动常用于降速，以获得合适的转速。

2）同步带传动。同步带传动准确，传动效率高，传动平稳，适用范围广，维护保养方便，常用在两平行轴之间的传动中。在封闭环形同步带的工作面上有等间距的齿形，与外周有相应齿形的带轮作啮合传动，准确地传递动力和转矩。两个同步带轮的中心距要求较严格。

3）蜗杆传动。蜗杆传动是用于空间交错的两轴间传递运动和动力的一种传动机构。蜗杆传动能实现大的降速比传动，冲击载荷小，传动平稳，噪声小。蜗杆传动具有自锁性，其缺点是摩擦损失较大，效率低。蜗杆传动常用于执行机构要求低转速、大转矩、大降速比传动的情况中。

4）钢丝绳传动。钢丝绳传动特别适用于电动机和执行机构距离较远的情况。设计钢丝绳传动时，应该注意以下几个方面：一方面是电动机输出端的钢丝绳导轮的设计，必须考虑如何使钢丝绳固定在导轮上，以及如何让钢丝绳缠绕在导轮上时不会滑下；另一方面要考虑在电动机和执行机构之间怎样让钢丝绳顺畅地传递运动，一般可以采用固定在支架上的槽式导轮或者使用硬质管壳结构。

（4）执行部件　机器人的比赛任务不同，所需执行的动作也不同，如有提升、抓取、夹持、投射、收集、分拣、阻挡等。完成相应动作功能的这些执行机构形式是多种多样的，如直线往复、摆动、旋转、间歇、伸缩、分度、复合运动等。选择机构的原则是要简单、可靠、价廉，尽量选用从市面上容易购得的机械零部件成品，以减少机械加工和装配工作量。

（5）控制部件　机器人在行进过程中，需要不断了解两类信息：一类是周围环境信息，即机器人在赛场上的位置以及与其他物体间的位置关系，如场地边界、标志物、对方机器人等之间的状况；另一类是机器人自身各部分之间的相互关系信息。所有这些信息都要经过各种传感器检测后输入计算机，再依此实现对机器人运动和行为的控制。在机器人总体方案和初步设计阶段，应当始终贯彻机电一体化的设计思想，即将机械、电气和控制统一考虑的设计理念，最大限度地加强机械小组和电气控制小组之间的合作，这样才能将机器人的功能发挥到极致。选择传感器的种类，安装、确定机械/电气的时序关系以及控制方法是初步设计中控制部件设计的主要内容。

三、移动机器人总体方案设计

机器人总体方案设计是根据比赛的规则要求，初步拟订参赛机器人的设计方案。例如要设计和制作几种自动机器人，每种自动机器人的功能和作用如何，手控机器人采用什么样的形式、运动方式、功能和作用等。再根据已确定的运动功能分配进行机器人的结构布局设计，同一种运动分配又可以有多种结构布局形式。因此，需要对机器人总体结构方案进行综合评价，去除不合理方案，保留1~2种可行方案。一般选优的准则包括：功能、使用性能、加工和装配的工艺性、生产成本等。该阶段主要是进行功能部件的概略形状和尺寸设计，确定机器人运动参数和动力参数，即机器人的运动速度和各种驱动电动机的功率或转矩，初步考虑如何对机器人进行整机造型设计等。

1. 确定移动机器人的主要尺寸

(1) 功能尺寸　为实现机器人既定功能，满足功能要求所需要的尺寸，如工作空间、场地允许范围、需要的提升高度、抓取物品所需要的尺寸范围等。

(2) 关联尺寸　与比赛场地有关的尺寸，以及机器人相互之间位置的关联尺寸。

(3) 其他尺寸　在完成目标任务前提下由设计者自行选定的尺寸。例如：车架的具体结构尺寸、零件安装尺寸、车轮轮距、电器安装尺寸、电池容纳空间等。应根据各种设计条件和制约因素来妥善确定这类尺寸。

确定以上尺寸后，应画出机器人总体尺寸和各部件的尺寸联系图。

2. 机器人设计应满足的基本要求和原则

(1) 机器人设计应满足的基本要求

1) 机器人要具有足够的刚度和强度，以保证一旦发生碰撞，机器人损坏要小，变形要小。

2) 机器人结构设计合理，工艺性要好，设计出来的零部件易于加工制作、装配与运输。

3) 机器人重心应尽量低，结构稳定性好，性能可靠，可维护性好。

4) 设计的机器人在满足稳定性要求的条件下，要具有较快的行进速度。

(2) 机器人设计原则

1) 零部件的设计、选用要标准化和通用化。在设计过程中，零部件尽量选用标准件，标准化的零部件在市场上比较容易买到，而且价格便宜，这对于节约制作成本、提高制作效率和制作精度非常重要。特别是螺栓、螺母、轴承要尽量使用标准件，减少设计和加工制造量。

2) 机器人由部件、组件和零件组成，组成的零部件越少，结构越简单，质量也越轻。在满足机器人的性能要求条件下，结构越简单越好。

3) 机电一体化设计机器人的结构。机电一体化是指机械技术与微电子、传感检测、信息处理、自动控制和电力电子等技术，按系统工程和整体优化的方法，有机地组成的最佳技术系统。机器人的结构是典型的机电一体化结构，通常本体结构是机械的，用传感器检测来自外界和机器人内部运行状态的信息，由计算机进行处理，经控制系统由机械、液压、气动、电气及它们的混合形式组成的执行系统进行操作，使系统能自动适应外界环境的变化。在设计机械结构时就要考虑控制部分和电器部分的设计，故设计机器人要充分考虑机械、液压、气动、电力电子、计算机硬件和软件的特点，充分发挥各自的特长，合理地进行功能搭配，将不同类型的元件和子系统用“接口”连接起来，构成一个完整的系统。这个系统应该是功能强、质量好、故障率低、节能节材、性能价格比高，并具有足够的结构柔性。

4）机器人设计应符合绿色工程要求。绿色工程内容很广泛，包括机器人材料应是无毒、无污染、易回收、可重用、易降解的。机器人制造过程应充分考虑对环境的保护和资源回收，如废弃物的再生和处理，原材料的再循环，零部件的再利用等。机器人的外观造型设计也应充分考虑选用资源丰富的装饰材料，以及装饰材料能回收利用及其对环境的影响较小等。

5）零部件设计与市场调研相结合的原则。由于此课程设计是一种实战型的课程设计，它是与比赛紧密相结合的，所以从设计伊始，就要充分利用互联网，了解全国市场的行情，去各种航模市场、五金市场、建材市场调查，充分利用手中的资金，利用所在城市的条件，设计出最切合实际、可行的设计方案来。例如购买24V带有减速装置的小型、微型直流电动机，就可以使机器人的结构设计大大简化；购买到合适的铝合金型材，可以使机器人的质量减轻且坚固。关键零部件是否能采购到，能采购到什么样的型号，对于初步设计来说是非常关键的一步。

四、移动机器人的初步设计和详细设计

1. 初步设计

初步设计阶段的任务是将前一阶段中的总体方案具体化，以草图、分系统原理图、初步设计计算以及关键部分局部详图等形式表达出来，初步核对机器人能否满足各项性能指标，以达到设计的初衷。机器人的初步设计要考虑以下几个内容：驱动方式和驱动元件的选择、传动方案的选择和设计、执行机构的设计、总体尺寸与关联尺寸的设计等。

2. 详细设计

详细设计的任务是依据初步设计，全面、具体地完成比赛机器人的所有设计。在详细设计阶段，广泛运用工程图学、机械设计、机械制造工艺学等理论和方法来解决设计中出现的问题，这些设计是后续阶段的制作、装配、调试的基础。详细设计是在总体设计的基础上，将结构原理方案具体化、结构化，绘制产品总装配图、部件装配图；对结构设计进行技术经济评价；进行零件工作图设计，完善部件装配图和总装配图，编制零件明细表、安装使用说明书及各类技术文档等。

机器人设计与制作是一个系统工程，参与人员比较多，在详细设计阶段既要仔细分工，又要相互协作。特别要注意各个分系统之间的接口，应明确专人负责，避免出现总装配或总调试时某一部分无人负责，或某些分系统之间无法匹配的情况。零件图设计中，零件的结构

形状、材料、尺寸、表面质量、公差和配合等确定了其加工工艺性，应注意加工工艺的合理性。在零件图中包含了为制造零件所需的全部信息，如几何形状、全部尺寸、加工面的尺寸公差、几何公差和表面粗糙度要求、材料和热处理要求、其他特殊技术要求等。组成机器人的零件有标准件、外购件和专用件，标准件和外购件不必提供零件图，而自制或外协的专用件，均需提供零件图，零件图的图号应与装配图中的零件号相对应。

3. 模块化设计

在移动机器人设计中，由于要制作多个不同类型的自动机器人，其结构有很多是相同的，可以采用模块化设计的理念进行设计。

模块化设计的基本思想是：为了开发多种不同功能的结构，或功能结构相同而性能不同的产品，不必对每种产品单独进行设计，而是精心设计出一批模块，将这些模块经过不同的组合来构造具有不同功能结构和性能的多种产品。这类模块是具有一定功能的零件、组件或部件，模块的结构与外形设计要考虑不同模块组合时的协调性，模块上具有特定的连接表面和连接方式，以保证相互组合的互换性和精确度。模块化设计是产品设计合理化的另一条途径，是提高产品质量、降低成本、加快设计进度、进行组合设计的重要途径。模块的设计也应该用系列化设计思想进行，即每类模块具有多种规格，其规格参数按一定的规律变化，而功能结构则完全相同。不同模块中的零部件尽可能标准化和通用化。

采用模块化设计，模块系统中大部分部件由一个个模块组成。如发生故障，只需更换其中部分模块，或设计制造个别模块和专用部件，便可快速满足使用要求，大大缩短设计时间和设计过程，维护修理更为方便，如自动机器人的车轮驱动系统和传动系统模块等。

五、移动机器人的结构设计

移动机器人的结构设计主要包括移动机构设计、传动机构设计、升降机构设计、末端执行机构设计。

1. 移动机构设计

移动机器人的移动部件常采用轮式或履带式结构。设计轮式移动机器人的移动机构时，根据车轮个数可以分为三轮、四轮以及多轮移动机构，常用的是三轮、四轮移动机构。

（1）三轮移动机构　在三轮移动机构中，一般采用一个前轮，两个后轮。在图2-1所示的三轮移动机构中，前轮为辅助轮，只起到支承的作用；两个后轮为驱动轮，由同一个电动机驱动。这种轮式移动机构，转弯时两个驱动轮朝相同的方向转动，转弯半径较大，车体不够灵活。还可以采取两个后轮分别由两个直流伺服电动机单独驱动的方式，这种机构结构复杂一点，零件个数多一些；前面一个小轮由舵机驱动，用来控制机器人的行进方向。采用这种驱动方式时车体转动灵活，移动自由。

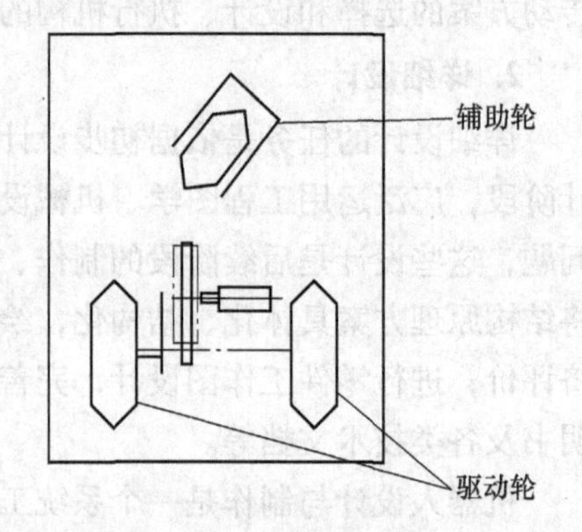

图2-1　三轮移动机构

（2）四轮移动机构　带有差动齿轮机构的四轮移

图2-2　带有差动齿轮机构的四轮移动机构

动机构如图2-2所示，后面的两个大轮作为驱动轮，虽用一个电动机驱动，但与一个差动齿轮机构连接，转弯半径较小，前面的车轮可由舵机操控方向，控制灵活，稳定性好。

图2-3所示的四轮移动机构是采用左、右两个大车轮B、A分别由两个直流伺服电动机驱动，前后两个小轮C或D可由舵机操控，用作方向控制。这种机器人的转弯半径小，稳定性也好。机器人的舵机与伺服电动机相互协调控制着机器人的运动方向和运行速度，移动灵活。

根据使用目的不同，还有如图2-4所示的六轮移动机构。火星探测车，是典型的六轮结构，其轮子的高低可以根据地面高度的不同而自动调整，非常适合在高低不平的表面上行走，如山地、火星表面，运动灵活、稳定性好。

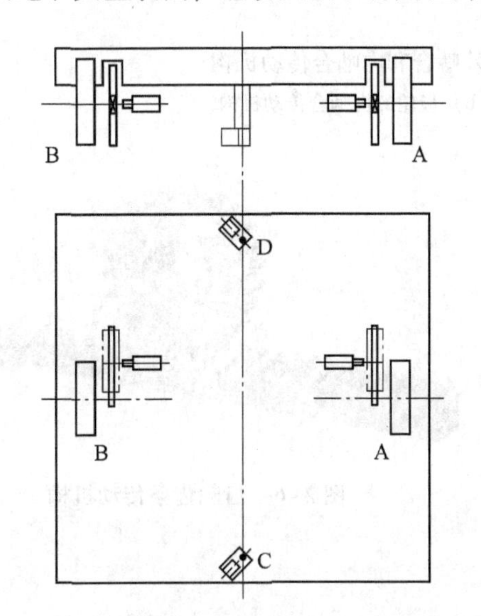

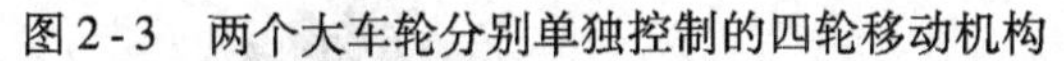

图2-3　两个大车轮分别单独控制的四轮移动机构

图2-4　火星探测车

2. 传动机构设计

传动机构用于把驱动器产生的动力传递到机器人的各个关节和执行部件上，实现机器人的运动。

（1）机器人传动机构的基本要求

1）结构紧凑，体积小，质量轻。

2）传动机构刚度好，变形小，提高整机的固有频率，降低整机的低频振动。

3）尽量消除反向间隙，以得到较高的位置控制精度。

4）寿命长、价格低。

（2）常用传动机构　常用传动机构有齿轮传动、同步带传动、平带传动、蜗杆传动和钢丝绳传动等。

1）齿轮传动。齿轮传动效率高，结构紧凑，工作可靠，传动比准确。齿轮传动机构常作为减速机构使用。但是齿轮传动的制造和安装精度要求高，价格较贵，不适用于传动距离过大的场合。图2-5a、b所示的直齿圆柱齿轮外啮合和内啮合传动机构结构紧凑。图2-6所示为齿轮齿条传动机构，它可以将旋转运动转变为直线运动或将直线运动转变为旋转运动。

a)

b)

图2-5　直齿圆柱齿轮的外啮合和内啮合传动机构
a）齿轮的外啮合传动机构　b）齿轮的内啮合传动机构

图2-7所示为一种平行轴斜齿轮传动机构。采用斜齿轮传递两平行轴之间的运动，是因为斜齿轮啮合性能好，重合度大，承载能力较强。图2-8所示为一种直齿锥齿轮传动机构。锥齿轮传动机构是用来传递空间两相交轴之间运动和动力的一种齿轮机构，锥齿轮的轮齿有直齿、斜齿和圆弧齿等多种齿形。其中，直齿锥齿轮机构由于其设计、加工和安装均较简便，故应用最为广泛。

图2-6　齿轮齿条传动机构

图2-7　平行轴斜齿轮传动机构

图2-8　直齿锥齿轮传动机构

图2-9所示为蜗杆传动机构，蜗杆传动机构是用来传递两交错轴之间运动的一种齿轮机构。蜗杆传动机构传动比大，冲击载荷小，传动平稳，噪声小，具有自锁性。其缺点是摩擦损失较大，效率低。蜗杆传动常用于执行机构要求低转速、大转矩、大降速比的条件下。

图2-9 蜗杆传动机构

2）同步带传动。同步带是以钢丝为强力层，外面覆盖聚氨酯或橡胶，带的工作面制成齿形。带轮的外轮面也制成相应的齿形，靠带齿与轮齿啮合实现传动。由于带与带轮之间无相对滑动，能保持两轮的圆周速度同步，故称为同步带传动。同步带传动同时具有带传动和链传动的特点：结构紧凑，传动比准确，传动效率高；带的初拉力较小，轴和轴承上所受的载荷较小；因而，应用日益广泛。

同步带分为开口带、接口环带和无缝环带。开口带主要用于直线、往返式输送；接口环带长度由客户要求熔接而成，用于低速、低载荷传动及输送；无缝环带生产时加强筋是连续不断的，适于高负载、高速的动力传动。同步带背面可以根据被输送物的特性选择衬背，如加红胶、PU、PVC、海绵、耐磨花纹、皮革等，也可熔接不同形状的挡板，发挥更大的使用功能。图2-10所示为常用的几种同步带，图2-11中所示为常用不同材质的同步带。其中，由耐磨的聚氨酯（PU）和高强度钢丝制成的同步带，适用于物品的输送、分离、组装、定位等场合，具有抗磨损、耐油、稳定性好、低延伸率、低噪声、传动效率高等特性，适合在高负载、高频率下使用。氯丁橡胶同步带带体轻薄，强度高，耐屈挠性能好，耐油，耐热，抗老化龟裂性良好，传动准确，线速度高，速比恒定，而且传动范围大。同步带综合了齿轮传动、链传动和带传动的优点，是一种新型、使用范围很广的传动带。

图2-10 几种同步带

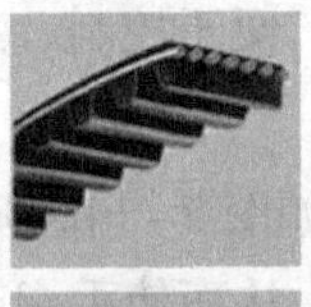
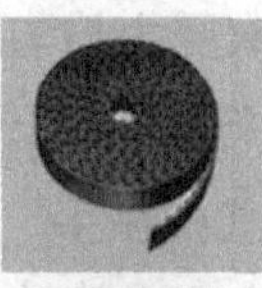

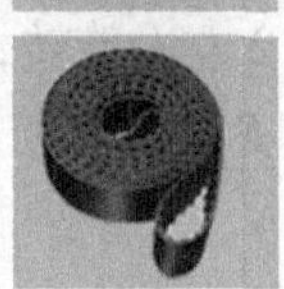
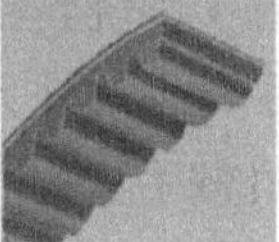
图2-11 不同材质的同步带

3）平带传动。带传动属于挠性传动，传动平稳，噪声小，可缓冲吸振。过载时，带会在带轮上打滑，从而起到保护其他传动件免受损坏的作用。带传动适合较长距离的传动，结构简单，制造、安装和维护较方便，且成本低廉。但由于带与带轮之间存在滑动，不适合用在传动比要求严格的地方。

平带传动中的平带可以平行传动或交叉传动。平带平行传动是两个带轮的轴线相平行，两轮宽度对称、转向相同的带传动，平行传动在平带传动中应用最为广泛。平带的交叉传动是两个带轮的轴线平行，两轮宽度对称、平带在空间交叉，使两轮转向相反。平行传动机构如

图 2-12 所示，其中，主动轮 1 与电动机轴连接，平带 3 的材料可选用复合塑料、皮带、棉布编制等。平带传动的特点是传动平稳、可靠，平带与带轮之间有滑动，适用于传动比要求不严格、较长距离的传送。

4）钢丝绳传动。钢丝绳传动特别适用于电动机和执行机构距离较远的情况，图 2-13所示是应用钢丝绳传动的一个实例。

图 2-12 平行传动机构示意图

1—主动轮 2—从动轮 3—平带

3. 升降机构设计

（1）采用丝杠螺母传动的升降机构 采用丝杠螺母传动的升降机构传动平稳、准确，能自锁，但价格较高，常用于精确传动中。

（2）采用齿轮齿条传动的升降机构 采用齿轮齿条传动的升降机构可以将齿条固定，齿轮带动部件上下移动，或将齿轮固定，齿条带动部件上下移动，传动精确，使用广泛。

（3）采用钢丝绳、定滑轮组和滑道的升降机构 采用钢丝绳、定滑轮组和滑道的升降机构如图 2-13 所示。当采用定滑轮组机构时，每一个滑道上面都装有定滑轮 B，机器人中央有一个带有线轮 A 的减速电动机，钢丝绳的一端固定在可升降的托板下端，经过滑道的另一端连接到装在电动机输出轴的线轮 A 上，由线轮 A 绕钢丝绳来实现托板的升降，托板的行程可小于或等于滑道的长度。只要线轮 A 旋转，钢丝绳就会被收紧或放松，带动托板上下移动，完成物品的提升。这种升降机构具有受力均匀、便于控制、系统稳定的特点。

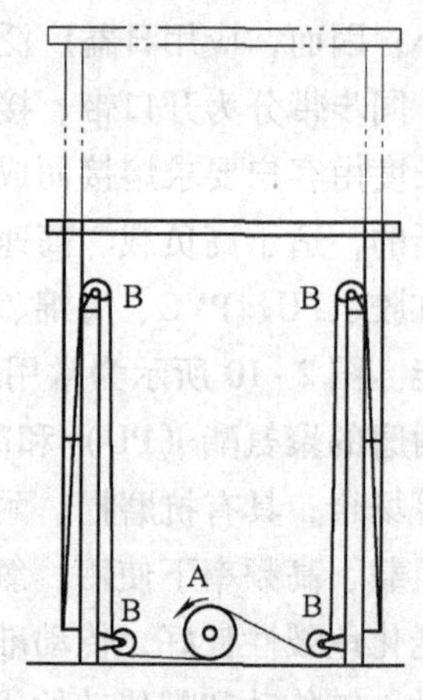

图 2-13 采用钢丝绳、定滑轮组和滑道的升降机构示意图

4. 末端执行机构设计

（1）开闭式机械手 如图 2-14a 所示，简单的开闭式机械手是利用杠杆原理工作，手臂 1 围绕转轴 2 左右旋转，从而使手指产生打开或闭合运动。被抓起物品的夹持力由作用在手臂上的外力 F 决定，松开靠手臂后面弹簧 3 的弹簧力实现。图 2-14b 所示为一种开闭式机械手实物。

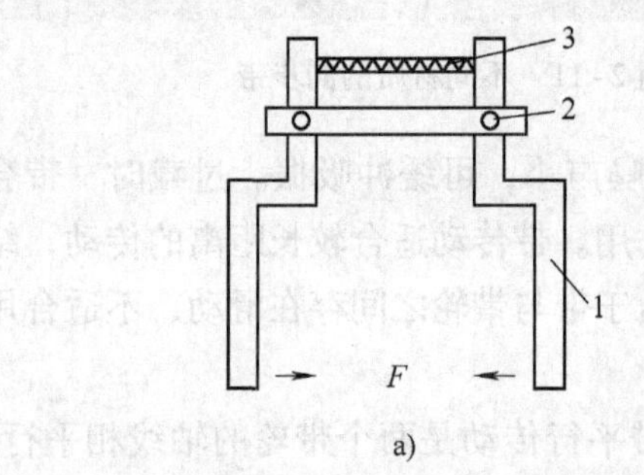

a)

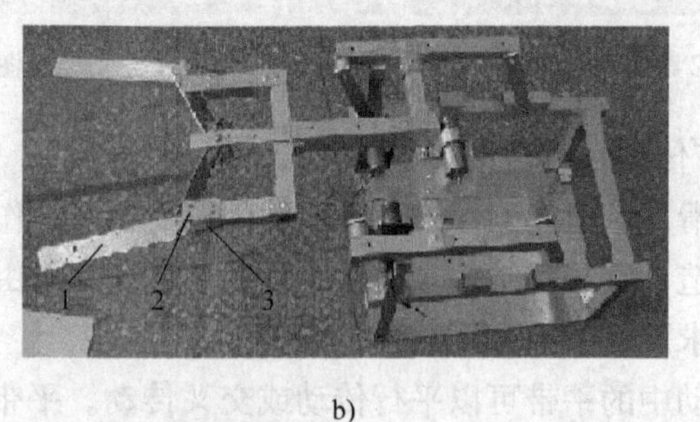

b)

图 2-14 开闭式机械手

1—手臂 2—转轴 3—弹簧 F—外力

（2）伸缩运动机械手

如图2-15所示，在机架顶端两侧安装两条滑道，机械手与两条滑道相连接，实现机械手的伸出和缩回运动。在机架中部还安装了另一条滑道，在滑道上装有配重块，随机械手的伸出和缩回，滑道上的配重块也随着移动，实现机器人的动态平衡。在三条滑道上都安装有定滑轮，通过钢丝绳绕过定滑轮将导线轮与滑道相连。当电动机正转，机械手夹持大物品向前伸出时，配重块向后伸出；反之，当机械手夹持大物品缩回时，配重块也缩回，动态地保持车体平衡，效果很好。

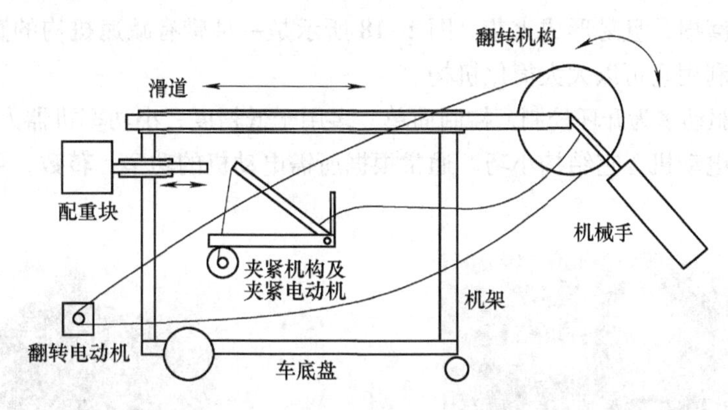

图2-15　伸缩运动机械手

（3）双摆动杆式取放机械手　双摆动杆式取放机械手是利用双摆动杆摆动方式，一次将叠放在一起的物品收起至机器人腹部的储物台中，如图2-16所示的双摆动杆式取放机械手机构。这种机构的特点是收取和存储物品的数量大，承载能力强；投放时，又可一次性将所有物品放入到得分箱中，效率较高。

（4）吸盘式取放机械手　吸盘式取放机械手是利用软性橡胶或塑料制成的皮碗作为吸盘，靠向下的挤压力将吸盘内的空气排出，使其内部形成负压，将物品吸住。如图2-17所示，吸盘式取放机械手采用吸盘1吸取物品，再利用升降和旋转机构将吸取的物品放到传送带上，依靠传送带运动来调整物品的位置。该机械手的特点是每次只能吸取一个物品，效率较低。根据不同情况，可做成单吸盘、双吸盘或多个吸盘来提高工作效率。

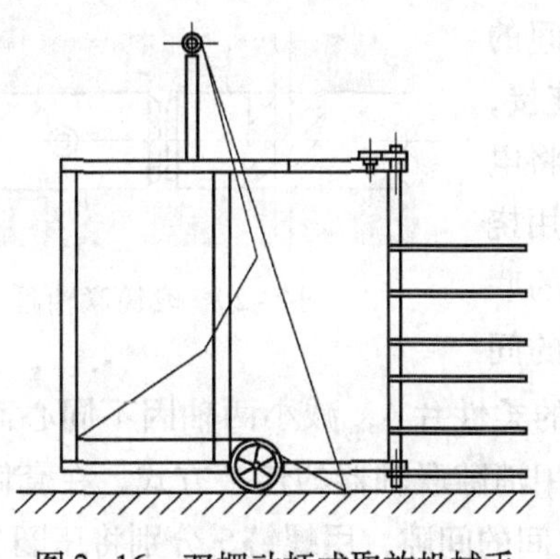

图2-16　双摆动杆式取放机械手

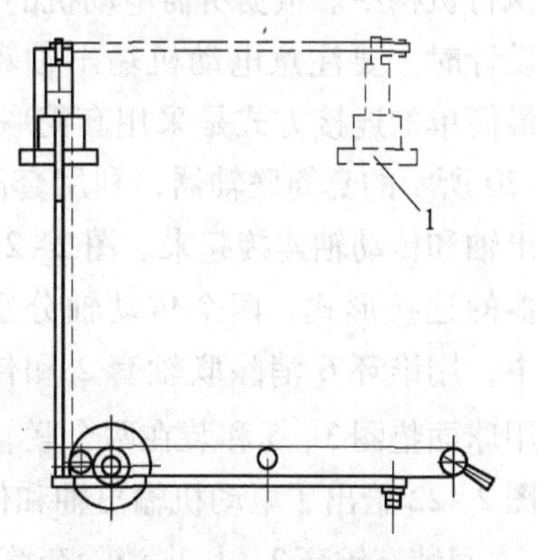

图2-17　吸盘式取放机械手

六、驱动器的选择

在竞赛型机器人的设计中，机器人上使用的驱动器可分为三大类：电动驱动器、液压驱动器和气压驱动器。

一般电动驱动器采用直流电动机驱动或步进电动机驱动。电动驱动器驱动机器人各关节动作，具有传动部件少、成本低、速度高、结构简单、效率高等优点。但多数电动机驱动器要与减速装置相连，以便得到合适的转速。直流电动机有良好的起动特性和调速特性。直流电动机的电刷易磨损，且易形成火花。图 2 - 18 所示是一种带有减速机构的直流驱动器，市场上可以买到，利用它可以大大简化机构。

步进电动机驱动多为开环控制，控制简单，多用于低精度、小功率机器人系统。图 2 - 19 所示是一种步进电动机，它结构小巧。通常根据所需电动机的功率、转数，可查步进电动机手册选取。

图 2 - 18　带有减速机构的直流驱动器

图 2 - 19　一种步进电动机

液压驱动器的优点是功率大，可省去减速装置而直接与被驱动的杆件相连，结构紧凑，刚度好，响应快，具有较高的精度，但需要增设液压源，易产生液体泄漏，不适合高、低温场合。目前，液压驱动多用于大功率的机器人系统。所以，虽然液压机器人具有精度高、反应速度快的优点，但液压机构维护复杂，成本高。

气压驱动器的结构简单，清洁，动作灵敏。但与液压驱动器相比，其功率较小，噪声较大，由于空气可压缩性的影响，稳定性差，定位精度低，多用于精度要求不高的点位控制机器人和执行机构中。根据所需电动机的功率、转数，可查气压电动机手册选取。

在设计时，要注意电动机输出轴和传动轴之间的连接，最简单的连接方式是采用套筒联轴器刚性连接，如图 2 - 20 所示的套筒联轴器，利用套筒和圆锥销将电动机输出轴和传动轴连接起来。图 2 - 21 所示为采用挠性联轴器的连接形式，两个传动轴分别装在各自的联轴套 2 中，用锥环 6 消除联轴套 2 和传动轴之间的间隙；采用球面垫圈 3、5 和装在两个联轴套 2 之间的柔性片 4，减小两轴因不同心而产生的偏差。图 2 - 22 给出了电动机输出轴和传动轴间采用消隙联轴器的连接方式，在套筒 1 和轴 4、轴 6 之间装有锥环 2，用来消除套筒和传动轴之间的间隙，用螺钉 5 分别将压圈 3 和压盖 7 与套筒 1 固定在一起，这些连接方式可作为设计时的参考。

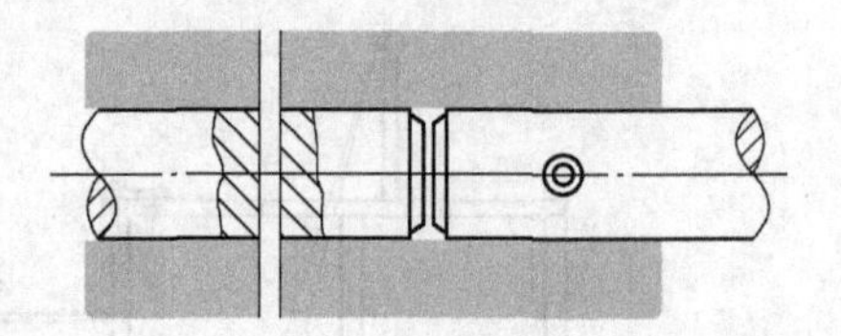

图 2 - 20　套筒联轴器

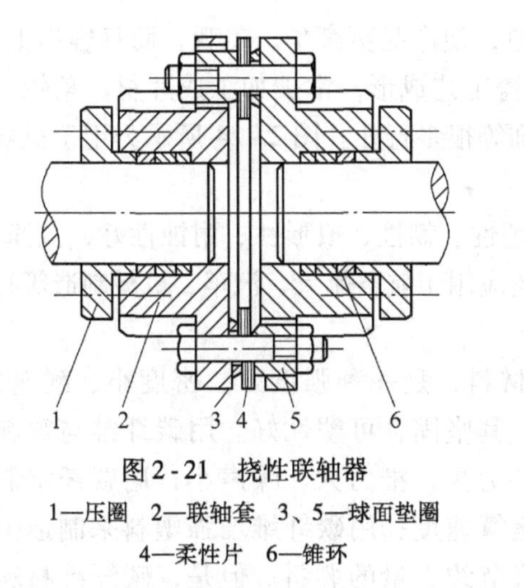

图2-21 挠性联轴器

1—压圈 2—联轴套 3、5—球面垫圈 4—柔性片 6—锥环

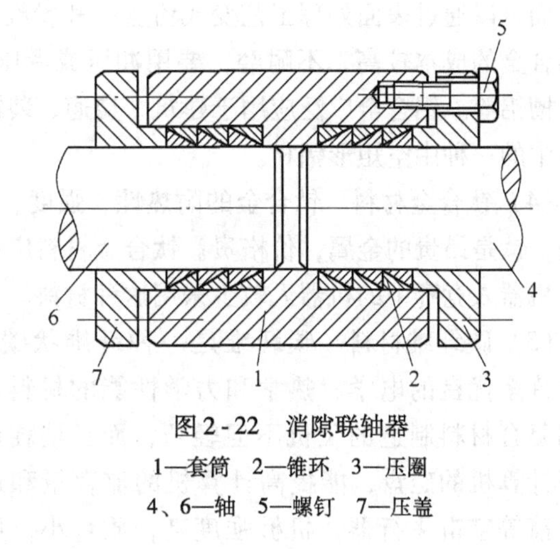

图2-22 消隙联轴器

1—套筒 2—锥环 3—压圈 4、6—轴 5—螺钉 7—压盖

七、制作机器人的材料、截面形状及连接方式的选择

1. 制作机器人的常用材料

由于机器人有质量限制，所以在选择机器人的制作材料时要尽量选择坚固的轻质材料。适合制作机器人的材料有ABS工程塑料、增强改性型PC材料、镁铝合金材料、钛合金材料、碳纤维材料、陶瓷材料、木材和竹材、尼龙、钢材、橡胶、金属（铁、铜等）等。下面就几种常见的制作材料作简要的分析。

（1）ABS工程塑料 ABS工程塑料是一种合成塑料，这种材料既具有PC树脂的稳定性，又具有ABS树脂的易加工性。ABS工程塑料耐冲击性、耐化学药品性、耐油性好，易电镀；加工适应性好，可注射成型或挤出成型，成本低、维护方便；广泛应用于工业中，如用于制造齿轮、泵的叶轮、轴承，汽车领域中的方向盘、仪表盘、风扇叶片、挡泥板等。如图2-23所示，中心的圆管件就是用ABS工程塑料制成的。

图2-23 用ABS工程塑料制成的管件

（2）增强改性型PC材料 增强改性型PC材料又称聚碳酸酯PC，原料是石油，经聚酯切片工厂加工后就成了聚酯切片颗粒物，再经塑料厂加工成成品，有PC-GF10/20/30等许多种规格，且不同的规格具有不同的特性。它们具有较好的强度、高的耐热性和尺寸稳定性，其力学性能更高。高流动性PC可用于制作低于1mm的薄壁制件。PC改性型材料的抗蠕变性和载荷下抗变形能力也很高，但比较脆。增强改性型PC材料主要应用于制作各种面板。

（3）镁铝合金材料 镁铝合金材料中，主要元素是铝，再掺入少量的镁或其他的金属材料来加强其硬度，依据添加金属的不同而称为镁铝合金或钛铝合金，也有人简称为铝合金材料。镁铝合金具有密度低、强度高、耐腐蚀、导电导热性能好、可铸造、可焊接以及加工性能好等特点。镁铝合金的导热性能和强度尤为突出，其硬度是传统塑料的几倍。镁铝合金外表面可以通过表面处理工艺变成粉蓝色和粉红色，使产品更豪华、美观，而且容易上色。镁铝合金的成本较高，不耐磨，要用冲压或者压铸工艺成形，常被加工成片材、角铝、管材、槽铝等。铝合金广泛应用于建筑、交通、装饰等很多行业。图 2-24 所示为用于机器人小车中的一种中空矩形铝材。

(4) 钛合金材料　钛合金的耐热性、强度、塑性、韧性、成形性、耐蚀性好，抗撞击。但是，钛是昂贵的金属，价格贵。钛合金材料广泛应用于航空航天、汽车、机械制造等行业中，机器人竞赛中的机器人较少采用这种材料。

(5) 碳纤维材料　碳纤维是一种纤维状碳材料，是一种强度好、密度小、耐腐蚀，具有许多优良的电学、热学和力学性能的材料，其坚固，可塑性好。用碳纤维与塑料制成的复合材料制造的飞机不但轻巧，而且消耗动力少，推力大，噪声小；用碳纤维制作电子计算机的磁盘，能提高计算机的储存量和运算速度；用碳纤维增强塑料来制造卫星和火箭等宇宙飞行器，机械强度高，质量小，可节约大量的燃料。但是，碳纤维材料价格昂贵。

(6) 陶瓷材料　陶瓷材料一般具有耐高温、耐腐蚀、高硬度、高强度的性能并且具有某些特殊性能，如压电性、磁性、光学性能等。其缺点是脆性大。陶瓷材料被广泛应用在日用品、建筑、特种加工的刀具等场合。

(7) 木材和竹材　木材和竹材具有价格便宜、加工容易、粘结方便等优点，而且有着较高的比强度。比强度是指材料的极限强度和材料的密度之比，松木的比强度大约是钢的 2.4 倍。木材和竹材的缺点是有木纹、木节、竹节等，这会影响其自身的强度，木材和竹材吸水后还会发生弯曲变形。木材和竹材广泛应用于建筑、家庭装饰、模型制作等。图 2-25 所示是安装传感器的木制底座实例。

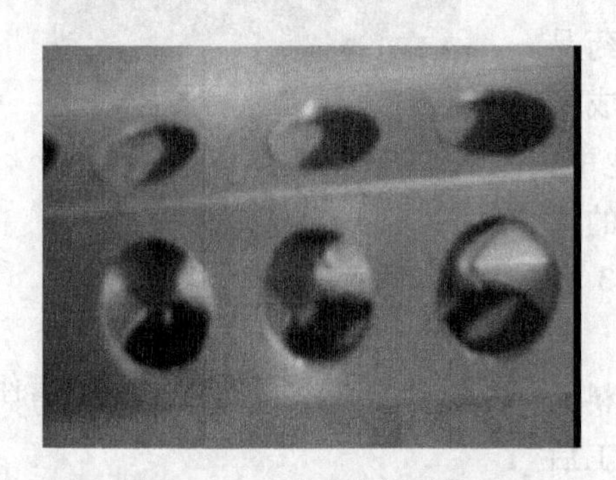

图 2-24　一种中空矩形铝材

图 2-25　安装传感器的木制底座

(8) 钢材　钢材具有良好的加工性能，可以铸造、锻压、焊接、铆接和切割，便于装配，是使用最广泛的材料。机器人常用的钢材是各种型材，如钢管、槽钢、角钢、钢制弹簧等。图 2-26 所示机器人的横梁就是用钢管制作的，图 2-27 所示为用钢材作为材料的各种形状的弹簧。

(9) 其他材料　其他材料还有橡胶、尼龙、泡沫、纸板等。用橡胶制作的轮胎具有良好的减振、缓冲作用。图 2-28a、b 所示为两种不同的轮胎实例。

图 2-26　机器人中的钢横梁

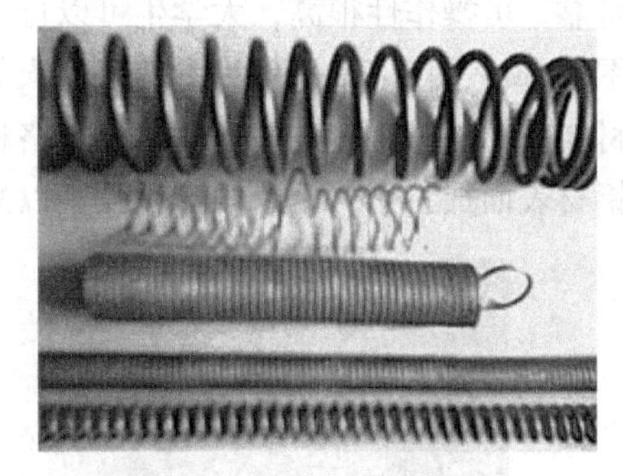

图 2-27　各种形状的弹簧

a)

b)

图 2-28　两种不同的轮胎

泡沫塑料在机器人制作中也大量使用，它主要用来防滑和增大摩擦力。例如，图 2-29 所示机器人的手臂就是用泡沫塑料材料包装的。总之，在大学生机器人竞赛中，制作竞技机器人常用的价格便宜、易加工的材料有：铝合金型材、木材、竹材、钢管、ABS 工程塑料和增强改性型 PC 材料等轻质材料。

图 2-29　用泡沫塑料包装的机器人手臂

2. 截面形状及连接方式的选择

（1）构件截面形状的选择　由于参加比赛的机器人有质量限制，一般一台自动机器人的质量要小于 10kg，所以在满足机器人的使用要求的前提下，合理选择构件截面形状对减轻机器人质量有很大帮助。实验表明，空心矩形截面比空心圆截面的抗弯刚度好，而抗扭刚度比空心圆截面的差。所以，根据机器人受力情况，对于机器人的机架、底座以弯曲变形为主的构件应选择空心矩形截面型材；若构件受扭，应选择空心圆截面型材。此外，工字形截面比空心矩形截面更能够减轻质量，在机器人使用性能不受太大影响的情况下也可以采用。L 形截面型材可用来加强构件的局部刚度，减小构件变形，图 2-30 所示为采用 L 形截面型材作加强筋的实例。

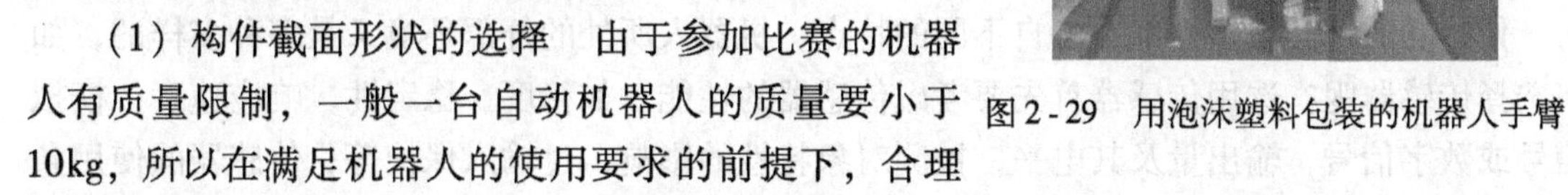

（2）连接方式的选择　构件的连接方式主要有三种可供选择：焊接、铆接和粘接。焊接具有强度高、焊接工艺要求高、质量好等特点，但是需要焊接设备。铆接工艺设备简单，

牢固可靠，可操作性很高，大学生可以自己铆接。因此，机器人的制作大部分都采用铆接形式，图2-30、图2-31所示为参赛机器人的铆接实例。此外，若还想减轻机器人质量，可考虑在材料上加工等距、均匀、对称、规格相同的孔，图2-24所示的就是中空矩形铝材，就是在铝材表面加工了若干个均匀小孔，以减轻材料的质量。

图2-30 L形截面的加强筋构件

图2-31 参赛机器人的铆接实例

粘接在机器人设计中主要用于机器人产品外形的设计，将所设计好的图案打印到厚纸片或塑料板上，通过裁剪，再把纸片或塑料板粘接到机器人外表面上，通过简单的粘接，便可达到一定的美观效果。图2-60所示喜鹊一号、二号就是机器人产品造型实例，在塑料板上喷涂出喜鹊的造型图案，剪好图像后，再粘接到机器人机架上。这种造型是与比赛主题紧密相关的，看上去喜鹊的造型活泼可爱，大大增加了机器人的美感。

八、竞赛型移动机器人中常用的传感器

传感器在机器人中的作用类似于人的感觉器官。人通过眼、耳、鼻、口和手来感知周围环境信息和身体内部的情况，并将这些信息传递给大脑，对其做出相应的反应。对于竞赛机器人来说，也要具有这些“感官”才能很好地完成比赛任务。机器人传感器可分为内部传感器和外部传感器两大类，其中内部传感器以机器人本身的坐标轴来确定其位置，用来感知机器人自身的状态，以调整和控制机器人的行动。内部传感器通常由位置、加速度、速度及压力传感器等组成。外部传感器用于机器人对周围环境、目标物的状态特征获取信息，使机器人和环境发生交互作用，从而使机器人对环境有自校正和自适应能力。

传感器的种类很多，都有各自不同的特点，机器人所处的外部环境又是多种多样的，如何选择传感器呢？选用传感器首先要考虑传感器的性能，如精度、稳定性，响应速度，模拟信号或数字信号，输出量及其电平，被测对象特性的影响，过输入保护等；传感器的使用条件，如设置的场所、环境，测量的时间，与显示器之间的信号传输距离，与外设的连接方式，供电电源容量等。传感器必须要有较强的环境适应能力。

1. 红外光电检测传感器

图2-32所示的1、2是红外光电检测传感器，用来检测比赛场地上的白线。红外光电检测传感器安装在机器人底座下面，在底座前端木制的安装板上装有一排若干个红外光电传感元件和控制线路板，构成红外光电检测传感器1，在底座两个车轮处也分别安装了两个红外光电传感器和相应的控制线路板构成红外光电检测传感器2，用它们来判断全自动机器人沿地面白线行进的方向和位置，进行全自动机器人行走过程中的识别和定位。图2-33所示为

主动式红外检测传感器原理图。主动式红外检测传感器使用红外发射管产生检测所需的光源，利用红外接收管（红外二极管、三极管）来接收从检测面反射回来的红外光线。

图 2-32 红外光电检测传感器

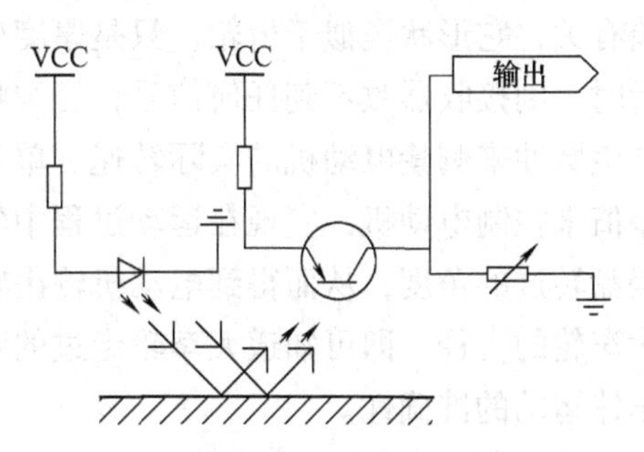

图 2-33 主动式红外检测传感器原理图

选用红外光电检测传感器要注意的事项有：检测距离、指向角、差动距离（动作和复位的距离之差）、响应时间（从光输入的上升、下降沿与相应的控制输出上升、下降沿距离间隔为动作或复位的迟后时间）、工作环境的照明亮度等。

2. 光电编码器

光电编码器分为绝对式和增量式两种。绝对式光电编码器有与其位置一一对应的代码（二进制、BCD 码等），从代码大小的变更即可判别正反方向和转轴所处的位置，无需判向电路。重新开机测量时，仍可准确地读出停电或关机位置代码，并准确地找到零位代码。增量式光电编码器也称光电码盘，它结构简单，通常安装在被检测的轴上，与被测轴一起转动，将位移用脉冲信号来表示，所以又称为脉冲编码器。一般而言，机器人大赛对参赛机器人的位置要求控制在毫米级，因此所采用的光电码盘可自行设计。码盘的材料可以采用 0.5mm 左右厚的钢板，使用电火花线切割机床加工。自制的光电码盘结构形式如图 2-34 所示。光电元件每一个输出脉冲代表某一角位移，其分辨率由光电码盘圆周上的齿数决定，圆周上的齿数越多其线位移分辨率也越高。为了判别旋转的方向，安装了两个光电元件即光电元件 A 和光电元件 B，安装位置必须间隔为 1/4 个周期。当光电码盘旋转时，光电元件 A 和光电元件 B 对应输出 A、B 两路脉冲信号，并且 A、B 两路矩形输出脉冲信号相位差为 90°。图 2-35 所示是光电编码器输出波形，当 A 相相位超前 B 相 90°时，表示码盘正转，反之码盘反转。精确计量 A、B 两相脉冲信号的输出脉冲数，通过光电转换，可将输出轴的角位移、角速度等机械量转换成相应的电脉冲以数字量输出，就可得到编码器所检测的相对位移量。

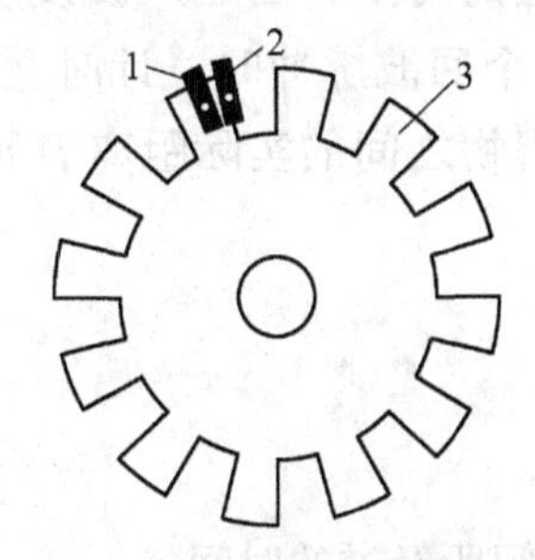

图 2-34 自制的光电码盘

1—光电元件 A 2—光电元件 B 3—光电码盘

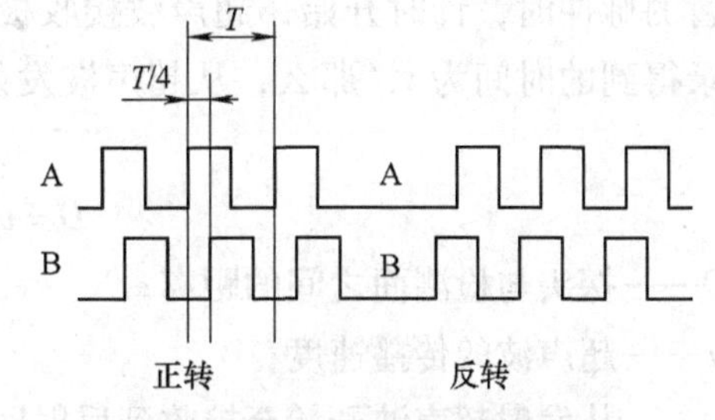

图 2-35 光电编码器输出波形

A—光电元件 A 输出波形 B—光电元件 B 输出波形 T—周期

在图2-36所示装有光电编码器A的机器人底座中，两个直流电动机的内侧分别装有一个光电编码器A，它是利用光电码盘作为障碍物的。这个光电码盘的齿数与电动机内的减速箱有关，它形状类似于齿轮，只是厚度变为只有几个毫米的铁片。当发射光遇到光电码盘的齿时，则接收器收不到任何信号；否则将收到信号。通过光线对黑白颜色的反射不同，从而产生脉冲来测量电动机的实际转速。单片机将其换算之后与电动机的给定转速相比较，通过差值来控制电动机，实现在运动过程中的自主闭环调速。因此，通过分析，将可以确定光电码盘转过的角度，从而得到电动机输出轴转过的转数，进而得出大车轮轴转过的圈数，通过大车轮的直径，即可知道大车轮走过的距离。采用光电码盘对车体的速度进行检测，以保证车体运动的准确性。

图2-36 装有光电编码器A的机器人底座

3. 超声波传感器

（1）超声波测距原理 声波是一种能在气体、液体和固体中传播的机械波。根据声波振动的频率范围，可以分为次声波、声波、超声波和微波。一般人耳能听到的声音的频率范围在20Hz~20kHz之间，频率低于20Hz的声波称为次声波，而高于20kHz的声波称为超声波。超声波是物体的机械振动在弹性介质中传播所形成的机械波。由于超声波的波长非常短，可以聚集成狭小的发射线束而呈束状直线传播，故传播具有一定的方向性。超声波在空气中的传播速度为340m/s，但其传播速度随介质温度的上升而加快，气温增高1℃，声速增加0.6m/s。超声波测距常采用的方法是测量超声波往返的时间，当超声波发射极发出一个短暂的脉冲时，计时开始，超声波接收极接收到第一个回波脉冲时，计时立即停止。假设记录得到的时间为t，那么，从超声波发射位置到障碍物之间的实际距离D可由公式得出

$$D = vt/2 \tag{2-2}$$

式中 D——探头与检测面之间的距离；

v——超声波的传播速度；

t——从发射超声波开始至接收到反射回来超声波之间所经过的时间。

超声波在机器人中用来测距，实现避障或导航。当遇到障碍物时，发射的超声波信号被

障碍物反射回来，接收电路接收到反射回的信号，引发单片机中断，进入中断服务程序进行处理，从而避开障碍物。用作导航时，应先设立一个目标物，机器人实时计算与目标物之间的距离，并相应地进行决策，朝着减小或增大与目标物之间距离的方向运行，使机器人在大的方向上不至于走错。超声波传感器在机器人中的应用如图 2-37 所示，超声波发射头 1 与接收头 2 要平行安装。

（2）测距过程与实现　整个超声波检测系统由超声波发射、超声波接收和单片机控制等部分组成。超声波发射由高频振荡器、功率放大器及超声波换能器组成，经功率放大器放大后，通过超声波换能器发射超声波。

图 2-37　超声波检测
1—超声波发射头　2—超声波接收头

图 2-38 所示为数字集成电路构成的超声波发射电路，振荡器产生的高频电压信号通过电容 C2 隔除掉了信号中的直流量供给超声波换能器 MA40S2S。其工作过程如下：U1A 和 U1B 产生与超声波频率相对应的高频电压信号，此信号通过反向器 U1C 变为标准方波信号，U1D、U1E、U1F 对此信号进行功率放大，经 C2 隔除直流信号后加在超声波换能器 MA40S2S 上，进行超声波发射。超声波换能器若长时间加直流电压，会使其特性明显变差，因此一般对交流电压进行隔直流处理。U2A 为 74ALS00 与非门，Control_ port 引脚为控制口，当 Control_ port 为高电平时，超声波换能器发射超声波信号。

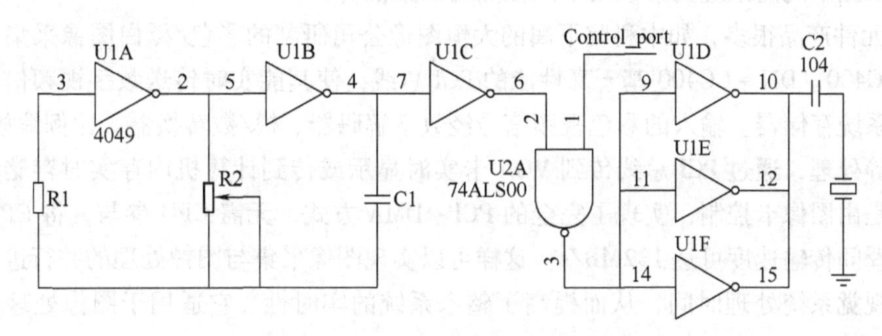

图 2-38　数字式超声波发射电路

图 2-39 所示为超声波接收电路，超声波接收换能器采用 MA40S2R，对换能器接收到的信号采用集成运算放大器 LM324 对信号进行放大，信号经过三级放大后，通过电压比较器 LM339 将正弦信号转换为 TTL 脉冲信号，INT_ Port 与单片机中断引脚相连，当接收到中断信号后，单片机立即进入中断对超声波信号进行处理和判断。

4. 机器人视觉传感器

随着数码技术、半导体制造技术以及网络的迅速发展，视觉传感器技术也在不断提高。视觉传感器产品主要有 CCD、CMOS 以及 CIS 传感器三种。

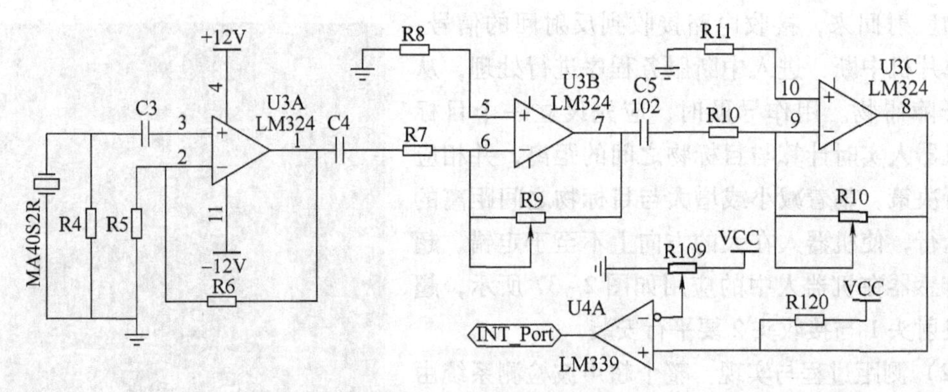

图 2-39　超声波接收电路

摄像头能将所感受的光信号转换为相应的电信号，将这种电信号传送到显示屏上，便可呈现摄入的图像，这种图像一般称为视频图像。目前在足球机器人视觉系统中广泛采用的是固态摄像头，因为它具有较高的稳定性、可携带性和精确性。其中最具代表性的是电荷耦合元件，即 CCD 摄像头。CCD 元件是一种固体化元件，具有体积小、质量轻、电压及功耗低、可靠性高、寿命长等一系列优点，有很高的空间分辨率，具有很高的光电灵敏度和大的动态范围，操作容易，维护方便，成本低廉。

摄像头将实际空间中的景物图像转化为一系列连续的模拟信号量，而计算机能够处理的是离散的数字信号量，当作为机器人“眼睛”的摄像头要将摄入的图像送入机器人的“大脑”（计算机）中去识别时，首先要解决的问题是如何将模拟信号转化为计算机能够处理的数字信号，图像采集卡就是完成上述的模拟量和数字量间的转换功能的。对于图像采集卡的选择，要根据不同的系统要求选用不同性能的采集设备。

CCD 元件产品很多，如中科院下属的大恒图像公司研制的彩色/黑白图像采集卡，型号为 DH-CG400。DH-CG400 基于高性能的 PCI 总线，使其能实时传送数字视频信号到显示存储器或系统存储器。输入的彩色视频信号经数字解码器、模/数转换器、比例缩放、裁剪、色彩变换等处理，通过 PCI 总线传到 VGA 卡实时显示或传到计算机内存实时存储。数据的传送过程是由图像卡控制，实现了完全的 PCI-DMA 方式，无需 CPU 参与，将 CPU 全部解放出来。瞬间传输速度可达 132MB/s。这样可以实现图像采集与图像处理的并行进行，极大地减少了视觉系统处理时间，从而提高了整个系统的实时性。它适用于图像处理、工业控制、多媒体监控和办公自动化等多个领域。

机器人视觉系统通过图像采集和距离检测等传感器，获取环境对象的图像、颜色和距离等信息，然后传递给图像处理器，利用计算机对获得的图像进行处理来构造现实环境中的模型，从而使机器人拥有人的视觉感知能力。图 2-40 所示为机器人视觉系统的构成及原理框图。

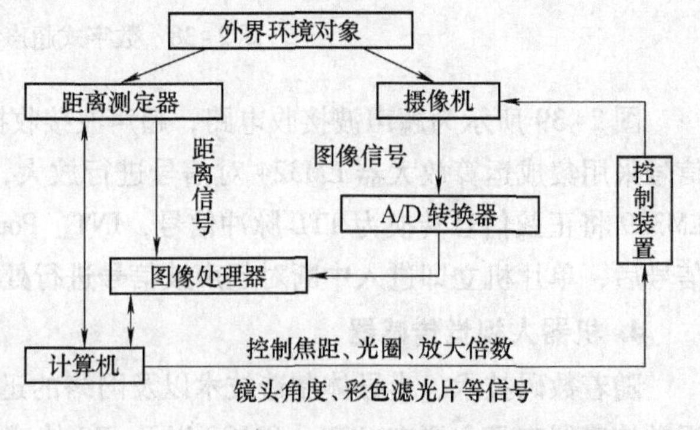

图 2-40　机器人视觉系统的构成及原理框图

5. 机器人控制系统

（1）直流电动机的控制原理　竞赛型机器人的驱动元件主要是直流电动机和舵机，都可以采用PWM脉宽调制法进行调速。直流电动机的控制原理如图2-41所示，根据脉冲编码器的反馈信号，对机器人的运动状态进行实时控制；同样，调节PWM的信号能够快速调节舵机的转角，从而实现机器人的方向控制。

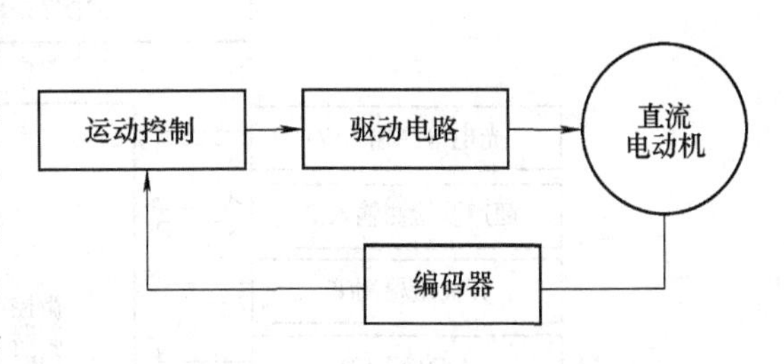

图2-41　直流电动机的控制原理

（2）直流电动机调速驱动电路　根据PWM调速原理设计直流电动机驱动电路，如图2-42所示。为了防止电动机起停时驱动电源的变化影响控制系统的稳定性，分别用光耦合器IC2A、IC2B、IC2C将主控制系统的电源与电动机驱动电源隔离。M1P为系统产生的PWM信号，通过光耦合器和大功率达林顿管Q101将信号放大为电动机所需的驱动电压MVCC。M1FB为电动机的方向控制信号，IC1A为高速施密特触发器，控制H形电路桥臂上的Q102、Q104和Q103、Q105的导通和截止，实现电动机的正反转控制。在每个桥臂上，都安装有续流二极管和阻容吸收回路，用来释放电动机断电时绕组中的电流和尖峰电压，保护达林顿管。

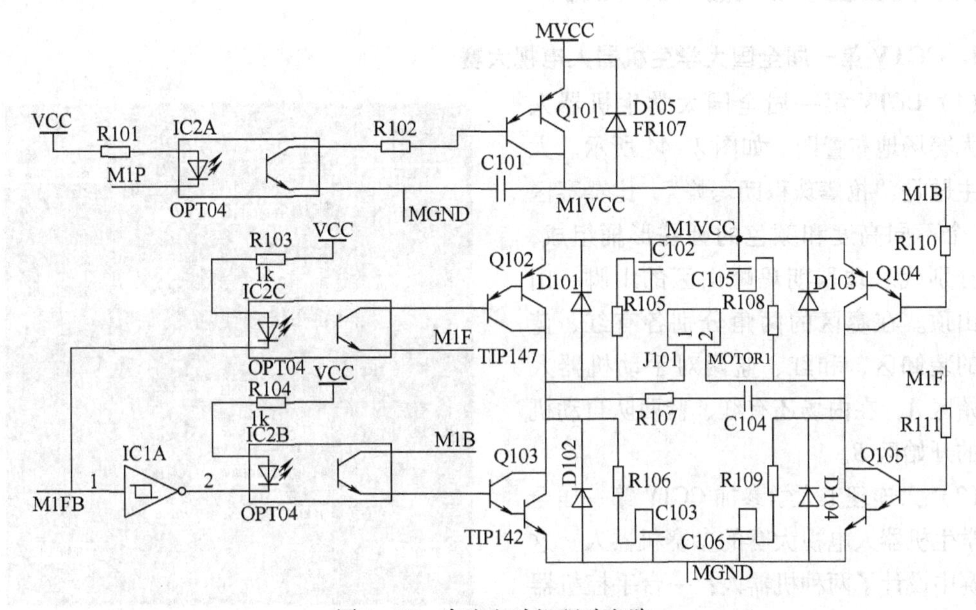

图2-42　直流电动机驱动电路

（3）机器人控制系统硬件　机器人采用输出轴配有光电编码器的小型直流电动机作为驱动电动机来驱动车轮旋转；采用舵机控制机器人的运动方向；采用电磁铁作为机械手夹紧的执行元件。整个机器人控制系统设置了两路超声波传感器、七路光电检测输入和八路开关量检测的接口，机器人的运行状态和运行参数通过LCD动态显示，图2-43所示是机器人控制系统硬件框图。

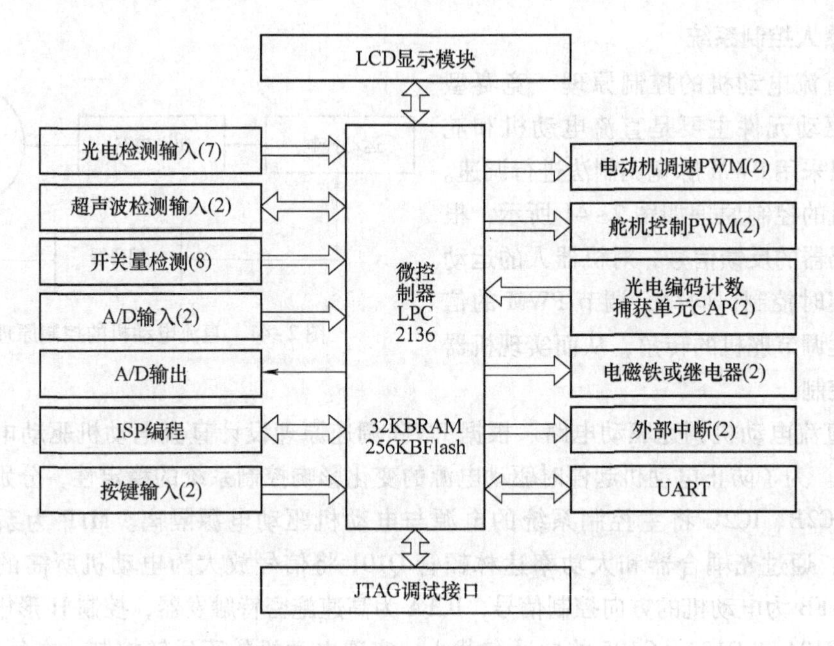

图 2-43 机器人控制系统硬件框图

九、竞赛型移动机器人设计实例

1. CCTV 第一届全国大学生机器人电视大赛

（1）CCTV 第一届全国大学生机器人电视大赛场地布置图 如图 2-44 所示。大赛的主题是“抢攀珠穆朗玛峰”，比赛赛区有 17 个不同高度和颜色的圆柱形桶组成，它们分别代表珠穆朗玛峰山区的山脚、山腰和山顶。在赛区的两角分别各有红、蓝赛球的装卸区，和红、蓝两对手动机器人的开始区 *A*，在内场还有红、蓝两队自动机器人的开始区 *B*。

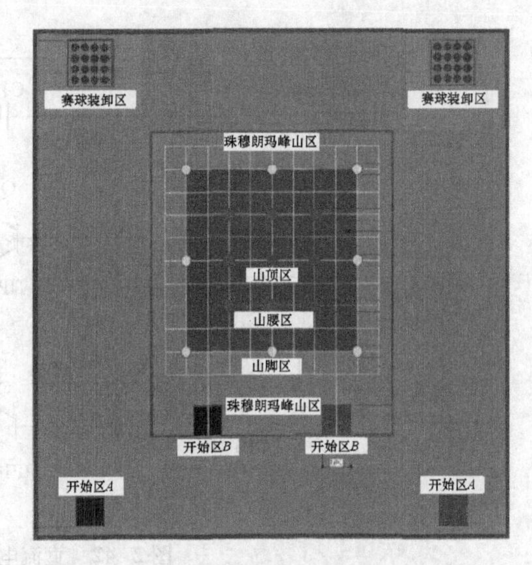

图 2-44 第一届全国大学生机器人电视大赛场地布置图

（2）大连理工大学参加 CCTV 第一届全国大学生机器人电视大赛的参赛机器人 这次比赛中设计了两种机器人：一台手控机器人和一台自动机器人。手控机器人取名为小螺，自动机器人名字为大郅。小螺的特点在于其螺旋形的储球机构，恰如一只可爱的小海螺，它体积小，载球多，运动灵活，可完成对山脚区圆桶的投球。大郅则是一名身材高大的运动健将，载球很多，一次可携带十九只赛球，利用稳健的变幅机构，可同时准确完成对山腰和山顶圆筒的投球。图 2-45 所示是机器人系统的构成简图。

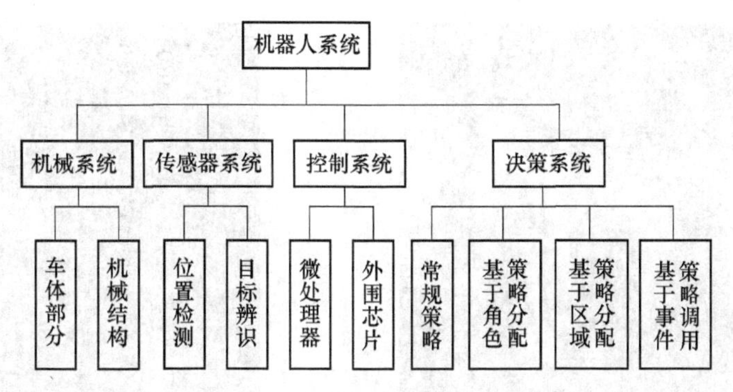

图 2-45 机器人系统的构成简图

1）手控机器人。图 2-46 所示是手控机器人照片，手控机器人由机械系统和控制系统两个部分组成。机械系统由车架、车轮机构、储球机构、运球和拨打球机构构成。储球机构上部分为螺旋形储球装置，可携带 12 个赛球，这种螺旋形储球装置空间利用率高，更便于赛球利用自重下落；储球装置中设置了一个挡板，用来控制球的位置。储球机构下部分有运球、拨球以及打球装置。当直流电动机起动带动中心转轴旋转时，安装在转轴上的隔板推动赛球转动至指定位置；拨球机构中，由一个舵机带动一个拨球臂，将球拨入滑道滑进篮筐。打球装置是由舵机带动一个拨杆动作，可将对方的球拨打出篮筐。手控机器人采用 24V 镍铬电池组作为供电电源，手动遥控器采用 6 通道无线电遥控装置人工操作，比例和开关控制相结合，操作简单、灵活。手动遥控器可控制两个直流电动机分别驱动两个主驱动车轮，使整机转弯半径小、运动方便、灵活；手动遥控器还控制舵机驱动前、后轮转向。

图 2-46 手控机器人

2）自动机器人。自动机器人由机械系统和控制系统两个部分组成。机械系统由投球机构、储球机构、滑轮组、底板构成。投球机构为四杆运动机构，采用起重机式变幅机构，运动轨迹平直，伸缩幅度大。采用圆筒式储球机构，共有 6 个远、近储球筐，能充分利用有限空间，一次装载 19 个球。直流电动机驱动滑轮组传动使四杆机构运动，并带动远、近球筐一起前进、后退；可同时向山腰和山顶圆筒投球，缩短投球时间；各球筐的投球运动分别由舵机控制。图 2-47a 所示为自动机器人向山腰和山顶圆筒同时投球伸展开时的照片。图 2-47b 所示为自动机器人收缩前进状态时的照片。

3）第一届机器人控制系统。第一届机器人控制系统的构成简图如图 2-48 所示，上位机采用笔记本电脑和单片机，下位机由摄像头、光电传感器及控制电路构成视觉传感系统。视觉传感系统采用模糊控制算法控制车体循线行走。

a)

b)

图 2-47 自动机器人

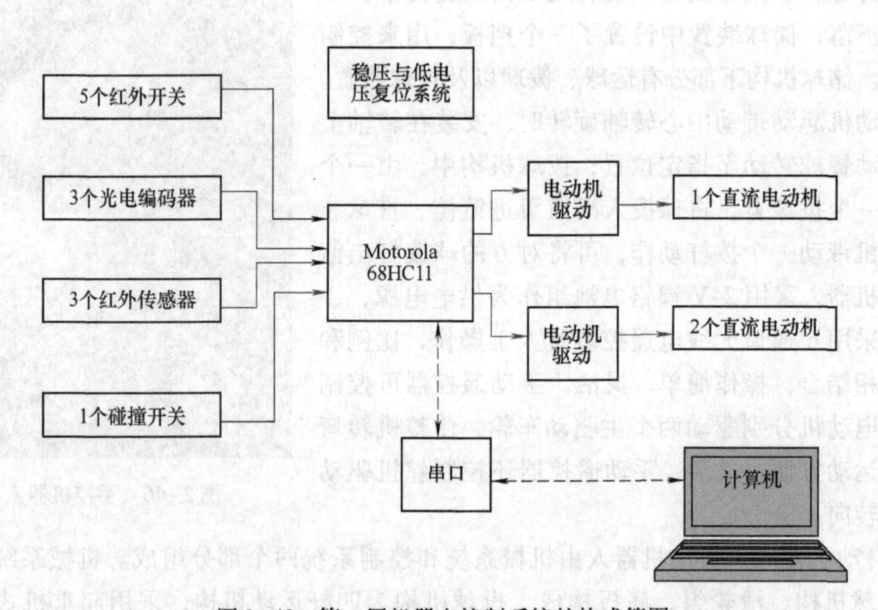

图 2-48 第一届机器人控制系统的构成简图

2. CCTV 第二届全国大学生机器人电视大赛

(1) CCTV 第二届全国大学生机器人电视大赛场地布局 如图 2-49 所示，大赛的主题是“太空征服者”。赛场由自动区、手动区、每个参赛队的一个自动机器人启动区、一个手动机器人启动区及一个球库组成。在球库中，为每个参赛队放置了 16 个球，排列方式为 4×4 方阵。此次比赛是将赛球射入 9 个篮筐内，每一个篮筐包含 3 个排列成三角形的网袋，按照得分情况判定比赛的输赢。如一个参赛队将球射入包括中心篮筐 3 个网袋在内的所有篮筐，或者它的得分比对手高时，该队将被视为获胜。每场比赛的时间为 3min。

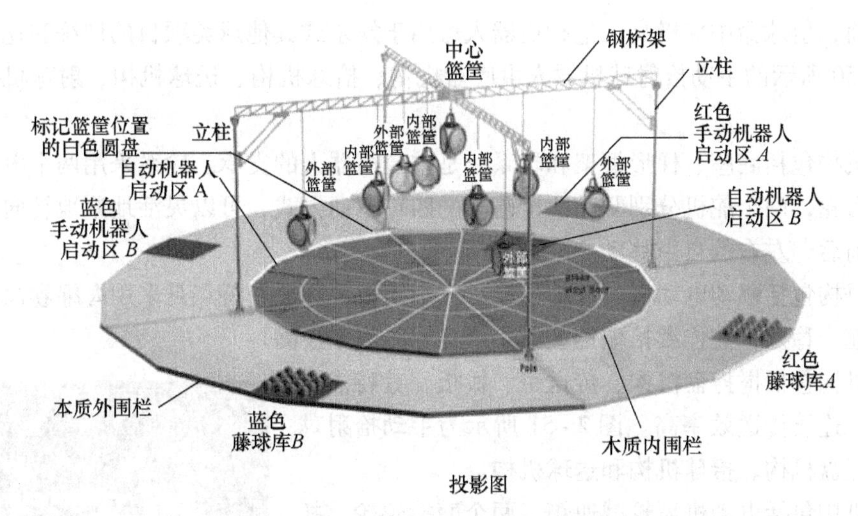

图2-49 第二届全国大学生机器人电视大赛场地布局

每个参赛队既可以只制作手动机器人或自动机器人，也可以同时制作手动机器人和自动机器人参赛，对机器人的数量没有限制，但对机器人的总质量有限制。自动机器人可以在比赛开始时携带赛球，允许携带球的总数不能超过20个。手动机器人必须在球库中捡球投篮。自动机器人必须是自主式的，一旦机器人起动，操作者不能再接触或操作机器人。自动机器人被允许进入任何区域。

（2）大连理工大学参加CCTV第二届全国大学生机器人电视大赛的参赛机器人　在这次比赛中，设计了两种机器人：一台手控机器人和多台自动机器人。手控机器人整机的外观设计，做成龙的形状，取名金龙；每一次射球时，金龙的双眼都会闪闪发光，增添了一种神秘感以及龙的威严和气势。自动机器人根据其功能分别取名为定位式自动投篮机器人和可升降自动投篮机器人。

1）手控机器人。手控机器人又称手动拾射球机器人金龙，如图2-50所示，它是由一个人来操纵控制的机器人。手控机器人必须先在篮球库中装好球后，才能进行投篮。比赛中，也可将地面散落的球拾起后投篮。手控机器人的拾球动作是由拾球机构拾起，经机器人上的送球机构将球传送到发射机构，发射机构根据需要，按照一定的角度和速度将球发射出去，命中篮筐得分。手控机器人可以分别向外圈、内圈和中心篮筐中投篮得分。手控机器人整机主体采用铝合金材料制成，质量轻。同时，为减轻机器人质量，还在立柱、底板材料上加工等距、对称、规格相同的孔。手控机器人系统稳定，操作控制简单灵活，行进速度快，拾球、射球效率很高。在手控机器人上安

图2-50 手动拾射球机器人金龙

装有激光筒，射球命中率极高。这种机器人可用于娱乐或其他球类项目的训练和比赛之中。

图2-50所示的手动拾射球机器人由底盘机构、拾球机构、送球机构、射球机构和控制系统组成。

底盘机构包括底座、梯形框架和轮系，是整台机器人的支承。轮系采用两个电动机分别驱动两个后轮，两个舵机分别驱动两个前轮的四轮驱动方式，可以灵活地原地转向，实现比赛场地内前后、左右的自由移动。

拾球机构包括驱动电动机、海绵卷筒、弧形挡板，其显著特点是采用海绵卷筒滚动方式拾球，快速、稳定，能连续拾取地上很多个赛球，效率极高。

送球机构包括搅拌盘机构、传送带、拨板，其特点是稳定可靠，连续传送效率高。图2-51所示为手动拾射球机器人的底盘机构、拾球机构和送球机构。

图2-51 底盘机构、拾球机构和送球机构

射球机构包括电动机齿轮减速箱、两个摩擦辊轮、托盘、射角调整机构。射球机构的特点是采用挤压弹射方式，可以调节速度，以适应不同的发射高度。两个摩擦辊轮的中心距也可以调整，满足装载直径不同的球。射球机构投球效率、准确度高。图2-52所示为射球机构的照片，当电动机带动两个摩擦辊轮相对转动时，以极快的速度将球挤压弹射出去。弹射前，可根据内、外部和中心篮筐的不同高度调整发射角度，射角调整机构如图2-53所示，转动螺母 G，就可以调整安装在纵向支架 B 上的射球机构 A 的高度，从而调整球的发射角度。

图2-52 射球机构

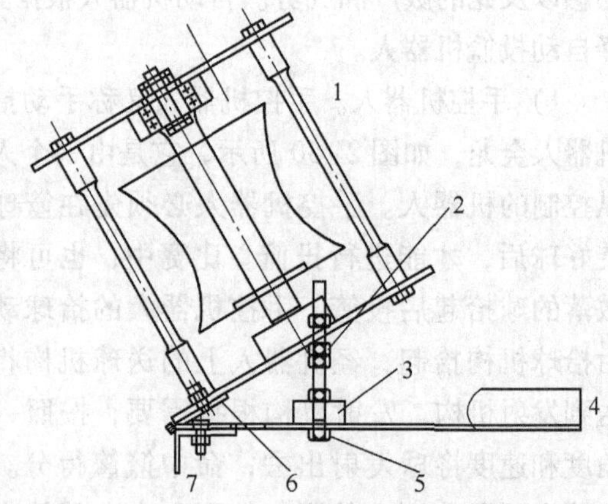

图2-53 射角调整机构简图

1—射球机构 2—螺母 3—垫块 4—纵向支架 5—六角头螺栓 6—合页 7—横向支架

控制系统采用9通道无线电遥控装置，其特点是比例和开关控制相结合，人工操作简单，灵活。

2）自动机器人。设计了两种全自动机器人，一种自动机器人高度是固定的，不能升降，称为定位式自动投篮机器人，结构如图2-54所示；另一种自动机器人高度可以升降，称为可升降自动投篮机器人，结构如图2-55所示。两种机器人都靠定位块定位；机器人结构包括车底盘机构、呈三角形布置的立柱和投篮机构，投篮机构的投篮手臂也呈三角形布置，在投篮手臂的关节处安装有伺服电动机，伺服电动机动作带动投篮手臂进行翻转，实现投篮。自动机器人可装三个球，三个投篮手臂同时投篮，投篮效率高。可升降自动机器人的投篮机构是利用滑道自动升起和降落，电动机上装有导线轮，钢丝绳一端缠绕在导线轮上，钢丝绳的另一端与动滑道相连，当电动机转动时，呈三角形布置的立柱沿滑道升降，就会带动投篮机构上升或下降。图2-56所示是自动投篮机器人控制系统功能图。

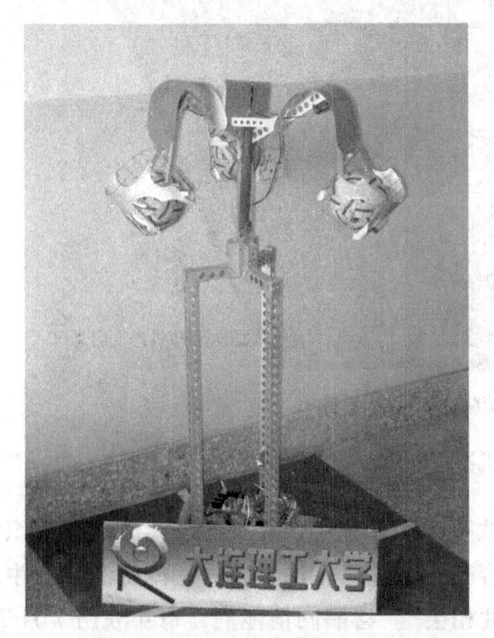

图2-54　定位式自动投篮机器人

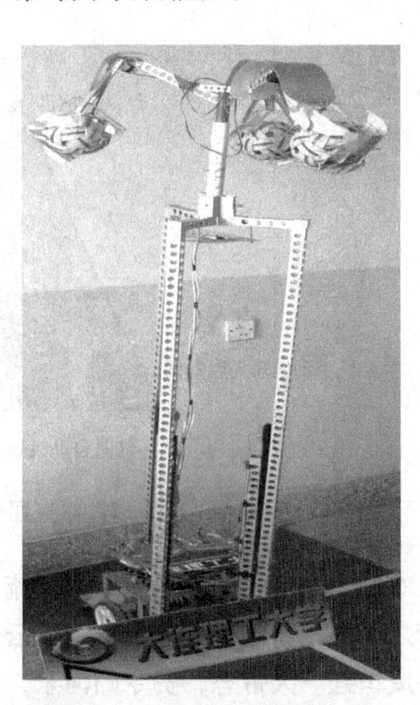

图2-55　可升降自动投篮机器人

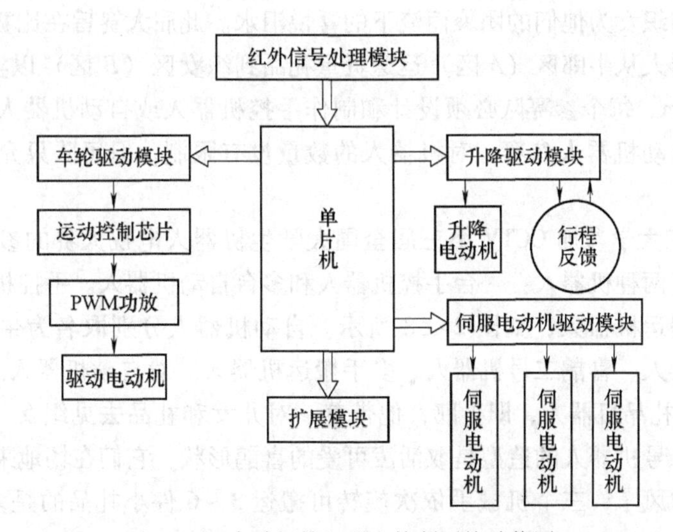

图2-56　自动投篮机器人控制系统功能图

3. CCTV 第三届全国大学生机器人电视大赛

(1) CCTV 第三届全国大学生机器人电视大赛场地布置图　图 2-57 所示为本届大赛场地布置。大赛的主题是“鹊桥相会”。

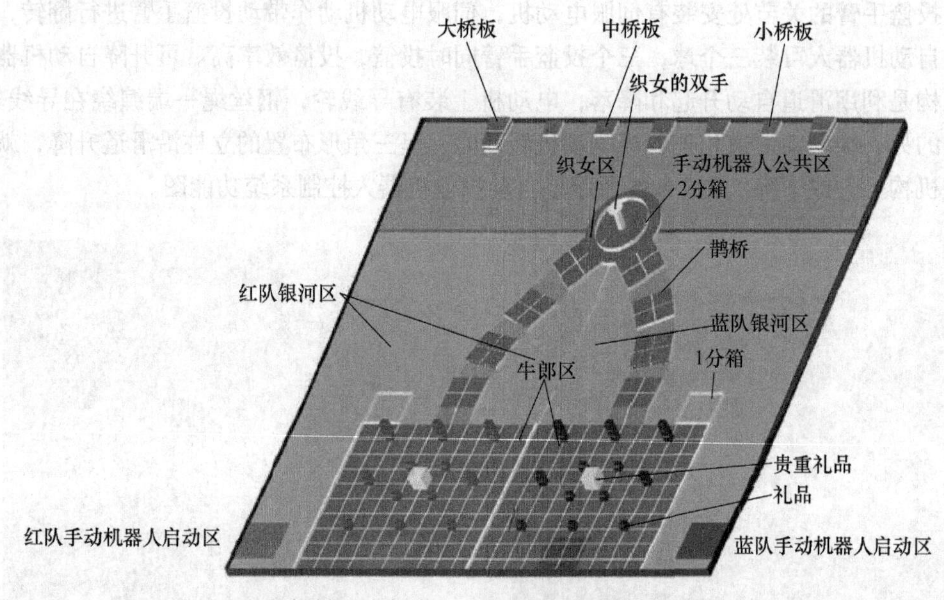

图 2-57　第三届全国大学生机器人电视大赛场地布置图

本届大赛的主题源于一个古代流传的爱情故事。南朝无名氏记曰：“天河之东有织女，天帝之子也。年年机杼劳疲，织成云锦天衣，容貌不暇整。帝怜其独处，许嫁河西牵牛朗。嫁后废织紝。天帝怒，责令归河东，许一年一度相会”。喜鹊同情他们，每年农历 7 月 7 日飞到天上用它们的身体架起一座鹊桥，使相思的夫妻跨过鹊桥相会一次。这一天总是下雨，我们说这是牛郎与织女为他们的团聚而流下的喜悦泪水。此届大赛旨在比赛构筑成未完成的鹊桥和用自动机器人从牛郎区（*A* 区）运送贵重礼品到织女区（*B* 区）以实现“相会”。每场比赛时间为 3min。每个参赛队必须设计和制作手控机器人或自动机器人，也可以同时制作手动机器人和自动机器人参赛，对机器人的数量没有限制，但每队只允许有一台手动机器人。

(2) 大连理工大学参加 CCTV 第三届全国大学生机器人电视大赛的参赛机器人　在这次比赛中，设计了两种机器人：一台手控机器人和多台自动机器人。手控机器人取名为立体存储式有线遥控搬运机器人，如图 2-58 所示。自动机器人分别取名为牛郎即大礼品机器人、喜鹊一号机器人、喜鹊二号机器人、多手搬运机器人。对自动机器人进行了外观设计，图 2-59 所示为大礼品机器人，即牛郎，他带着一对儿女和礼品去见织女；图 2-60 所示的喜鹊一号、喜鹊二号机器人的造型是取活泼可爱的喜鹊形状，它们在场地来回穿梭给织女运送小礼品。形状像风车，三个机械手依次旋转可搬运 3 ~ 6 件小礼品的是多手搬运机器人。图 2-61 所示为多手搬运机器人。

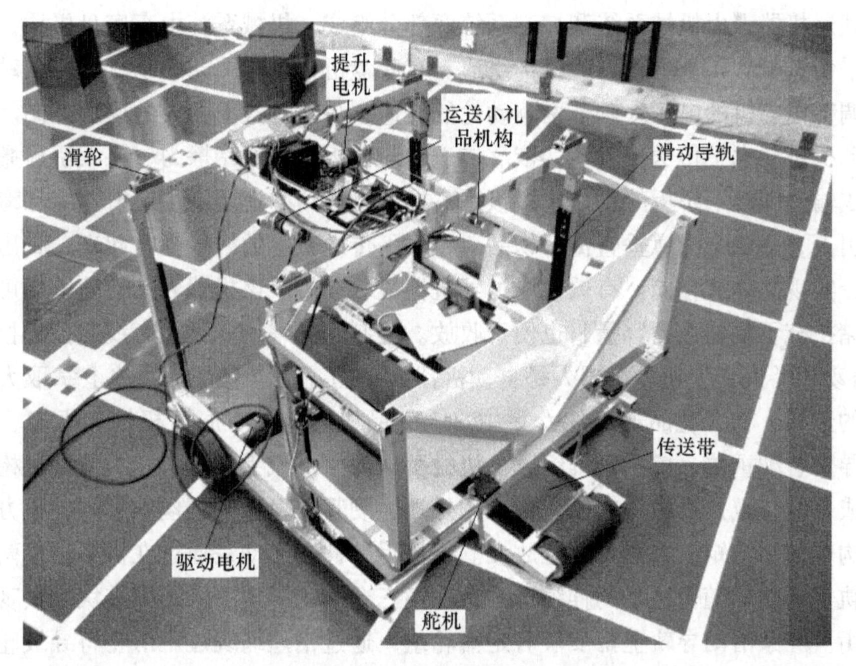

图 2-58　立体存储式有线遥控搬运机器人

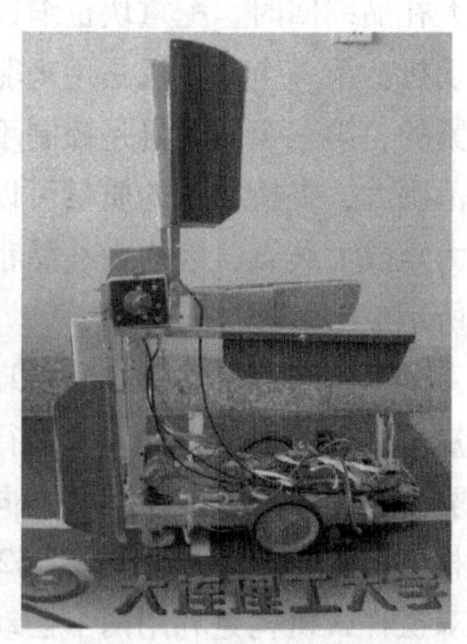

图 2-59　大礼品机器人　　图 2-60　喜鹊一号、喜鹊二号机器人　　图 2-61　多手搬运机器人

1）立体存储式有线遥控搬运机器人。立体存储式有线遥控搬运机器人是一种多功能的手控机器人，它的基本功能是将放在场地上的桥板拾起，运送到天桥指定位置处，搭好天桥，使自动机器人顺利通过。手控机器人的另一功能是取放小礼品，靠传送带与小礼品之间的摩擦力，将小礼品装入。在手控机器人的顶部和右侧各有礼品托盘杆相连，小礼品托盘与垂直升降机构的滑道相连，当小礼品进入传送带上与顶部摆杆对齐时，使电动机旋转，摆杆拨动小礼品进入礼品托盘，礼品托盘上升到一定的高度后，使右端电动机带动摆杆旋转，将小礼品打入二分箱。手控机器人特点是功能多，一机多用；还具有运行平稳、转向灵活的特点；可同时拾取、运送三块桥板，收放桥板自如、快速、准确。图 2-58 表示的立体存储式

有线遥控搬运机器人由机械系统和控制系统两部分组成；机械系统由车底盘机构、取放桥板机构、水平传送带和桥板垂直升降机构组成。车底盘机构采用两轮驱动、两轮从动的驱动方式，通过调节电动机的电压来调节两驱动轮的转速，从而变换机器人的运行方向。取放桥板机构由电动机带动水平传送带转动，依靠传送带与桥板之间的摩擦力，将大桥板搬运到传送带上，完成输送和放下桥板的动作。桥板垂直提升机构巧妙地运用了定滑轮组和滑道，在钢丝绳的牵引下，由四个滑道垂直提升物品，将水平传送带上的桥板提升起来，腾出空间再装载新桥板，实现立体式存储，有效地增加了机器人装载量。该机器人结构简单、可靠；物品的立体存储扩充了机器人的容量，也便于收放。控制部分采用九通道有线遥控器控制。

2）自动机器人。大礼品机器人是自动机器人中的一台。它是从场地上拿取大礼品，并通过搭好的天桥，将大礼品送到织女手中。大礼品机器人由车底盘机构、机架、机械手部件、滑动导轨、配重块、控制系统组成。机械手部件由机械手夹紧机构、伸缩机构和手臂翻转机构组成，其特点是机械手夹紧机构采用外端为硬管，里面为钢丝的车闸夹紧方式，在手臂翻转机构中使用力矩放大器将力矩放大。机械手的伸缩运动是通过在机架顶端两侧安装两条滑动导轨实现的。随机械手的伸缩运动，在第三个滑动导轨上采用配重块来实现整个机构的动态平衡。三条滑动导轨上都安装有定滑轮组，通过钢丝绳绕过定滑轮将导线轮与滑道相连。当电动机正转，机械手夹持大礼品向前伸出时，配重块向后伸出；反之，当机械手夹持大礼品缩回时，配重块也缩回，动态地保持车体平衡，效果很好。机械手部件采用了三个电动机。第一个电动机是用来驱动手臂和配重块分别运动的，第二个电动机是用来控制手臂夹紧的，第三个电动机是控制手臂由夹持位置转到平衡位置的。这种机械手部件的优点是运动范围大，夹持物体的质量可以通过改变一些参数来改变，柔性好。机械手臂的设计中安装有力矩放大装置，因为大礼品很重，这样就可以用很小的力来夹持住很大的物体，如图 2 - 59 所示。

喜鹊一号、喜鹊二号自动机器人用于取放小礼品，它们的共同特点是机器人体积小、质量轻，运动灵活自如，直线行走与转向由两个驱动轮和舵机轮相互配合完成。当转向时，两驱动轮以相同速度、相反方向进行转向，转弯半径小。喜鹊一号和喜鹊二号是两台结构完全相同的机器人，采用图 2 - 62 所示的双摆杆式机构和图 2 - 63 所示的翻板式取放物品机构。双摆杆式机构是利用两个摆动杆同时打开和关闭的摆动方式，一次将叠放在一起的三个小礼品收至机器人腹部的储物台中，共可收取三堆九个礼品。这种机构的特点是机构简捷，收取物品动作快，存储物品的数量大，承载能力强。当翻板打开时，物品沿后翻板向下滑动，从车体后端卸下，可将机器人腹部储物台中的九个物品一次性投放到得分箱，效率较高，适应性强，稳定性好。

在图 2 - 62 所示的双摆杆式机构中，机架前端左右各装有一个转轴，转轴通过下端轴承 1 和上端轴承 4 支承在机架上，在转轴上装有四组手指组成拾取手指 2，它们可与转轴一起转动，一起构成左右两个摆杆 3。拾取物品时，驱动电动机 7 带动同步带 6 转动，左摆杆逆时针摆动，右摆杆则以相同的速度顺时针摆动，左右两个摆杆相互配合夹持一摞物品到翻板上，完成一次收取物品。为减轻重量、减小体积，节省一对传动齿轮，将同步带交叉安装，在带面之间安放了一滚轮 8，将两带面隔开，以减小两带面之间的摩擦。

如图 2 - 63 所示，翻板式底盘机构由带减速箱的翻转电动机 4、支杆 7 和前后翻转板 10、12 组成。前后翻转板通过旋转节 11 相连。翻转电动机的齿轮箱传动比很大，因此能够输出很大的扭矩。图 2 - 63 中分别用实线和双点画线给出了翻转板的两个极限位置，在下极限时，后翻转板 12 处于水平，支杆 7 和滚轮 8 伸进导向环 9 内，并向下用力，则前翻转板 10 自由端与地面压实。电动机旋转时，支杆 7 推动前翻转板 10 绕旋转节 11 向上翻转，当前后翻转板处于一个平面上时，前后翻转板一起同时绕旋转轴 14 向上转动，当到达上极限时，物品沿后翻转板 12 向下滑动，从车体后端卸下。为了减小支杆与前翻转板之间的摩擦力，在支杆的前端与前翻转板接触部位安装滚轮 8，将滑动摩擦变为滚动摩擦。将图 2 - 62 所示的双摆杆式机构和图 2 - 63 所示的翻板式底盘机构组合在一起就做成了图 2 - 64 所示的翻板式机构。

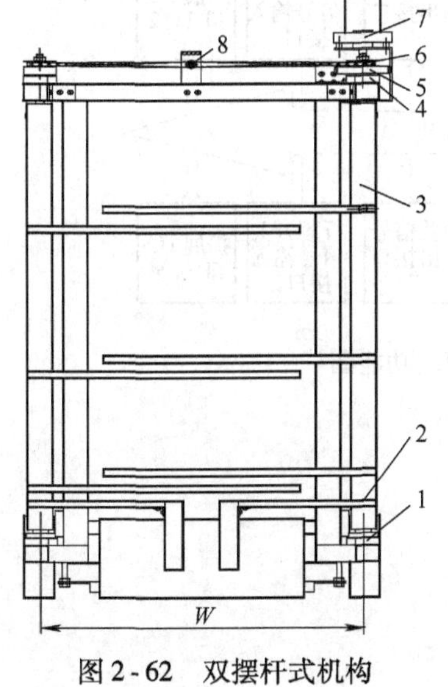

图 2 - 62　双摆杆式机构

1—下端轴承　2—拾取手指
3—摆杆　4—上端轴承
5—减速齿轮　6—同步带及带轮
7—驱动电动机　8—滚轮

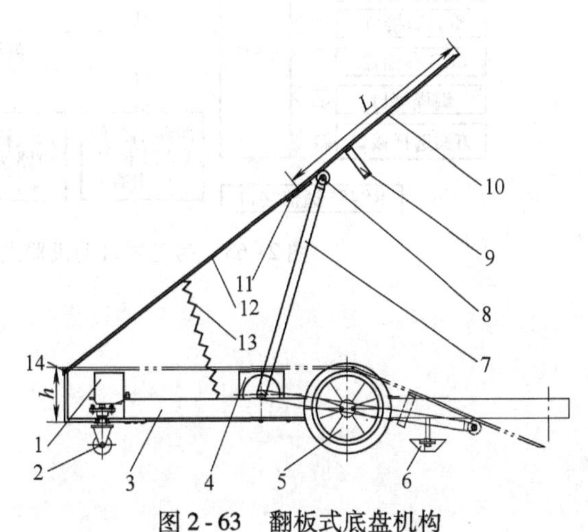

图 2 - 63　翻板式底盘机构

1—舵机　2—转向轮　3—机架　4—翻转电动机及减速箱
5—驱动轮　6—光电探头　7—支杆　8—滚轮　9—导向环
10—前翻转板　11—旋转节　12—后翻转板
13—复位弹簧　14—旋转轴

多手搬运自动机器人也用于取放小礼品，它由车底盘机构、旋转机构、夹紧机构、力矩放大机构、控制系统组成，如图 2 - 61 所示。多手搬运机器人的特点是旋转角度可控，旋转平稳，夹紧力大，夹持可靠；采用柔性索松紧方式装夹，对物品的大小有一定的适应性，装卸灵活方便。多手搬运机器人的功能是三个机械手能依次顺序旋转，每个机械手能独立装卸收取一个或叠放在一起的两个物品，所以，多手搬运机器人共能收取 3 ~ 6 个礼品。多手搬运机器人通过光电编码器测量轴转过的角度，来确定是哪个机械手在工作。光电编码器安装在与机械手相连接的方块处，利用一个薄木

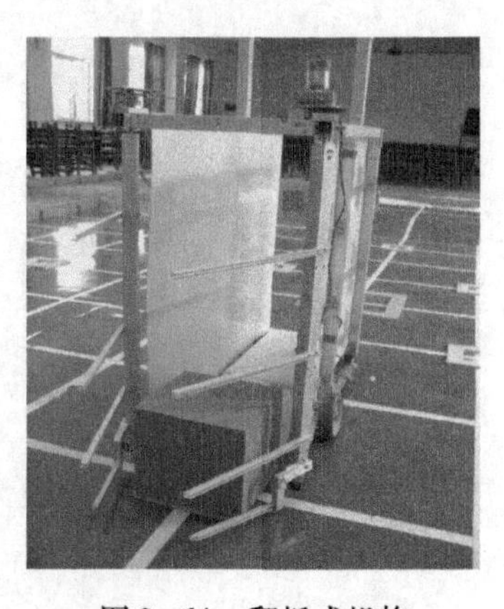

图 2 - 64　翻板式机构

板作为障碍物。光电编码器每次测得轴已经转过90°，便使机械手停止转动，然后机械手做收夹物品的动作。每个机械手通过一根闸线与机械手传动杆相连，从而控制机械传动杆的绕轴运动。传动杆的极限位置是通过行程开关来控制的，当机械传动杆碰到行程开关便停止转动。机械传动杆的另一端分别与三个电动机相连，通过电动机的正反转来控制机械传动杆是向上还是向下转动，进而控制机械手的松夹动作。

3）第三届自动机器人控制系统。图2-65所示是第三届自动机器人控制系统的主控模块功能图，控制系统的功能是控制机器人协调完成循线、行驶、装卸等各种动作。控制系统由单片机、CPLD、电动机驱动电路、红外调制解调电路等组成。采用模块化设计平台，可方便扩展资源，安装方便，便于调试。

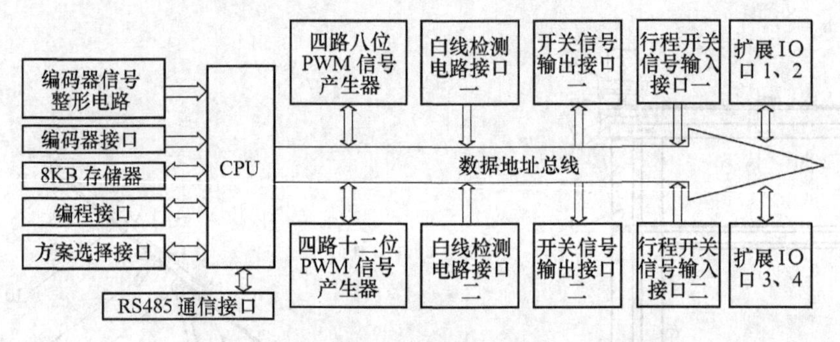

图2-65 第三届自动机器人主控模块功能图

参考文献

[1] 关慧贞. 机械制造装备设计 [M]. 3版. 北京: 机械工业出版社, 2010.
[2] 日本机器人学会. 机器人技术手册 [M]. 北京: 科学出版社, 1996.
[3] 丹尼斯. 克拉克. 宗光华, 译. 机器人设计与控制 [M]. 北京: 科学出版社, 2004.
[4] 藤森洋三. 机构设计 [M]. 北京: 机械工业出版社, 1976.
[5] 清弘智昭. 机器人制作宝典 [M]. 北京: 科学出版社, 2002.
[6] 周伯英. 工业机器人设计 [M]. 北京: 机械工业出版社, 1995.
[7] 加藤一郎. 机械手图册 [M]. 上海: 上海外文技术出版社, 1979.
[8] 吴广玉. 机器人工程导论 [M]. 哈尔滨: 哈尔滨工业大学出版社, 1988.
[9] 朱世强. 机器人技术及其应用 [M]. 杭州: 浙江大学出版社, 2001.
[10] 白井良明. 机器人工程 [M]. 北京: 科学出版社, 2001.
[11] 胡家秀. 简明机械零件设计实用手册 [M]. 北京: 机械工业出版社, 2006.
[12] 赵松年. 机电一体化机械系统设计 [M]. 北京: 机械工业出版社, 1997.
[13] 张毅刚, 彭喜源, 谭晓昀, 等. MCS-51单片机应用设计 [M]. 哈尔滨: 哈尔滨工业大学出版社, 1997.
[14] 王晓明. 电动机的单片机控制 [M]. 北京: 北京航空航天大学出版社, 2002.
[15] 丁化成, 耿德根, 李君凯. AVR单片机应用设计 [M]. 北京: 北京航空航天大学出版社, 2002.
[16] RS公司产品部. RS产品目录, 电子及电器产品 [M]. 北京: 科学出版社, 2002.

第三部分　机床夹具设计

一、设计要求与内容

编制给定零件机械加工工艺规程，设计指定工序的专用机床夹具。具体内容包括：

1）根据零件样图及生产类型，对零件进行工艺分析。

2）选择毛坯种类及制造方法，绘制零件——毛坯综合图1张。

3）拟订零件的机械加工工艺过程，完成机械加工工艺过程卡片1套。

4）设计指定工序的专用夹具，绘制装配总图1张。

5）撰写设计说明书1份。

二、设计方法与步骤

（一）工艺设计

1. 分析、研究零件图，进行工艺审查

1）熟悉零件图，了解零件性能、用途、工作条件及所在部件中的位置及作用。

2）了解零件材料结构、形状、尺寸及其力学性能，以便合理选择毛坯种类和制造方法。

3）分析零件图上各项技术要求制订的依据，在此基础上，审查图样的完整性和正确性，例如图样是否有足够的视图，尺寸和公差是否标注齐全，零件的材料、热处理要求及其他技术要求是否完整合理。确定主要加工面和次要加工面，了解零件的功用，找出关键技术问题，以便在设计工艺规程时采取措施予以保证。

4）分析零件结构的工艺性。可从选材是否得当，尺寸标注和技术要求是否合理，加工难易程度，成本高低等方面进行分析，针对不合理处可提出修改意见。分析零件的技术要求时，要了解这些技术要求的作用，并从中找出主要的技术要求和在工艺上难于达到的技术要求，为合理地制订工艺规程作好必要的准备。

本课程设计中，可着重分析2）、3）两项内容。

2. 选择毛坯，绘制零件——毛坯综合图

1）根据生产类型、零件结构、零件的形状和尺寸、材料等确定毛坯种类，然后确定毛坯的制造方式及毛坯精度。此时，若零件毛坯选用型材，应确定其名称、规格；若为铸件，应确定分型面、浇冒口系统的位置；若为锻件，应确定锻造方式及分模面等。毛坯类型可参照表3-1～表3-4及相关手册确定。

本设计中，零件生产纲领为5000件/年，每日1班（按大批生产处理）。

生产类型不同，产品制造的工艺方法、所用的设备和工艺装备以及生产的组织形式等均不同。大批大量生产应尽可能采用高效率的设备和工艺方法，以提高生产率；单件小批量生产应采用通用设备和工艺装备，也可采用先进的数控机床，以降低生产成本。各类生产类型的生产特点见表3-2。

表3-1 机械制造业中生产类型的一般划分 （单位：件/年）

类型	重型机械	中型机械	小型机械
单件	<5	<20	<100
小批	5~100	20~200	100~500
中批	100~300	200~500	500~5000
大批	300~1000	500~5000	5000~50000
大量	>1000	>5000	>50000

表3-2 各种生产类型的工艺特征

工艺特征	生产类型		
	单件小批	中批	大批大量
零件的互换性	用修配法，钳工修配，缺乏互换性	大部分具有互换性	具有广泛的互换性
毛坯的制造方法及加工余量	木模手工制造或自由锻造。毛坯精度低，加工余量大	部分采用金属模铸造或模锻。毛坯精度和加工余量中等	广泛采用金属模机器造型、模锻或其他高效方法。毛坯精度高，加工余量小
机床设备及其布置形式	通用机床。按机床类别采用集群式布置	部分通用机床和高效机床。按工件类别分工段排列设备	广泛采用高效机床和专用机床。按流水线和自动线排列设备
工艺工装	大多采用通用夹具，标准附件、通用刀具和万能量具。靠划线和试切法达到精度要求	广泛采用夹具，部分靠找正装夹，达到精度要求。较多采用专用刀具和量具	广泛采用高效专用夹具、复合刀具、专用量具和自动检验装置。靠调整法达到精度要求

表3-3 常用铸件、锻件的应用场合

铸件精度等级	造型方法	应用
Ⅰ	精密铸造	大量生产（尺寸精度要求较高的铸件）
Ⅱ	金属模、塑料模（熔模）铸造	大批大量生产的中小铸件
Ⅲ	普通木模手工造型和机器造型	要求较低的单件和小批量生产或大型零件的铸造
锻件	精密模锻	能提供形状较为复杂或精度较高的毛坯，用于大批大量生产重要的零件毛坯
	模锻	成批和大批大量生产的中小型锻件
	自由锻	单件小批生产（只能提供形状简单的或近似形状的毛坯）

表 3-4 最小铸孔 （单位：mm）

表面类别	单件生产	成批生产	大量生产
通圆孔	30～50	15～30	12～15
不通圆孔	36～60	20～36	15～18
通方孔、长孔	36～60	20～36	15～18
不通方孔、长孔	40～70	20～40	16～20

2）查阅相关的机械加工工艺手册，确定各表面的总余量及公差。

3）绘制毛坯－零件综合图（图 3-1）。步骤如下：

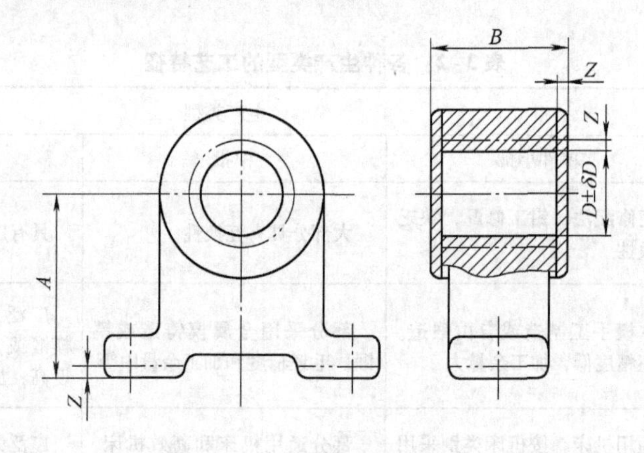

图 3-1 毛坯－零件综合图

① 先用粗实线绘制经简化了次要细节的零件图的主要视图，将已确定的加工余量叠加在各相应被加工表面上，即得到毛坯轮廓，用粗实线表示，比例为 1:1。

② 和一般零件图一样，为表达清楚某些内部结构，可画出必要的剖视图、剖面图。对于由实体上加工出来的槽和孔，可以不必表达。

③ 在图上标出毛坯主要尺寸及公差，标出加工余量的名义尺寸。

④ 标明毛坯技术要求，包括毛坯精度、热处理方法及硬度、圆角尺寸、拔模斜度、表面质量要求（气孔、缩孔、夹砂）等。

3. 拟订工艺路线

1）选择定位基准。根据零件结构特点、技术要求及毛坯的具体情况，按照粗、精基准的选择原则来确定各工序合理的定位基准。定位基准的选择合理与否，将直接影响所制订的零件加工工艺规程的质量，同时也影响到工序数量、夹具结构等。因此，必须根据基准选择原则，认真分析思考。

2）确定各表面加工方法，划分加工阶段。

① 根据各表面的加工要求，先选定最终的加工方法，接着确定一系列准备工序的加工

方法，然后再确定其他次要表面的加工方法，可参考附录Ⅳ-1进行。

② 在各表面加工方法选定以后，需进一步考虑这些加工方法在工艺路线中的大致顺序，以定位基准面的加工为主线，妥善安排热处理工序及其他辅助工序。

③ 制订加工路线图表。

3）工序集中与分散。各表面加工方法确定之后，应考虑哪些表面的加工适合在一道工序中完成，哪些应分散在不同工序进行，从而可初步确定零件加工工艺过程中的工序总数及内容。工序集中或工序分散的程度，主要取决于生产类型、零件的结构特点及技术要求。生产批量小时，多采用工序集中。生产批量大时，可采用工序集中，也可用工序分散。当前，由于工序集中的优点较多，以及数控机床、柔性制造单元和柔性制造系统等的发展，现在生产多趋于工序集中。

4）初拟加工工艺路线。根据前面已考虑和确定了的问题（如基准、各表面加工方法、工序集中与分散、热处理方式、加工阶段划分等），结合考虑检验、钳工工序，即可初步制订出较完整、合理的零件加工工艺路线。

机械加工顺序的安排一般应：先粗后精，先面后孔，先主后次，基面先行，热处理按阶段穿插，检验按需安排。

4. 选择加工设备及工艺装备

1）根据零件加工精度、轮廓尺寸和批量等因素，合理确定机床种类及规格。

2）根据质量、效率和经济性选择夹具种类和数量。

3）根据工件材料和切削用量以及生产率的要求选择刀具，应注意尽量选择标准刀具。

4）根据批量及加工精度选择量具。

选择加工设备及工艺装备（本设计中，可重点考虑与指定夹具设计相关工序的内容）。总原则是根据生产类型与加工要求，使所选择的机床及工艺装备既能保证加工质量，又经济合理。在批量生产条件下，通常可采用通用机床加专用工具、夹具。

这时，应认真查阅有关手册，将选定的机床或工装的有关参数记录下来，如机床型号、规格、工作台宽度、T形槽尺寸；刀具形式、规格、与机床连接关系；夹具、专用刀具设计要求，与机床连接方式等，为后面填写工艺过程卡片和夹具设计作好必要的准备，免得届时重复查阅。

5. 加工工序设计和工序尺寸计算

1）用查表法确定各工序余量。

2）当无基准转换时，为确定工序尺寸及其公差应首先明确工序的加工精度。

3）当有基准转换时，工序尺寸及其公差应由解算工艺尺寸链获得。

6. 选择切削用量并确定时间定额

（1）切削用量的选择　单件小批生产时，一般可由操作工人自行决定；大批生产条件下，工艺规程必须给定切削用量的详细数值。切削用量选择的原则是确保质量的前提下具有较高的生产率和经济性，具体选用可参见各类工艺人员手册。

（2）时间定额的确定

$$T_d = T_j + T_f + T_w + T_x$$

式中 T_d——工序单件时间；

T_j——基本时间；

T_f——辅助时间；

T_w——工作地服务时间；

T_x——休息和自然需要时间。

7. 填写工艺文件

（1）工艺过程综合卡片　简要写明各道工序，作为生产管理使用。

（2）工艺卡片　指详细说明整个工艺过程，作为指导工人生产和帮助技术人员掌握整个零件加工过程的一种工艺文件。除写明工序内容外，还应填写工序所采用的切削用量和工装设备名称、代号等。

（3）工序卡片　指用于指导工人进行生产的更为详细的工艺文件。在这种卡片上，要绘制工序简图，注明该工序的加工表面及应达到的尺寸精度和表面粗糙度要求、工件的安装方式、切削用量、工装设备等内容，在大批量生产的关键零件的关键工序才使用。本课程设计中，要求工序卡片中完成工序名称、工序简图（包括定位方案、夹紧方案、工序尺寸等）。

工序简图的基本要求：

1）简图可按比例缩小，用尽量少的投影视图表达。简图也可以只画出与加工部位有关的局部视图，除加工面、定位面、夹紧面、主要轮廓面，其余线条可省略，以必需、明了为度。

2）被加工表面用粗实线（或红线）表示，其余均用细实线。

3）应标明本工序的工序尺寸、公差及表面粗糙度要求。

4）定位、夹紧表面应以规定的符号标明（JB/T 5061—2006）。表3-5摘录了部分常见的定位及夹紧符号，可供参考。

表3-5　定位及夹紧符号

		独立定位		联动定位	
		标注在视图轮廓线上	标注在视图正面上	标注在视图轮廓线上	标注在视图正面上
定位点	固定式				
	活动式				
手动夹紧					
液压夹紧		Y	Y	Y	Y
气动夹紧		Q	Q	Q	Q

（续）

	独立定位		联动定位	
	标注在视图轮廓线上	标注在视图正面上	标注在视图轮廓线上	标注在视图正面上
电磁夹紧	D	D	D	D
自定心卡盘夹紧				
单动卡盘夹紧				
V形铁定位并夹紧（一端可调）	可调			

下面以图3-2所示零件为例，简述机械加工工艺过程卡片的填写方法（表3-6）。

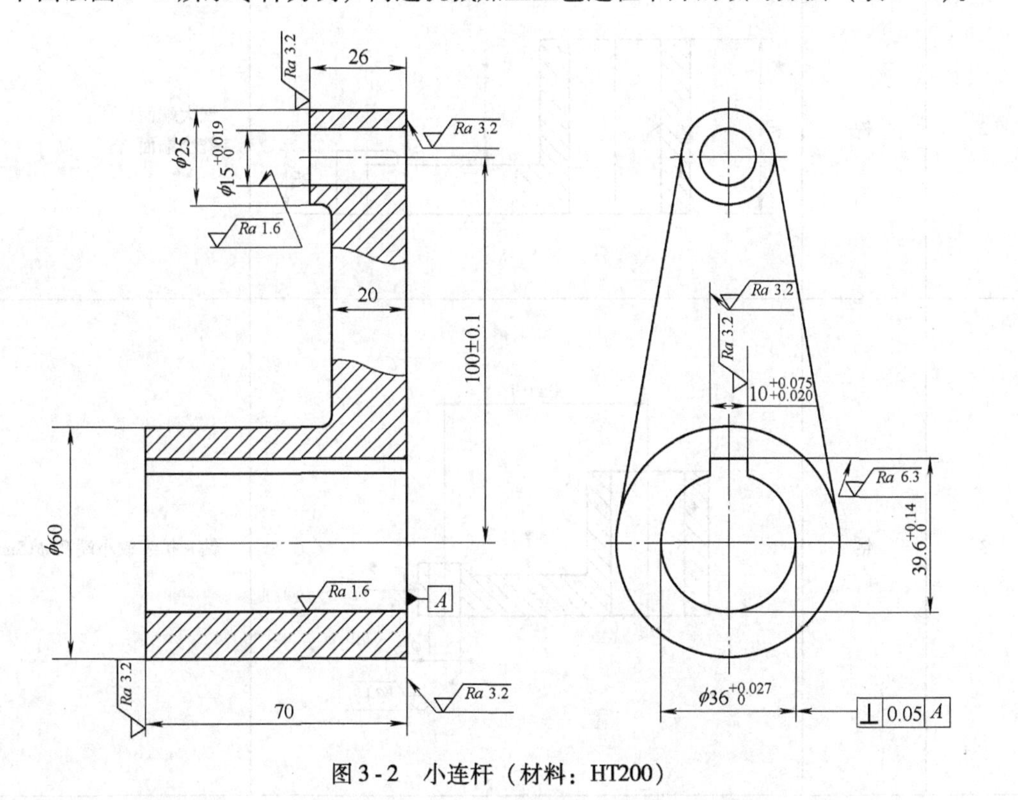

图3-2 小连杆（材料：HT200）

表 3-6　小连杆机械加工工艺过程

工序号	工序名称	工序简图	工序内容
0	铸		铸－清砂－退火－检验
1	车	A　20　Ra 3.2　$\phi36^{+0.027}_{0}$　Ra 1.6　⊥ φ0.05 A	自定心卡盘夹持粗、精车 A 粗、精镗孔 φ36mm 倒角
2	铣	70　26	铣大端面 铣小端面
3	钻	100±0.1　$\phi15^{+0.019}_{0}$　Ra 1.6	钻－扩－铰小端孔 φ15mm

（续）

工序号	工序名称	工序简图	工序内容
4	插	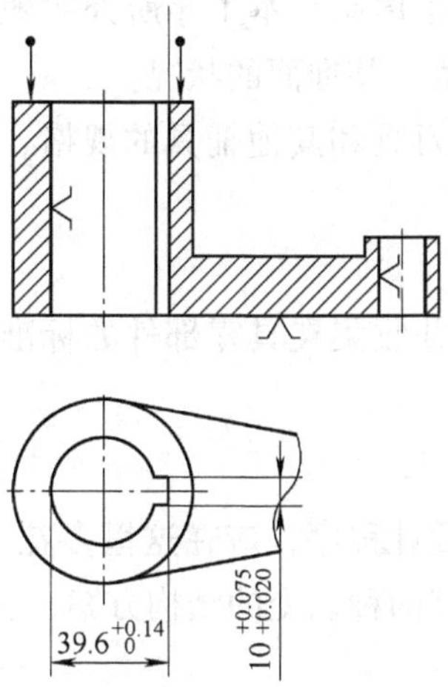 $39.6^{+0.14}_{0}$ $10^{+0.075}_{+0.020}$	插键槽 10mm
5	钳		去毛刺，倒棱边
6	检验		按图样要求检验

（二）夹具设计（参考文献［1］［2］［3］）

设计一套指定工序的专用夹具，具体内容可由学生本人提出，经指导老师同意后确定。

1. 夹具设计的基本要求

（1）保证工件的加工精度　专用夹具应有合理的定位方案，合适的尺寸、公差和技术要求，并进行必要的精度分析，确保夹具能满足工件的加工精度要求。

（2）提高生产效率　专用夹具的复杂程度要与工件的生产纲领相适应。应根据工件生产批量的大小选用不同复杂程度的快速高效夹紧装置，以缩短辅助时间，提高生产效率。

（3）工艺性好　专用夹具的结构应简单、合理，便于加工、装配、检验和维修。

专用夹具的生产属于单件生产。当最终精度由调整或修配保证时，夹具上应设置调整或修配结构，如适当的调整间隙、可修磨的垫片等。

（4）使用性好　专用夹具的设计应符合可靠、简单、方便的原则。如零件在夹具中装卸方便，夹具在机床上装夹、找正方便，加工中对刀、测量方便，操作方便、省力、安全等。此外，应易于排屑，必要时应设置排屑机构。

（5）经济性好　除考虑专用夹具本身结构简单、标准化程度高、成本低廉外，还应根据生产纲领对夹具方案进行必要的经济分析，以提高夹具在生产中的经济效益。

2. 原始资料的分析研究

在明确设计任务后，应对以下几方面的原始资料进行研究。

（1）研究加工工件图样　了解该工件的结构特点、材料、热处理要求，主要表面的加工精度、表面粗糙度、生产规模和本工序加工的技术要求以及前后工序的联系。

（2）熟悉工艺文件

① 明确毛坯的种类、形状、加工余量及其精度。

② 明确工件的加工工艺过程、工序图、本工序所处的地位和所采用的切削用量，本工序前已加工表面的精度及表面粗糙度，基准面的状况。

③ 明确本工序所使用的机床、刀具和其他辅具的规格、主要技术参数、安装夹具部位的尺寸。

④ 了解工具车间的技术水平。

⑤ 了解同类工件的加工方法，并收集夹具零部件的标准、夹具结构图册等夹具设计资料等作为参考。

3. 夹具结构方案的拟订

设计方案的确定是十分重要的设计程序，应在这里多花一点时间充分进行研究、讨论，不要急于绘图、草率从事。最好制订两种以上的结构方案，进行分析比较，从中选取较合理的方案。

（1）确定夹具的类型　各类机床夹具均有多种不同的类型，如车床夹具可有角铁式、圆盘式等，钻床夹具有固定式、翻转式、盖板式等，应根据工件的形状、尺寸、加工要求及重量确定合适的夹具类型。

（2）确定工件的定位方案，设计定位装置　根据六点定位原理，分析工序图上所规定的定位方案是否可取，否则应提出修改意见或提出新的方案，与指导教师协商后确定。

在确定了工件的定位方案后，即可根据定位基面的形状，选取相应的定位元件及确定尺寸精度和配合公差（见参考文献［3］）。必要时可在标准元件结构基础上作一些修改，以满足具体设计的需要。如平面定位可根据定位面尺寸大小及该面是否加工过（即是粗基准还是精基准）等，选取不同的支承板、支承钉或可调支承等；如内孔定位可选取相应的定位销、心轴等；而外圆柱面定位可选取V形块或定位套等。

（3）确定工件的夹紧方式，设计夹紧装置及计算夹紧力　夹紧可以用手动、气动、液压或其他力源形式。重点应考虑夹紧力的大小、方向、作用点，以及作用力的传递方式，看是否会破坏定位，是否会造成工件过量变形，是否有自由度为零的“机构”，是否能满足生产率的要求，最后确定夹紧元件及传动装置的主要尺寸。对气动、液压夹紧机构，应考虑气（液压）缸的形式、安装位置、活塞杆长短等。

计算夹紧力（见参考文献［1-4］）时，首先应计算切削力大小，通常确定切削力的方法有：

① 由经验公式算出。

② 由单位切削力算出。

③ 由手册上提供的诺模图查出。

根据切削力、夹紧力的方向、大小，按静力平衡原理求得理论夹紧力。为保证工件装夹的安全可靠，夹紧机构（或元件）产生的实际夹紧力，一般应为理论夹紧力的1.5～2.5倍，即

$$F_{wk} = FK \tag{3-1}$$

式中　F_{wk}——实际所需夹紧力（N）；

F——理论夹紧力（N）；

K——安全系数。

安全系数 K 可按下式计算

$$K = K_0K_1K_2K_3K_4K_5K_6 \tag{3-2}$$

式中　$K_0 \sim K_6$——各种因素的安全系数，见表3-7及表3-8。

表3-7　安全系数 $K_0 \sim K_6$ 的数值

符号	考虑的因素		系数值
K_0	考虑工件材料及加工余量均匀性的基本安全系数		1.2～1.5
K_1	加工性质	粗加工	1.2
		精加工	1.0
K_2	刀具钝化程度（表3-8）		1.0～1.9
K_3	切削特点	连续切削	1.0
		断续切削	1.2
K_4	夹紧力的稳定性	手动夹紧	1.3
		机动夹紧	1.0
K_5	手动夹紧时的手柄位置	操作方便	1.0
		操作不方便	1.2
K_6	仅有力矩作用于工件时与支承面的接触情况	操作点确定	1.0
		接触点不确定	1.5

表 3-8 安全系数 K_2（考虑刀具钝化程度）

加工方法	切削分力或切削力矩	K_2	
		铸铁	钢
钻削	T F_z	1.15 1.0	1.15 1.0
粗扩（毛坯）	T F_z	1.3 1.2	1.3 1.2
精扩	T F_z	1.2 1.2	1.2 1.2
粗车或粗镗	F_z F_y F_x	1.0 1.2 1.25	1.0 1.4 1.6
精车或精镗	F_z F_y F_x	1.05 1.4 1.3	1.0 1.05 1.0
圆周铣削（精、粗）	F_z	1.2~1.4	1.6~1.8 （碳质量百分数小于3%） 1.2~1.4 （碳质量百分数大于3%）
端面铣削（精、粗）	F_z	1.2~1.4	1.6~1.8 （碳质量百分数小于3%） 1.2~1.4 （碳质量百分数大于3%）
磨削	F_z	—	1.15~1.2

注：T—钻削扭矩（N·m）；F_z—主切削力（N）；F_y—径向切削力（N）；F_x—轴向切削力（N）。

由于加工方法、切削刀具、装夹方式千差万别，夹紧力计算有时没有现成的公式可以套用，大家也可根据掌握的知识、技能进行分析、研究，以确定合理的计算方法，或采用经验类比法，只要在说明书中讲清楚处理夹紧力的理由即可。

（4）确定刀具的导向方式或对刀装置　对于钻夹具应正确地选择钻套的形式和结构尺

寸；对于铣床夹具应合理地设置对刀装置；而对于镗床夹具，则应合理地选择镗套类型和镗模导向的布置方式。

（5）确定其他机构 如分度装置、装卸工件用的辅助装置等。对分度装置，一般生产中应用较普遍的是机械分度装置，根据其分度方式又可分为回转式分度装置和直线移动式分度装置，其中回转式分度装置应用较多。

（6）确定夹具体的结构类型 夹具上的各种装置和元件通过夹具体连接成一个整体。因此夹具体的形状及尺寸取决于夹具各种装置的布置及夹具与机床的连接。

1）对夹具体的要求。

① 有适当的精度和尺寸稳定性。为保证夹具体加工后尺寸稳定，对铸造夹具体要进行时效处理；对焊接夹具体要进行退火处理，以消除内应力。

② 有足够的强度和刚度。在加工过程中，夹具体在切削力、夹紧力的作用下，应不会产生不允许的变形和振动。

③ 结构工艺性好。在保证强度和刚度的前提下，夹具体应力求结构简单便于制造、装配和检验；体积小、重量轻，以便操作。对于移动或翻转夹具，其质量一般不宜超过10kg。

④ 排屑方便，必要时设置排屑结构。

⑤ 在机床上安装稳定可靠。

2）夹具体毛坯的类型。

① 铸造夹具体，优点是工艺性好，可铸出各种复杂形状，具有较好的抗压强度、刚性和抗振性。但生产周期长，需进行时效处理，以消除内应力。材料多用 HT150 或 HT200。用于切削负荷大、振动大的场合，或批量生产中。

② 焊接夹具体，制造方便、生产周期短、成本低、重量轻。但焊接夹具体的热应力较大，易变形，需经退火处理，以保证夹具体尺寸的稳定性。多用于新产品试制或单件小批量生产。

③ 锻造夹具体，适用于形状简单、尺寸不大，要求强度、刚度大的场合。锻造后也需热处理。此类夹具体应用较少。

④ 型材夹具体，可以直接用板料、棒料、管料等型材加工装配而成。这类夹具体取材方便、生产期短，成本低、重量轻。

⑤ 装配夹具体，由标准的毛坯件、零件及个别非标准件通过螺钉、销钉连接、组装而成。标准件由专业厂生产。此类夹具体具有制造成本低、周期短、精度稳定等优点，有利于夹具标准化、系列化，也便于计算机辅助设计。

4. 夹具总装图的设计

当夹具的结构方案确定之后，就可以绘制夹具总装图。一般先绘制夹具总装草图，经审定后再绘制总装图。

（1）绘制总装图时应注意的问题 绘制总装图时，除应遵循国家机械制图标准的规定外，还应注意夹具设计中的一些习惯与规定，如：

① 尽可能采用比例为 1:1，以求直观不产生错觉。如工件过大可采用 1:2 或 1:5 的比例，过小时可采用 2:1 的比例。

② 被加工工件应用双点画线表示，在图中作假想的透明体处理，不会遮挡夹具上的任何线条。在图中只需表示工件外形轮廓及其主要表面（如定位基面、夹紧表面、本工序的加工表面等）。加工面的加工余量可用粗实线表示。

③ 依定位元件、导向（对刀）元件、夹紧装置、其他机构和辅助元件及夹具体的顺序绘制整个夹具结构图。

④ 视图的数量应尽量少，以能完整、清晰地表示出整个结构（夹具的工作原理和结构，各种装置和元件的位置关系）为原则。为直观起见，一般常以操作者在加工时所面对的视图为主视图，以作为装配夹具时的依据并供使用时参考。

⑤ 工件在夹具中应处于夹紧状态。

⑥ 对某些在使用中位置可能变化且范围较大的元件，如夹紧手柄或其他移动或转动元件，必要时以双点画线局部地表示出其极限位置，以便检查是否会与其他元件、部件、机床或刀具发生干涉。

⑦ 对于铣夹具，应将刀具与刀杆用双点画线局部表示出，以检查运行时，刀具、刀杆与夹具是否发生干涉。

(2) 绘制总装图的顺序　先用双点画线绘出工件的轮廓外形，示意出定位基准面和加工面的位置，然后把工件视为透明体，按照工件的形状和位置依次绘出定位、夹紧、导向及其他元件和装置的具体结构；最后绘制夹具体，形成一个夹具整体。

(3) 夹具总装图上尺寸及精度、公差、位置精度与技术要求的标注

① 夹具外形的最大轮廓尺寸。一般是指夹具外形长、宽、高的尺寸。夹具中有可动部分时，应包括可动部分的最大活动范围。

② 工件定位元件间的联系尺寸及公差。如定位基准孔与定位销（或心轴）间的配合尺寸及公差；一面两孔定位中圆柱销与菱形销间的距离尺寸、圆柱销轴线与定位平面的垂直度要求等。以上的尺寸精度和位置精度均是造成定位误差的主要因素。

③ 导向（或对刀）元件与定位元件之间的联系尺寸与技术要求。如对刀块的对刀面至定位元件之间的尺寸，塞尺的尺寸；钻套中心至定位元件之间的尺寸，钻套导向孔的尺寸及精度，钻套导向孔的中心距及公差；对刀元件或导向元件与定位元件的位置精度，此时一般应以定位元件工作面为基准，但有时为了使夹具的工艺基准统一，也可取夹具的基面为基准，如钻套导向孔中心对夹具体底面的垂直度等。以上的尺寸精度和位置精度均是造成调整误差的主要因素。

④ 定位元件与夹具安装基面或与机床连接元件之间的尺寸与技术要求。如铣夹具的定向键与铣床T形槽的配合尺寸，车床夹具安装基面（止口）的尺寸，角铁式车床夹具中心至定位元件工作面的尺寸等；夹具体与机床的连接面与定位元件的位置精度。以上的尺寸精度和位置精度是造成安装误差的主要因素。

⑤ 重要的配合尺寸及配合性质。如定位销与夹具体的配合尺寸、钻套外表面与衬套等的配合尺寸。

⑥ 安装尺寸。夹具体与机床的连接尺寸，如车床夹具与机床连接的锥柄、止口等。

⑦ 其他技术要求标于总装图下方适当位置。内容包括：为保证装配精度而规定或建议

采取的制造方法与步骤，为保证夹具精度和操作方便而应注意的事项，对夹具某些部件动作灵活性的要求等。对于夹具上需标注的公差或精度要求，当该尺寸（或精度）与工件的相应尺寸（或精度）有直接关系时，技术要求的具体数据一般取工件精度要求的 1/5 ~ 1/2 作为夹具上该尺寸的公差或精度要求；没有直接关系时，按照元件在夹具中的功用和装配要求，根据极限与配合国家标准来制订。有关尺寸、公差、技术要求的详细内容可参阅参考文献［1，3］。

⑧ 编制、标注零件序号，填写明细表、标题栏，如图 3-3 所示。

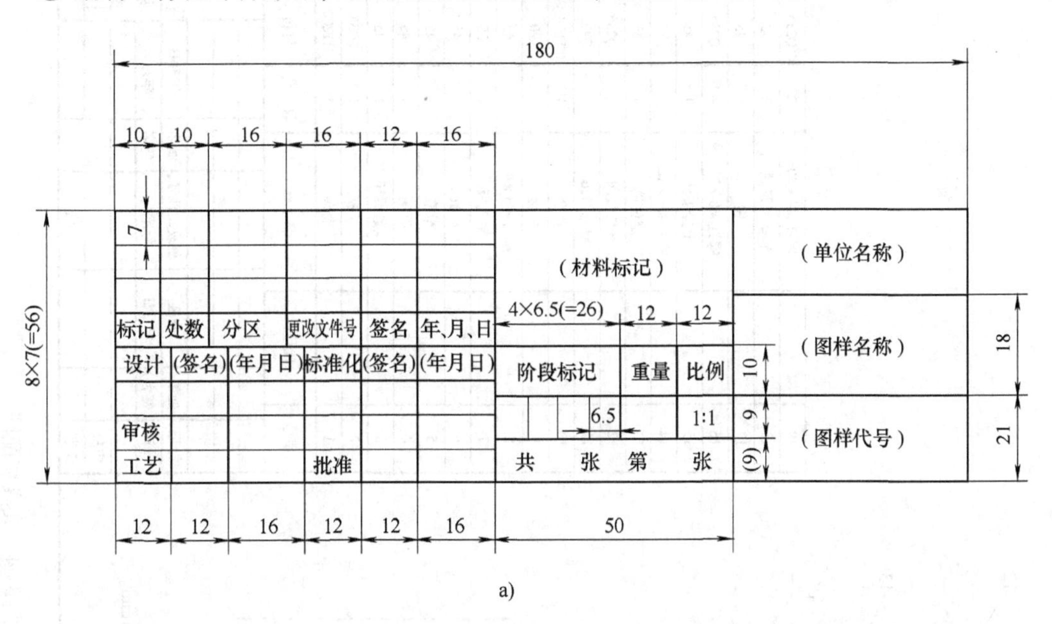

a)

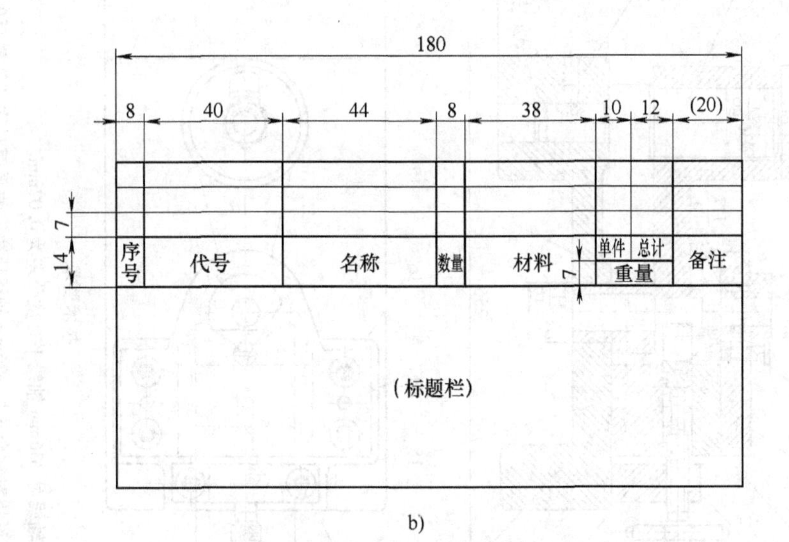

b)

图 3-3 标题栏与明细表

a）标题栏 b）明细表

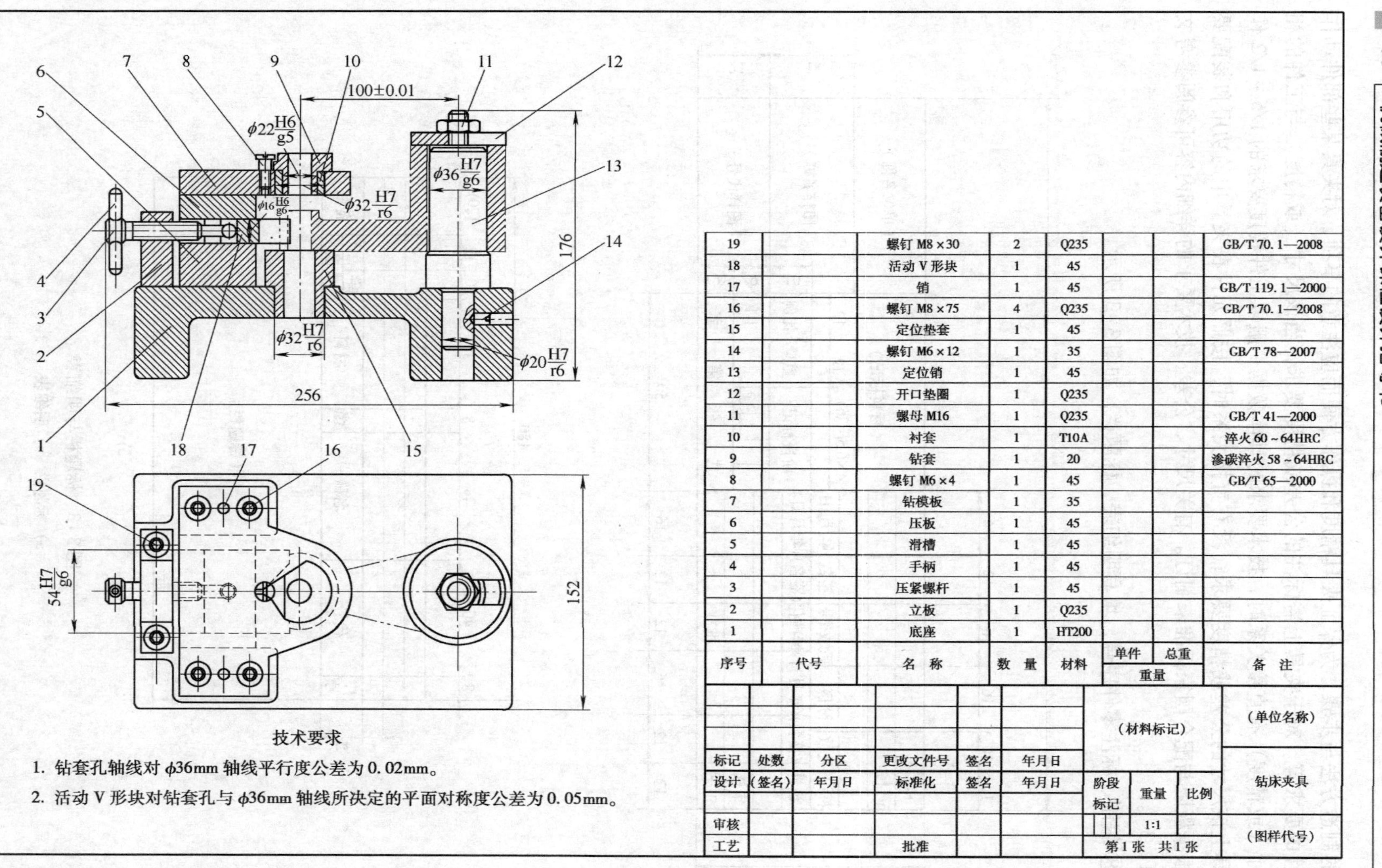

技术要求

1. 钻套孔轴线对 ϕ36mm 轴线平行度公差为 0.02mm。
2. 活动 V 形块对钻套孔与 ϕ36mm 轴线所决定的平面对称度公差为 0.05mm。

序号	代号	名称	数量	材料	单件重量	总重量	备注
19		螺钉 M8×30	2	Q235			GB/T 70.1—2008
18		活动 V 形块	1	45			
17		销	1	45			GB/T 119.1—2000
16		螺钉 M8×75	4	Q235			GB/T 70.1—2008
15		定位垫套	1	45			
14		螺钉 M6×12	1	35			GB/T 78—2007
13		定位销	1	45			
12		开口垫圈	1	Q235			
11		螺母 M16	1	Q235			GB/T 41—2000
10		衬套	1	T10A			淬火 60~64HRC
9		钻套	1	20			渗碳淬火 58~64HRC
8		螺钉 M6×4	1	45			GB/T 65—2000
7		钻模板	1	35			
6		压板	1	45			
5		滑槽	1	45			
4		手柄	1	45			
3		压紧螺杆	1	45			
2		立板	1	Q235			
1		底座	1	HT200			

						（材料标记）			（单位名称）
标记	处数	分区	更改文件号	签名	年月日				
设计	（签名）	年月日	标准化	签名	年月日	阶段标记	重量	比例	钻床夹具
审核								1:1	（图样代号）
工艺			批准			第1张 共1张			

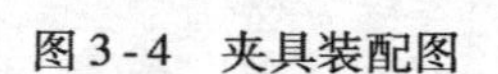
图 3-4 夹具装配图

图 3-4 所示是表 3-6 中工序 3 的钻夹具装配图（供参考）。附录Ⅲ-2 给出了夹具设计中常用的资料。附录Ⅲ-3 列出了夹具设计中常见的结构设计方面的错误及修改建议。

5. 夹具零件图的绘制（选做）

若时间允许，可绘制一个关键的、非标准的夹具零件，如夹具体。

绘制夹具零件图样时，除应符合制图标准外，其尺寸、位置精度应与总装图上的相应要求相适应。同时还应考虑为保证总装精度而作必要的说明，如指明在装配时需补充加工等有关说明。零件的结构、尺寸应尽可能标准化、规格化，以减少品种规格。

（三）设计说明书的撰写

设计说明书是课程设计总结性文件。通过编写设计说明书，可进一步培养学生分析、总结和表达的能力，巩固、深化在设计过程中所获得的知识，是本次设计工作的一个重要组成部分。

设计说明书应概括地介绍设计全过程，对设计中各部分内容应作重点说明、分析论证及必要的计算。要求系统性好，条理清楚，图文并茂，充分表达自己独特的见解。文内公式图表、数据等出处，应以“[ ]”注明参考文献的序号。

学生从设计一开始就应随时逐项记录设计内容、计算结果、分析意见和资料来源，以及教师的合理意见、自己的见解与结论等。每一设计阶段后，可马上整理、编写有关部分的说明书，待全部设计结束后，稍加整理，便可装订成册。

夹具设计说明书包括的内容有：

（1）目录

（2）设计任务书

（3）前言

（4）对零件的工艺分析（重点是零件的材料及结构特点、结构工艺性、关键表面技术要求分析等）

（5）工艺分析

① 确定生产类型。

② 毛坯选择与毛坯图说明。

③ 确定工艺线路，包括粗、精基准的选择依据，各表面加工方法的确定，工序集中与工序分散的运用，工序前后顺序的安排，选用的加工设备与工装，列出不同工艺方案，进行分析比较等。

④ 加工余量、切削用量、工时定额、时间定额的确定，说明数据来源，计算教师指定工序的时间定额。

⑤ 工序尺寸与公差确定，进行教师指定的工序尺寸的计算，其余简要说明之。

（6）夹具设计

① 设计思想及不同方案对比。

② 定位分析与定位误差计算。

③ 对刀及引导装置设计。

④ 夹紧机构设计与夹紧力计算。

⑤ 夹具操作说明。

（7）设计心得与体会

（8）参考文献

附录Ⅲ

附录Ⅲ-1 常见表面加工阶段的划分

一、获得不同精度和表面粗糙度的外圆表面加工方法（附图3-1）

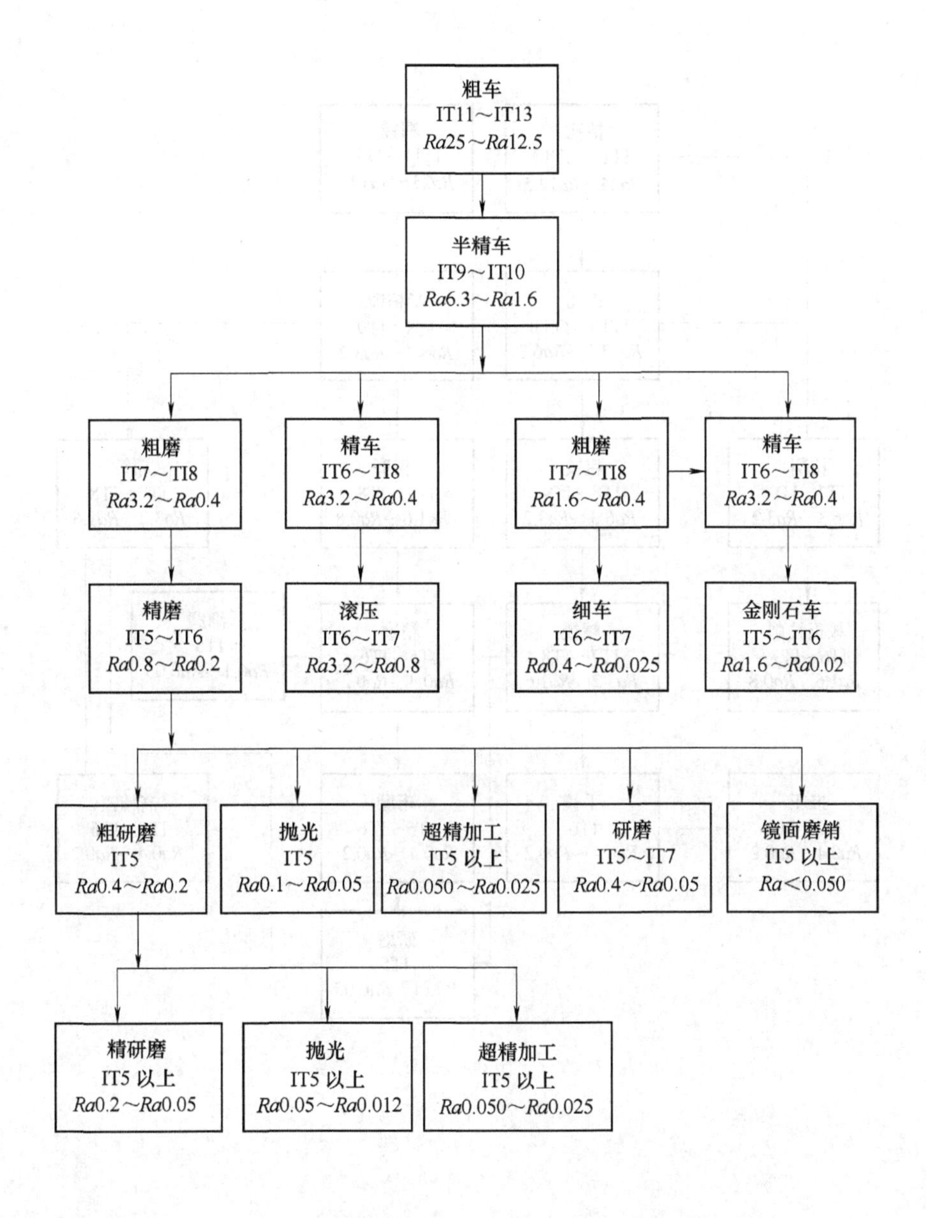

附图3-1 外圆表面加工方法

二、获得不同精度和表面粗糙度的内圆表面加工方法（附图3-2）

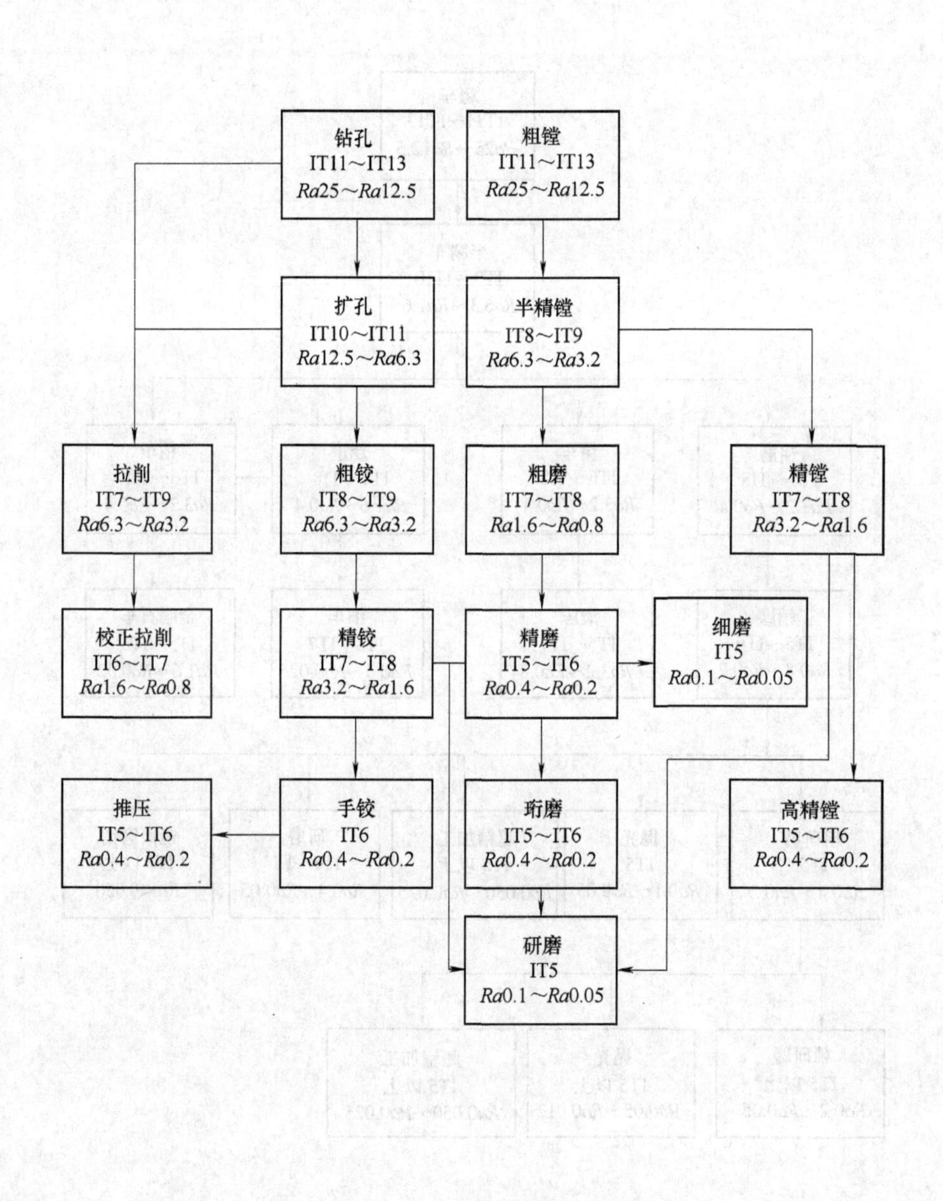

附图3-2　内圆表面加工方法

三、获得不同精度和表面粗糙度的平面加工方法（附图3-3）

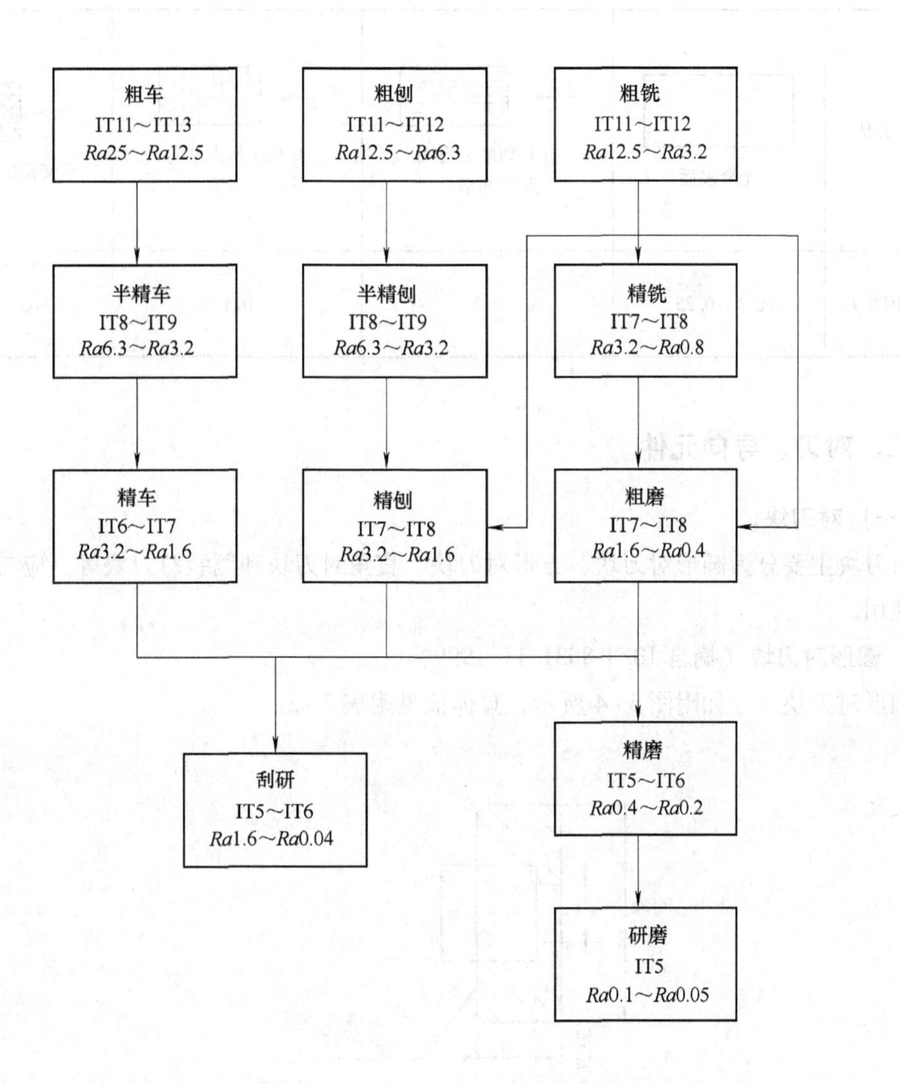

附图3-3　平面加工方法

附录Ⅲ-2　夹具设计常用资料

一、夹具设计时的摩擦因数

工件与支承块及夹紧元件的接触表面为已加工表面时，摩擦因数f可按附表3-1选取。

附表3-1　工件与夹具接触面的摩擦因数

表面状况	光滑表面	有与切削力方向一致的沟槽	有与切削力方向垂直的沟槽	有交错的网状沟槽
摩擦因数f	0.1~0.25	0.3	0.4	0.7~0.8

二、对刀、导向元件

(一) 对刀块

对刀块主要分为圆形对刀块、方形对刀块、直角对刀块和侧装对刀块等，应与对刀塞尺配合使用。

1. 圆形对刀块（摘自JB/T 8031.1—1999）

圆形对刀块尺寸如附图3-4所示，具体值见附表3-2。

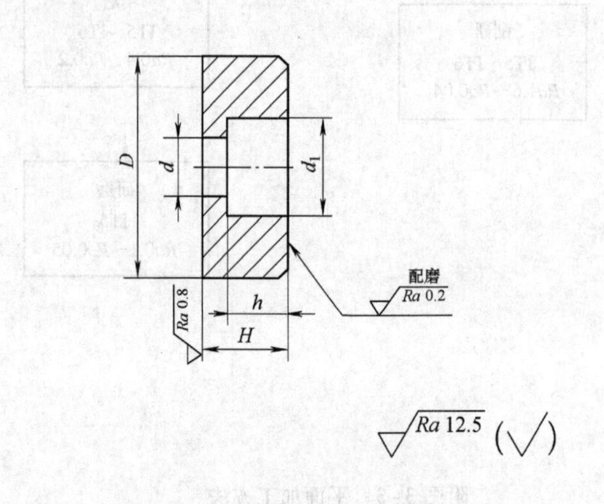

附图3-4　圆形对刀块

附表 3-2 圆形对刀块尺寸 （单位：mm）

D	H	h	d	d_1
16	10	6	5.5	10
25		7	6.6	11

技术条件：

1）材料：20 钢按 GB/T 699—1999 的规定。

2）热处理：渗碳深度 0.8～1.2mm，58～64HRC。

3）其他技术条件按 JB/T 8044—1999 的规定。

标记示例

D=25mm 的圆形对刀块：

对刀块 25 JB/T 8031.1—1999

2. 方形对刀块（摘自 JB/T 8031.2—1999）

方形对刀块尺寸如附图 3-5 所示。

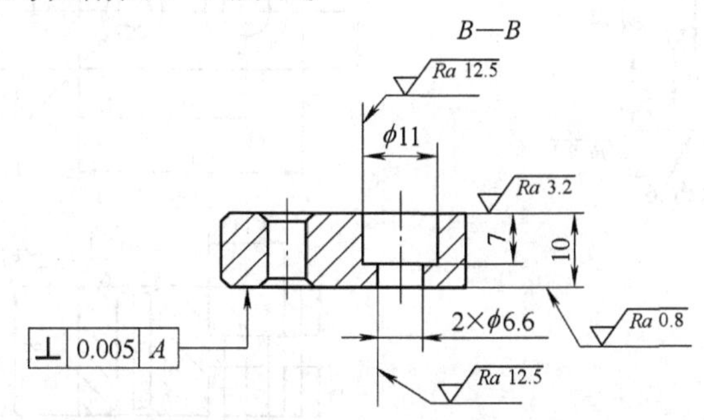

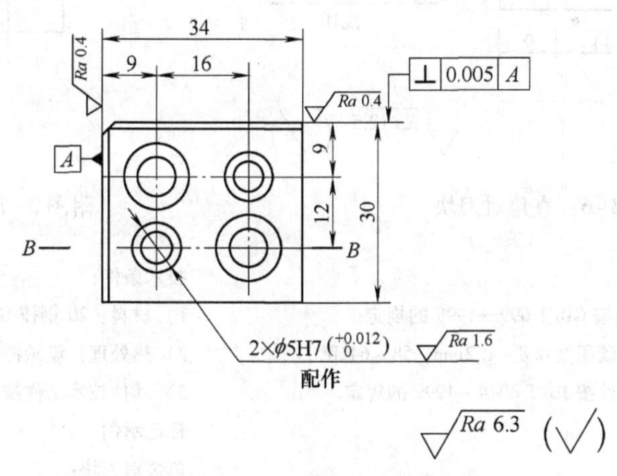

附图 3-5 方形对刀块

技术条件：

1）材料：20 钢按 GB/T 699—1999 的规定。

2）热处理：渗碳深度 0.8～1.2mm，58～64HRC。

3）其他技术条件按 JB/T 8044—1999 的规定。

标记示例

方形对刀块：

对刀块 JB/T 8031.2—1999

3. 直角对刀块（摘自 JB/T 8031. 3—1999）

直角对刀块尺寸如附图 3 - 6 所示。

4. 侧装对刀块（摘自 JB/T 8031. 4—1999）

侧装对刀块尺寸如附图 3 - 7 所示。

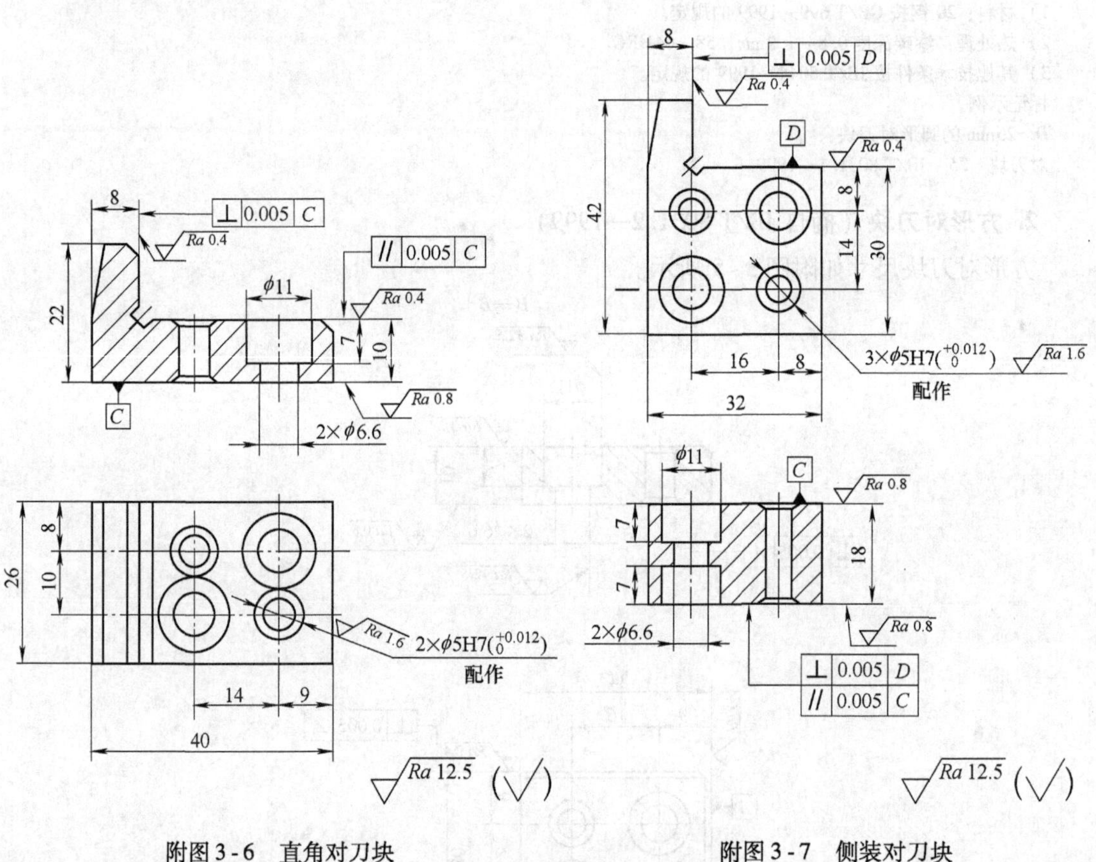

附图 3 - 6　直角对刀块

附图 3 - 7　侧装对刀块

技术条件：

1）材料：20 钢按 GB/T 699—1999 的规定。

2）热处理：渗碳深度 0. 8 ~ 1. 2mm，58 ~ 64HRC。

3）其他技术条件按 JB/T 8044—1999 的规定。

标记示例

直角对刀块：

对刀块　JB/T 8031. 3—1999

技术条件：

1）材料：20 钢按 GB/T 699—1999 的规定。

2）热处理：渗碳深度 0. 8 ~ 1. 2mm，58 ~ 64HRC。

3）其他技术条件按 JB/T 8044—1999 的规定。

标记示例

侧装对刀块：

对刀块　JB/T 8031. 4—1999

（二）对刀平塞尺（JB/T 8032. 1—1999）

对刀平塞尺尺寸如附图 3 - 8 所示，具体各参数值见附表 3 - 3。

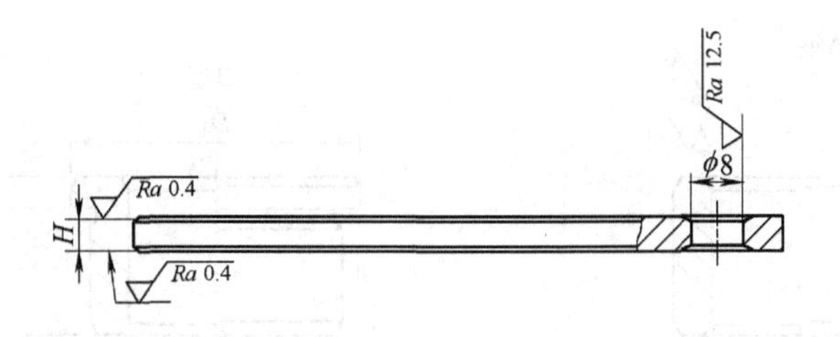

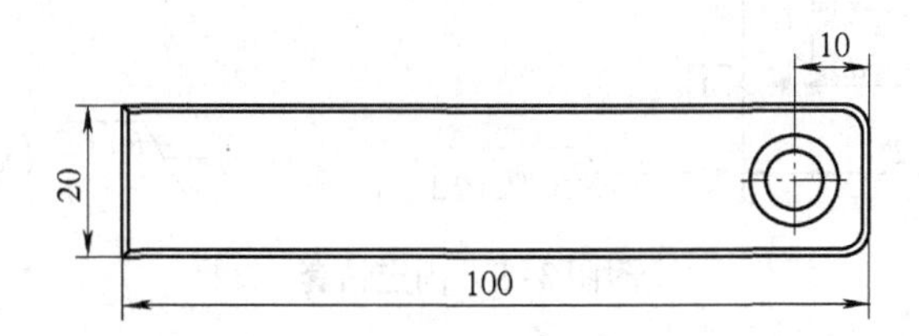

Ra 6.3 (√)

附图 3-8　对刀平塞尺

附表 3-3　对刀平塞尺　　（单位：mm）

<table>
<tr><th colspan="2">H</th></tr>
<tr><th>公称尺寸</th><th>极限偏差 h8</th></tr>
<tr><td>1</td><td rowspan="3">0
-0.014</td></tr>
<tr><td>2</td></tr>
<tr><td>3</td></tr>
<tr><td>4</td><td rowspan="2">0
-0.018</td></tr>
<tr><td>5</td></tr>
</table>

技术条件：

1）材料：T8 按 GB/T 1298—2008 的规定。

2）热处理：55～60HRC。

3）其他技术条件按 JB/T 8044—1999 的规定。

标记示例

H = 5mm 的对刀平塞尺：

塞尺　5　JB/T 8032.1—1999

（三）导向元件

导向元件主要有固定钻套、可换钻套及快换钻套三种。后两种应与钻套用衬套和钻套螺钉配合使用。其他导向元件还有镗套、镗套用衬套以及镗套螺钉等。

1. 固定钻套（摘自 JB/T 8045.1—1999）

固定钻套尺寸如附图 3-9 所示，具体参数值见附表 3-4。

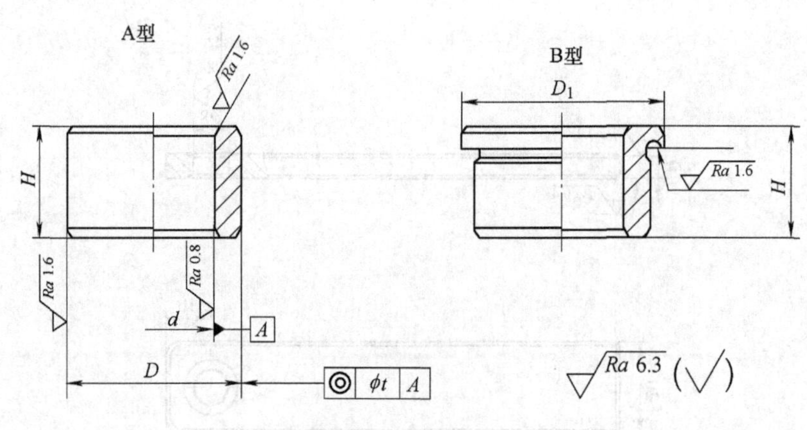

附图 3-9 固定钻套

附表 3-4 固定钻套的规格及主要尺寸 （单位：mm）

d 公称尺寸	d 极限偏差 F7	D 公称尺寸	D 极限偏差 D6	D_1	H			t
>0~1	+0.016 +0.006	3	+0.010 +0.004	6	6	9	—	
>1~1.8		4	+0.016 +0.008	7				
>1.8~2.6		5		8				
>2.6~3		6		9	8	12	16	0.008
>3~3.3	+0.022 +0.010							
>3.3~4		7	+0.019 +0.010	10				
>4~5		8		11				
>5~6		10		13	10	16	20	
>6~8	+0.028 +0.013	12	+0.023 +0.012	15				
>8~10		15		18	12	20	25	
>10~12	+0.034 +0.016	18		22				
>12~15		22	+0.028 +0.015	26	16	28	36	
>15~18		26		30				
>18~22	+0.041 +0.020	30		34	20	36	45	0.012
>22~26		35	+0.033 +0.017	39				
>26~30		42		46	25	45	56	
>30~35	+0.050 +0.025	48		52				
>35~42		55	+0.039 +0.020	59	30	56	67	
>42~48		62		66				0.040
>48~50		70		74				

（续）

d		D		D_1	H			t
公称尺寸	极限偏差 F7	公称尺寸	极限偏差 D6					
>50～55	+0.060 +0.030	70	+0.039 +0.020	74	30	56	67	0.040
>55～62		78		82	35	67	78	
>62～70		85	+0.045 +0.023	90				
>70～78		95		100	40	78	105	
>78～80		105		110				
>80～85	+0.071 +0.036							

技术条件：

1）材料：d≤26mm　T10A 按 GB/T 1298—2008 的规定，d>26mm　20 钢按 GB/T 699—1999 的规定。

2）热处理：T10A 为 58～64HRC；20 钢渗碳深度为 0.8～1.2mm，58～64HRC。

3）其他技术条件按 JB/T 8044—1999 的规定。

标记示例

d=18mm、H=16mm 的 A 型固定钻套：

钻套 A18×16　JB/T 8045.1—1999

2. 可换钻套（摘自 JB/T 8045.2—1999）

可换钻套尺寸如附图 3-10 所示，具体各参数值见附表 3-5。

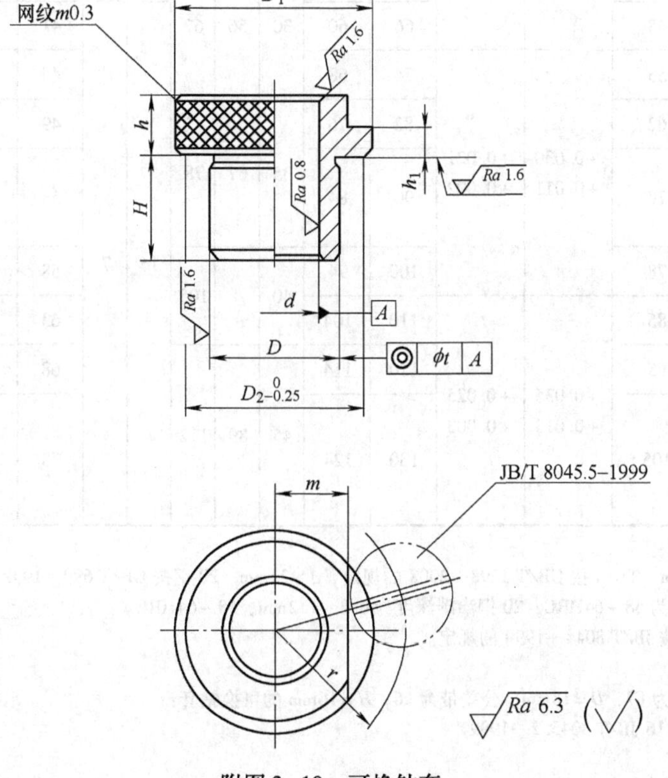

附图 3-10　可换钻套

附表 3-5　可换钻套的规格及主要尺寸　　（单位：mm）

d 公称尺寸	d 极限偏差 F7	D 公称尺寸	D 极限偏差 m6	D 极限偏差 k6	D_1（滚花前）	D_2	H			h	h_1	r	m	t	钻套螺钉 JB/T 8045.5
>0~3	+0.016 +0.006	8	+0.015 +0.006	+0.010 +0.001	15	12	10	16	—	8	3	11.5	4.2	0.008	M5
>3~4	+0.022 +0.010														
>4~6		10			18	15	12	20	25			13	5.5		
>6~8	+0.028 +0.013	12	+0.018 +0.007	+0.012 +0.001	22	18				10	4	16	7		M6
>8~10		15			26	22	16	28	36			18	9		
>10~12	+0.034 +0.016	18			30	26						20	11		
>12~15		22	+0.021 +0.008	+0.015 +0.002	34	30	20	36	45	12	5.5	23.5	12		M8
>15~18		26			39	35						26	14.5		
>18~22	+0.020 +0.041	30			46	42	25	45	56			29.5	18		
>22~26		35	+0.025 +0.009	+0.018 +0.002	52	46						32.5	21		
>26~30		42			59	53						36	24.5	0.012	
>30~35	+0.050 +0.025	48			66	60	30	56	67	16	7	41	27		M10
>35~42		55			74	68						45	31		
>42~48		62	+0.030 +0.011	+0.021 +0.002	82	76	35	67	78			49	35		
>48~50		70			90	84						53	39		
>50~55	+0.060 +0.030														
>55~62		78			100	94	40	78	105			58	44		
>62~70		85			110	104						63	49	0.040	
>70~78		95	+0.035 +0.013	+0.025 +0.003	120	114						68	54		
>78~80		105			130	124	45	89	112			73	59		
>80~85	+0.071 +0.036														

技术条件：

1）材料：d≤26mm　T10A 按 GB/T 1298—2008 的规定，d>26mm　20 钢按 GB/T 699—1999 的规定。

2）热处理：T10A 为 58～64HRC；20 钢渗碳深度为 0.8～1.2mm，58～64HRC。

3）其他技术条件按 JB/T 8044—1999 的规定。

标记示例

d=12mm、公差带为 F7，D=18mm、公差带为 k6，H=16mm 的可换钻套：

钻套 12F7×18k6×16 JB/T 8045.2—1999

3. 快换钻套（摘自 JB/T 8045.3—1999）

快换钻套尺寸如附图 3-11 所示，具体各参数值见附表 3-6。

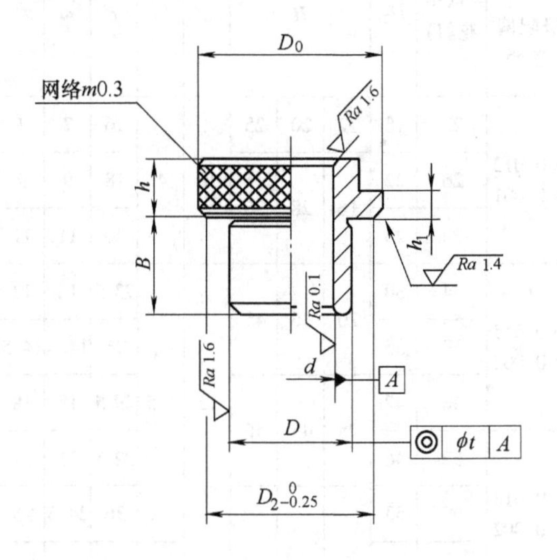

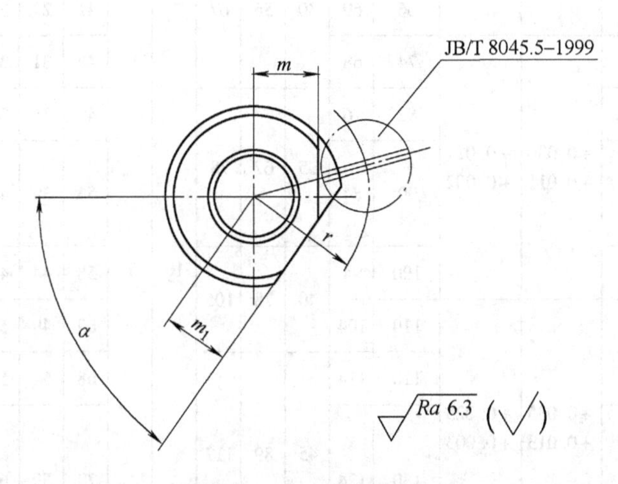

附图 3-11　快换钻套

附表 3-6　快换钻套各部尺寸　（单位：mm）

<table>
<tr><th colspan="2">d</th><th colspan="3">D</th><th rowspan="2">D_1（滚花前）</th><th rowspan="2">D_2</th><th colspan="3" rowspan="2">H</th><th rowspan="2">h</th><th rowspan="2">h_1</th><th rowspan="2">r</th><th rowspan="2">m</th><th rowspan="2">m_1</th><th rowspan="2">α</th><th rowspan="2">t</th><th rowspan="2">钻套螺钉 JB/T 8045.5</th></tr>
<tr><th>公称尺寸</th><th>极限偏差 F7</th><th>公称尺寸</th><th>极限偏差 m6</th><th>极限偏差 h6</th></tr>
<tr><td>>0～3</td><td>+0.016
+0.006</td><td rowspan="2">8</td><td rowspan="3">+0.015
+0.006</td><td rowspan="3">+0.010
+0.001</td><td rowspan="2">15</td><td rowspan="2">12</td><td rowspan="2">10</td><td rowspan="2">16</td><td rowspan="2">—</td><td rowspan="3">8</td><td rowspan="3">3</td><td rowspan="2">11.5</td><td rowspan="2">4.2</td><td rowspan="2">4.2</td><td rowspan="3">50°</td><td rowspan="3">0.008</td><td rowspan="3">M5</td></tr>
<tr><td>>3～4</td><td rowspan="2">+0.022
+0.010</td></tr>
<tr><td>>4～6</td><td>10</td><td>18</td><td>15</td><td>12</td><td>20</td><td>25</td><td>13</td><td>6.5</td><td>5.5</td></tr>
</table>

（续）

d 公称尺寸	d 极限偏差F7	D 公称尺寸	D 极限偏差m6	D 极限偏差h6	D_1（滚花前）	D_2	H			h	h_1	r	m	m_1	α	t	钻套螺钉 JB/T 8045.5
>6~8	+0.028 +0.013	12			22	18	12	20	25			16	7	7	50°		
>8~10		15	+0.018 +0.007	+0.012 +0.001	26	22	16	28	36	10	4	18	9	9		0.008	M6
>10~12		18			30	26						20	11	11			
>12~15	+0.034 +0.016	22			34	30						23.5	12	12	55°		
>15~18		26	+0.021 +0.008	+0.015 +0.002	39	35	20	36	45			26	14.5	14.5			
>18~22		30			46	42				12	5.5	29.5	18	18			M8
>22~26	+0.041 +0.020	35			52	46	25	45	56			32.5	21	21			
>26~30		42	+0.025 +0.009	+0.018 +0.002	59	53						36	24.5	25		0.012	
>30~35		48			66	60	30	56	67			41	27	28	65°		
>35~42	+0.050 +0.025	55			74	68						45	31	32			
>42~48		62			82	76						49	35	36			
>48~50		70	+0.030 +0.011	+0.021 +0.002	90	84	35	67	78			53	39	40			
>50~55															70°		
>55~62		78			100	94	40	78	105	16	7	58	44	45			M10
>62~70	+0.060 +0.030	85			110	104						63	49	50		0.040	
>70~78		95	+0.035 +0.013	+0.025 +0.003	120	114						68	54	55			
>78~80		105			130	124	45	89	112			73	59	60	75°		
>80~85	+0.071 +0.036																

注：1. 当做铰（扩）套使用时，d 的公差带推荐如下：

采用 GB/T 1132—1984《直柄机用铰刀》及 GB/T 1133—1984《锥柄机用铰刀》规定的铰刀，铰 H7 孔时，取 F7；铰 H9 孔时，取 E7。铰（扩）其他精度孔时，公差带由设计选定。

2. 铰（扩）套的标记示例：d = 12mm 公差带为 E7、D = 18mm 公差带为 m6、H = 16mm 的快换铰（扩）套：

铰（扩）套 12E7×18m6×16 JB/T 8045.3—1999

技术条件：

1）材料：d≤26mm T10A 按 GB/T 1298—2008 的规定，d>26mm 20 钢按 GB/T 699—1999 的规定。

2）热处理：T10A 为 58~64HRC；20 钢渗碳深度为 0.8~1.2mm，58~64HRC。

3）其他技术条件按 JB/T 8044—1999 的规定。

标记示例

d = 12mm、公差带为 F7，D = 18mm、公差带为 k6，H = 16mm 的快换钻套：

钻套 12F7×18k6×16 JB/T 8045.3—1999

4. 钻套用衬套（摘自 JB/T 8045.4—1999）

钻套用衬套尺寸如附图 3-12 所示，各参数具体值见附表 3-7。

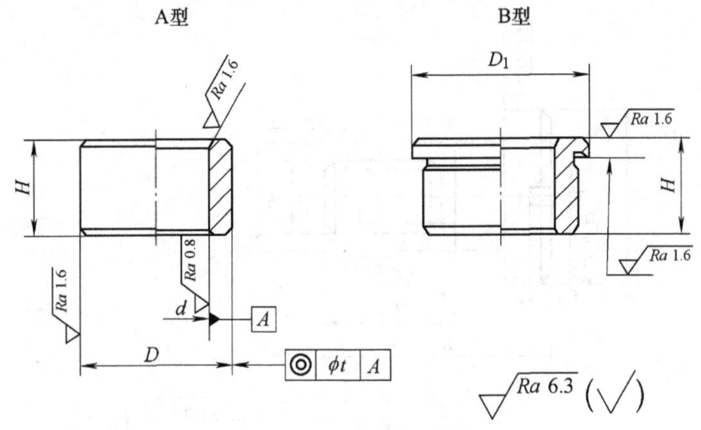

附图 3-12 钻套用衬套

附表 3-7 钻套用衬套的规格及主要尺寸 （单位：mm）

d 公称尺寸	d 极限偏差F7	D 公称尺寸	D 极限偏差n6	D_1	H			t
8	+0.028 +0.013	12	+0.023 +0.012	15	10	16	—	0.008
10		15		18	12	20	25	
12	+0.034 +0.016	18		22				
(15)		22	+0.028 +0.015	26	16	28	36	
18		26		30				0.012
22	+0.041 +0.020	30		34	20	36	45	
(26)		35	+0.033 +0.017	39				
30		42		46	25	45	56	
35	+0.050 +0.025	48		52				
(42)		55	+0.039 +0.020	59	30	56	67	
(48)		62		66				
55	+0.060 +0.030	70		74				0.040
62		78		82	35	67	78	
70		85	+0.045 +0.023	90				
78	+0.071 +0.036	95		100	40	78	105	
(85)		105		110				
95		115		120	45	89	112	
105		125	+0.052 +0.027	130				

注：因 F7 为装配后公差带，零件加工尺寸需由工艺决定（需要预留收缩量时，推荐为 0.006 ~ 0.012mm）。

技术条件：

1）材料：$d \leqslant 26$mm，T10A 按 GB/T 1298—2008 的规定，$d > 26$mm，20 钢按 GB/T 699—1999 的规定。

2）热处理：T10A 为 58 ~ 64HRC；20 钢渗碳深度 0.8 ~ 1.2mm，58 ~ 64HRC。

3）其他技术条件按 JB/T 8044—1999 的规定

标记示例

$d = 18$mm、$H = 28$mm 的 A 型钻套用衬套：

衬套 A18×28 JB/T 8045.4—1999

5. 钻套螺钉（摘自 JB/T 8045.5—1999）

钻套螺钉尺寸如附图 3-13 所示，各参数具体值见附表 3-8。

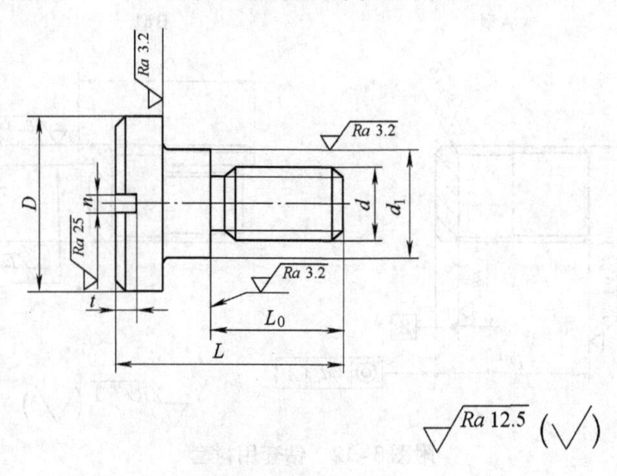

附图 3-13　钻套螺钉

附表 3-8　钻套用螺钉的规格及主要尺寸　（单位：mm）

d	L_1		d_1		D	L	L_0	n	t	钻套内径
	公称尺寸	极限偏差	公称尺寸	极限偏差 d11						
M5	3	+0.200 +0.050	7.5	-0.040 -0.130	13	15	9	1.2	1.7	>0~6
	6					18				
M6	4		9.5		16	18	10	1.5	2	>6~12
	8					22				
M8	5.5		12	-0.050 -0.160	20	22	11.5	2	2.5	>12~30
	10.5					27				
M10	7		15		24	32	18.5	2.5	3	>30~85
	13					38				

技术条件：

1）材料：45 钢按 GB/T 699—1999 的规定。

2）热处理：35~40HRC。

3）其他技术条件按 JB/T 8044—1999 的规定。

标记示例

d = M10、L_1 = 13mm 的钻套螺钉：

螺钉 M10×13　JB/T 8045.5—1999

6. 镗套（JB/T 8046.1—1999）

镗套尺寸如附图 3-14 所示，各参数具体值见附表 3-9。

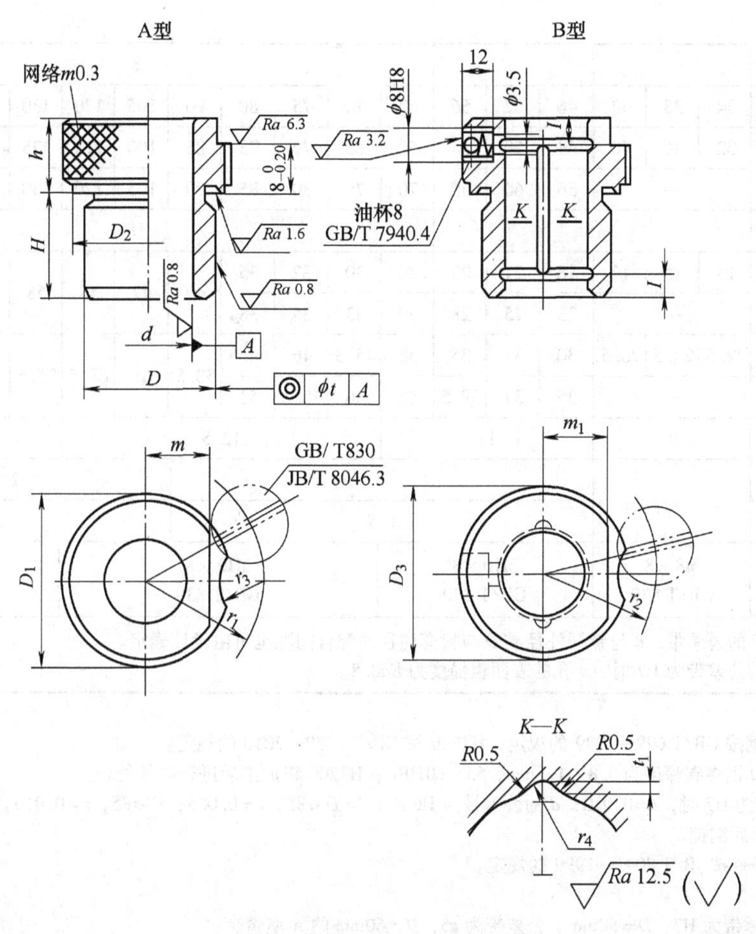

附图 3-14　镗套

附表 3-9　镗套的规格及主要尺寸　　　(单位：mm)

d	公称尺寸	20	22	25	28	32	35	40	45	50	55	60	70	80	90	100	120	160
	极限偏差H6	+0.013 0				+0.016 0						+0.019 0			+0.022 0			+0.025 0
	极限偏差H7	+0.021 0				+0.025 0						+0.030 0			+0.035 0			+0.040 0
D	公称尺寸	25	28	32	35	40	45	50	55	60	65	75	85	100	110	120	145	185
	极限偏差g5	-0.007 -0.016		-0.009 -0.020					-0.010 -0.023				-0.012 -0.027				-0.014 -0.032	-0.015 -0.035
	极限偏差g6	-0.007 -0.020		-0.009 -0.025					-0.010 -0.029				-0.012 -0.054				-0.014 -0.039	-0.015 -0.044
H		20		25		35				45			60		80		100	125
		25		35		45				60			80		100		125	160
		35		45		55		60		80			100		125		160	200

（续）

I	—			6			8										
D_1（滚花前）	34	38	42	46	52	56	62	70	75	80	90	105	120	130	140	165	220
D_2	32	36	40	44	50	54	60	65	70	75	85	100	115	125	135	160	210
D_3 滚花前	—			56	60	65	70	75	80	85	90	105	120	130	140	165	220
h	15						18										
m	13	15	17	18	21	23	26	30	32	35	40	47	54	58	65	75	105
m_1	—			23	25	28	30	33	35	38							
r_1	22.5	24.5	26.5	30	33	35	38	45.5	46	48.5	53.5	61	68.5	75.5	81	93	121
r_2	—			35	37	39.5	42	46	48.5	51							
r_3	9			11				12.5						16			
r_4	—			2								2.5					
t_1				1.5								2					
配套螺钉	M8×8 GB/T 830			M10×8 GB/T 830				M12×8 GB/T 830						M16×8 GB/T 830			

注：1. d 或 D 的公差带，d 与镗杆外径或 D 与衬套内径的配合间隙也可由设计确定。

2. 当 d 的公差带为 H7 时，d 孔的表面粗糙度为 $Ra0.8$。

技术条件：

1）材料：20 钢按 GB/T 699—1999 的规定，HT200 按 GB/T 9439—2010 的规定。

2）热处理：20 钢渗碳深度为 0.8～1.2mm，55～60HRC；HT200 粗加工后进行时效处理。

3）d 的公差带为 H7 时，$t=0.010$；d 的公差带为 H6 时，当 $D<85$，$t=0.005$；$D\geqslant85$，$t=0.010$。

4）油槽锐角磨后倒钝。

5）其他技术条件按 JB/T 8044—1999 的规定。

标记示例

$d=40$mm、公差带为 H7，$D=50$mm、公差带为 g5，$H=60$mm 的 A 型镗套：

镗套 A40H7×50g5×60 JB/T 8046.1—1999

7. 镗套用衬套（JB/T 8046.2—1999）

镗套用衬套尺寸如附图 3-15 所示，各参数具体值见附表 3-10。

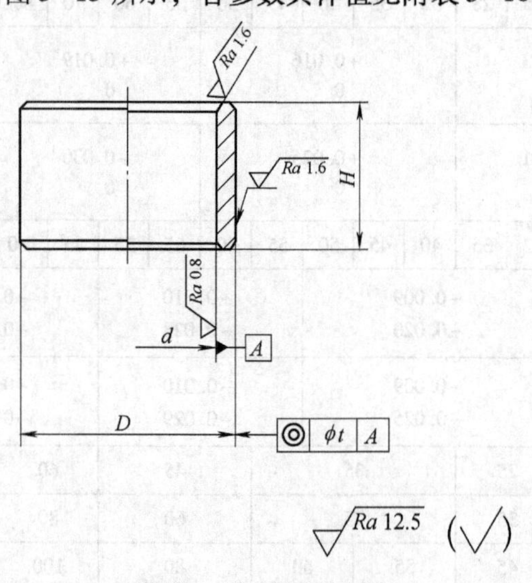

附图 3-15 镗套用衬套

附表 3-10　镗套用衬套的规格及主要尺寸　　（单位：mm）

<table>
<tr><td rowspan="3">d</td><td>公称尺寸</td><td>25</td><td>28</td><td>32</td><td>35</td><td>40</td><td>45</td><td>50</td><td>55</td><td>60</td><td>65</td><td>75</td><td>85</td><td>100</td><td>110</td><td>120</td><td>145</td><td>185</td></tr>
<tr><td>极限偏差 H6</td><td colspan="2">+0.013
0</td><td colspan="5">+0.016
0</td><td colspan="4">+0.019
0</td><td colspan="4">+0.022
0</td><td>+0.025
0</td><td>+0.029
0</td></tr>
<tr><td>极限偏差 H7</td><td colspan="2">+0.021
0</td><td colspan="5">+0.025
0</td><td colspan="4">+0.030
0</td><td colspan="4">+0.035
0</td><td>+0.040
0</td><td>+0.046
0</td></tr>
<tr><td rowspan="2">D</td><td>公称尺寸</td><td>30</td><td>34</td><td>38</td><td>42</td><td>48</td><td>52</td><td>58</td><td>65</td><td>70</td><td>75</td><td>85</td><td>100</td><td>115</td><td>125</td><td>135</td><td>160</td><td>210</td></tr>
<tr><td>极限偏差 n6</td><td>+0.028
+0.015</td><td colspan="4">+0.033
+0.017</td><td colspan="5">+0.039
+0.020</td><td colspan="3">+0.045
+0.023</td><td colspan="3">+0.052
+0.027</td><td>+0.060
+0.031</td></tr>
<tr><td colspan="2" rowspan="3">H</td><td colspan="2">20</td><td colspan="2">25</td><td colspan="4">35</td><td colspan="3">45</td><td colspan="2">60</td><td colspan="2">80</td><td>100</td><td>125</td></tr>
<tr><td colspan="2">25</td><td colspan="2">35</td><td colspan="4">45</td><td colspan="3">60</td><td colspan="2">80</td><td colspan="2">100</td><td>125</td><td>160</td></tr>
<tr><td colspan="2">35</td><td colspan="2">45</td><td colspan="2">50</td><td colspan="2">60</td><td colspan="3">80</td><td colspan="2">100</td><td colspan="2">125</td><td>160</td><td>200</td></tr>
</table>

注：因 H6 或 H7 为装配后公差带，零件加工尺寸需由工艺决定。

技术条件：

1）材料：20 钢按 GB/T 699—1999 的规定；

2）热处理：渗碳深度为 0.8～1.2mm，58～64HRC；

3）d 的公差带为 H7 时，$t=0.010$；d 的公差带为 H6 时，当 $D<52$，$t=0.005$，当 $D\geqslant52$，$t=0.010$；

4）其他技术条件按 JB/T 8044—1999 的规定。

标记示例

$d=32$mm、公差带为 H6、$H=25$mm 的镗套用衬套：

衬套 32H6×25 JB/T 8046.2—1999

8. 镗套螺钉（JB/T 8046.3—1999）

镗套螺钉尺寸如附图 3-16 所示，各参数具体值见附表 3-11。

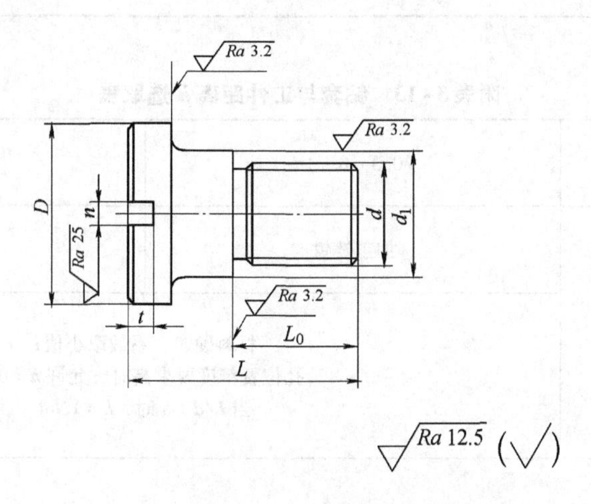

附图 3-16　镗套螺钉

附表 3-11 镗套螺钉的规格及主要尺寸 （单位：mm）

d	d_1		D	L	L_0	n	t	镗套内径
	公称尺寸	极限偏差 d11						
M12	16	-0.050 -0.160	24	30	15	3	3.5	>45 ~ 80
M16	20	-0.065 -0.195	28	37	20	3.5	4	>80 ~ 160

技术条件：
材料：45 钢按 GB/T 699—1999 的规定；
热处理：35 ~ 40HRC；
其他技术条件按 JB/T 8044—1999 的规定。
标记示例
d = M12 的镗套螺钉：
螺钉 M12 JB/T 8046.3—1999

9. 钻套高度 H 和钻套与工件距离 h（附表 3-12、附表 3-13）。

附表 3-12 钻套高度 H 选取表

H	$H=(1.5\sim2)d$	$H=(2.5\sim3.5)d$	$H=(1.25\sim1.5)(h+L)$
用途	一般螺钉孔、销钉孔或孔距公差 $\delta_L>\pm0.25$mm 的孔	精度 H6 或 H7 的孔、孔径 $d>\phi12$mm 的孔或 $\delta_L=\pm0.1\sim\pm0.15$mm 的孔	精度 H7 或 H8 的孔或 $\delta_L=\pm0.06\sim\pm0.10$mm 的孔

注：δ_L—孔距公差，d—孔径，L—孔深，h—钻套与工件距离。

附表 3-13 钻套与工件距离 h 选取表

h	$(0.3\sim0.7)d$	$(0.7\sim1.5)d$
选取原则	加工铸铁	加工钢
	材料硬时，系数取小值； 孔位置精度要求高时，允许 $h=0$； 当 $L/d>5$ 时，$h=1.5d$	

注：d—孔径，L—孔深。

（四）定位键及定向键（摘自 JB/T 8016—1999）

定位键尺寸如附图 3 - 17 所示，各参数具体值见附表 3 - 14。

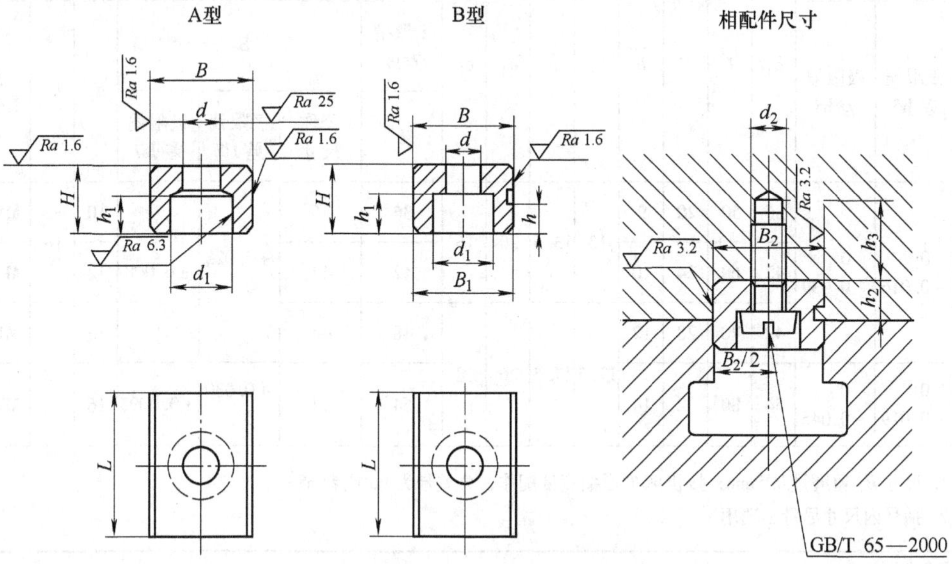

附图 3 - 17 定位键

附表 3 - 14 定位键的规格及主要尺寸 （单位：mm）

B 公称尺寸	B 极限偏差 h6	B 极限偏差 h8	B_1	L	H	h	h_1	d	d_1	d_2	相配件 T形槽宽度 b	相配件 B_2 公称尺寸	相配件 B_2 极限偏差 H7	相配件 B_2 极限偏差 Js7	相配件 h_2	相配件 h_3	相配件 螺钉 GB/T 65
8	0 -0.009	0 -0.022	8	14	8	3	3.4	3.4	6	—	8	8	+0.015 0	±0.0045	4	8	M3×10
10			10	16			4.6	4.5	8		10	10					M4×10
12	0 -0.011	0 -0.027	12	20			5.7	5.5	10		12	12	+0.018 0	±0.0055		10	M5×12
14			14		10	4					14	14					
16			16	25	12	5	6.8	6.6	11		(16)	16			5	13	M6×16
18			18		14	6					18	18			6		
20	0 -0.013	0 -0.033	20	32							(20)	20	+0.021 0	±0.0065			
22			22								22	22					
24			24	40	14	6	9	9	15		(24)	24			7	15	M8×20
28			28		16	7					28	28			8		

（续）

<table>
<tr><th colspan="3">B</th><th rowspan="3">B_1</th><th rowspan="3">L</th><th rowspan="3">H</th><th rowspan="3">h</th><th rowspan="3">h_1</th><th rowspan="3">d</th><th rowspan="3">d_1</th><th rowspan="3">d_2</th><th colspan="7">相配件</th></tr>
<tr><th rowspan="2">公称尺寸</th><th rowspan="2">极限偏差h6</th><th rowspan="2">极限偏差h8</th><th>T形槽宽度</th><th colspan="3">B_2</th><th rowspan="2">h_2</th><th rowspan="2">h_3</th><th rowspan="2">螺钉 GB/T 65</th></tr>
<tr><th>b</th><th>公称尺寸</th><th>极限偏差H7</th><th>极限偏差Js7</th></tr>
<tr><td>36</td><td rowspan="3">0
-0.016</td><td rowspan="3">0
-0.039</td><td>36</td><td>50</td><td>20</td><td>9</td><td rowspan="2">13</td><td rowspan="2">13.5</td><td rowspan="2">20</td><td rowspan="2">16</td><td>36</td><td>36</td><td rowspan="3">+0.025
0</td><td rowspan="3">±0.008</td><td>10</td><td rowspan="2">18</td><td>M12×25</td></tr>
<tr><td>42</td><td>42</td><td>60</td><td>24</td><td>10</td><td>42</td><td>42</td><td>12</td><td>M12×30</td></tr>
<tr><td>48</td><td>48</td><td>70</td><td>28</td><td>12</td><td rowspan="2">17.5</td><td rowspan="2">17.5</td><td rowspan="2">26</td><td rowspan="2">18</td><td>48</td><td>48</td><td>15</td><td rowspan="2">22</td><td>M16×35</td></tr>
<tr><td>54</td><td>0
-0.019</td><td>0
-0.046</td><td>54</td><td>80</td><td>32</td><td>14</td><td>54</td><td>54</td><td>+0.030
0</td><td>±0.0095</td><td>16</td><td>M16×40</td></tr>
</table>

注：1. 尺寸 B_1 留磨量 0.5mm，按机床 T 形槽宽度配作，公差带为 h6 或者 h8；

2. 括号内尺寸尽量不选用

技术条件

材料：45 钢按 GB/T 699—1999 的规定。

热处理：40～45HRC。

其他技术条件按 JB/T 8044—1999 的规定。

标记示例

B = 18mm、公差带为 h6 的 A 型定位键：

定位键　A18h6　JB/T 8016—1999

定向键尺寸如附图 3-18 所示，具体各参数值见附表 3-15。

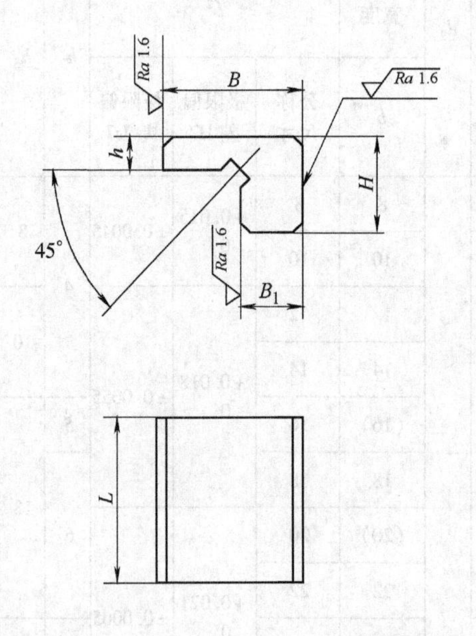

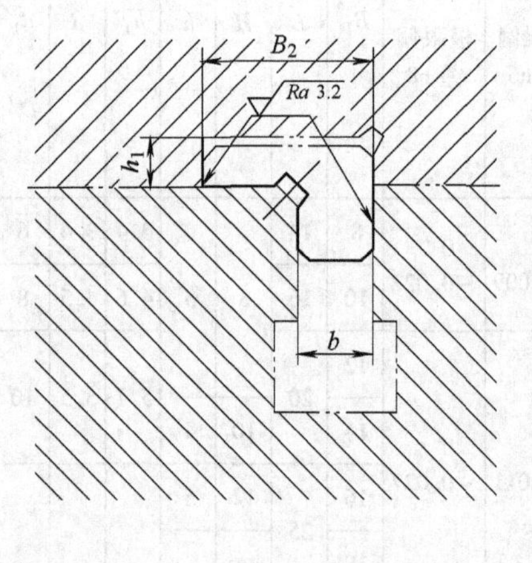

附图 3-18　定向键

附表 3-15 定向键的规格及主要尺寸 （单位：mm）

<table>
<tr><th colspan="2">B</th><th rowspan="3">B_1</th><th rowspan="3">L</th><th rowspan="3">H</th><th rowspan="3">h</th><th colspan="4">相配件</th></tr>
<tr><th rowspan="2">公称尺寸</th><th rowspan="2">极限偏差 h6</th><th rowspan="2">T形槽宽度 b</th><th colspan="2">B_2</th><th rowspan="2">h_1</th></tr>
<tr><th>公称尺寸</th><th>极限偏差 H7</th></tr>
<tr><td rowspan="4">18</td><td rowspan="4">0
-0.011</td><td>8</td><td rowspan="4">20</td><td rowspan="4">12</td><td rowspan="4">4</td><td>8</td><td rowspan="4">18</td><td rowspan="4">+0.018
0</td><td rowspan="4">6</td></tr>
<tr><td>10</td><td>10</td></tr>
<tr><td>12</td><td>12</td></tr>
<tr><td>14</td><td>14</td></tr>
<tr><td rowspan="3">24</td><td rowspan="5">0
-0.013</td><td>16</td><td rowspan="4">25</td><td rowspan="4">18</td><td rowspan="4">5.5</td><td>(16)</td><td rowspan="3">24</td><td rowspan="5">+0.021
0</td><td rowspan="4">7</td></tr>
<tr><td>18</td><td>18</td></tr>
<tr><td>20</td><td>(20)</td></tr>
<tr><td rowspan="2">28</td><td>22</td><td>22</td><td rowspan="2">28</td></tr>
<tr><td>24</td><td rowspan="2">40</td><td rowspan="2">22</td><td rowspan="2">7</td><td>(24)</td><td rowspan="2">9</td></tr>
<tr><td>36</td><td rowspan="3">0
-0.016</td><td>28</td><td>28</td><td>36</td><td rowspan="3">+0.025
0</td></tr>
<tr><td rowspan="2">48</td><td>36</td><td rowspan="2">50</td><td rowspan="2">35</td><td rowspan="2">10</td><td>36</td><td rowspan="2">48</td><td rowspan="2">12</td></tr>
<tr><td>42</td><td>42</td></tr>
<tr><td rowspan="2">60</td><td rowspan="2">0
-0.019</td><td>48</td><td rowspan="2">65</td><td rowspan="2">50</td><td rowspan="2">12</td><td>48</td><td rowspan="2">60</td><td rowspan="2">+0.030
0</td><td rowspan="2">14</td></tr>
<tr><td>54</td><td>54</td></tr>
</table>

注：1. 尺寸 B_1 留磨量 0.5mm，按机床 T 形槽宽度配作，公差带为 h6 或 h8

2. 括号内尺寸尽量不采用

技术条件

材料：45 钢按 GB/T 699—1999 的规定。

热处理：40 ~ 45HRC。

其他技术条件按 JB/T 8044—1999 的规定。

标记示例

B = 24mm、B_1 = 18mm、公差带为 h6 的 A 型定位键：

定位键 A18h6 JB/T 8016—1999

三、常用定位元件

（一）支承钉（JB/T 8029.1—1999）

支承钉尺寸如附图 3-19 所示，各参数值见附表 3-16。

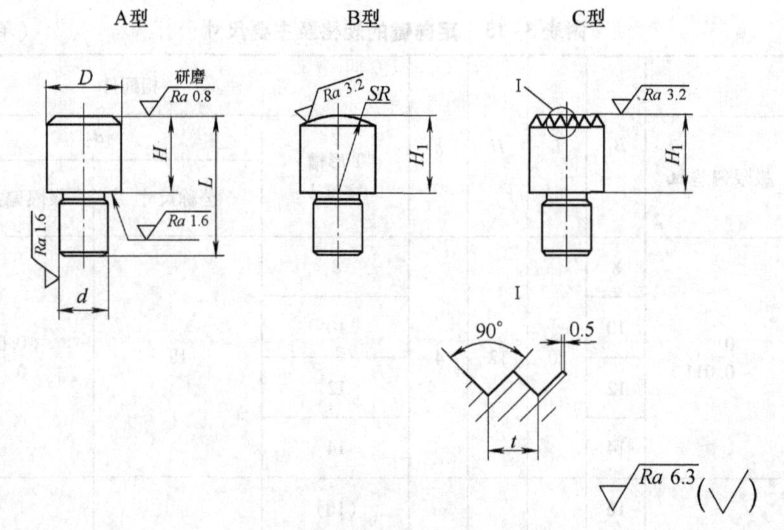

附图 3-19　支承钉

附表 3-16　支承钉尺寸　（单位：mm）

D	H	H_1 公称尺寸	H_1 极限偏差 h11	L	d 公称尺寸	d 极限偏差 r6	SR	t
5	2	2	0 −0.060	6	3	+0.016 +0.010	5	1
	5	5	0 −0.075	9				
6	3	3		8	4	+0.023 +0.015	6	
	6	6		11				
8	4	4		12	6		8	
	8	8	0 −0.090	16				
12	6	6	0 −0.075		8	+0.028 +0.019	12	1.2
	12	12	0 −0.110	22				
16	8	8	0 −0.090	20	10		16	1.5
	16	16	0 −0.110	28				
20	10	10	0 −0.090	25	12	+0.034 +0.023	20	
	20	20	0 −0.130	35				

（续）

D	H	H_1		L	d		SR	t
		公称尺寸	极限偏差 h11		公称尺寸	极限偏差 r6		
25	12	12	0 −0.110	32	16	+0.034 +0.023	25	2
	25	25	0 −0.130	45				
30	16	16	0 −0.110	42	20	+0.041 +0.028	32	
	30	30	0 −0.130	55				
40	20	20		50	24		40	
	40	40	0 −0.160	70				

技术条件

材料：T8 按 GB/T 1298—2008 的规定。

热处理：55 ~ 60HRC。

其他技术条件按 JB/T 8044—1999 的规定。

标记示例

D = 16mm、H = 8mm 的 A 型支承钉：

支承钉 A16 × 8 JB/T 8029.2—1999

（二）V 形块（JB/T 8018.1—1999）

V 形块尺寸如附图 3 - 20 所示，各参数值见附表 3 - 17。

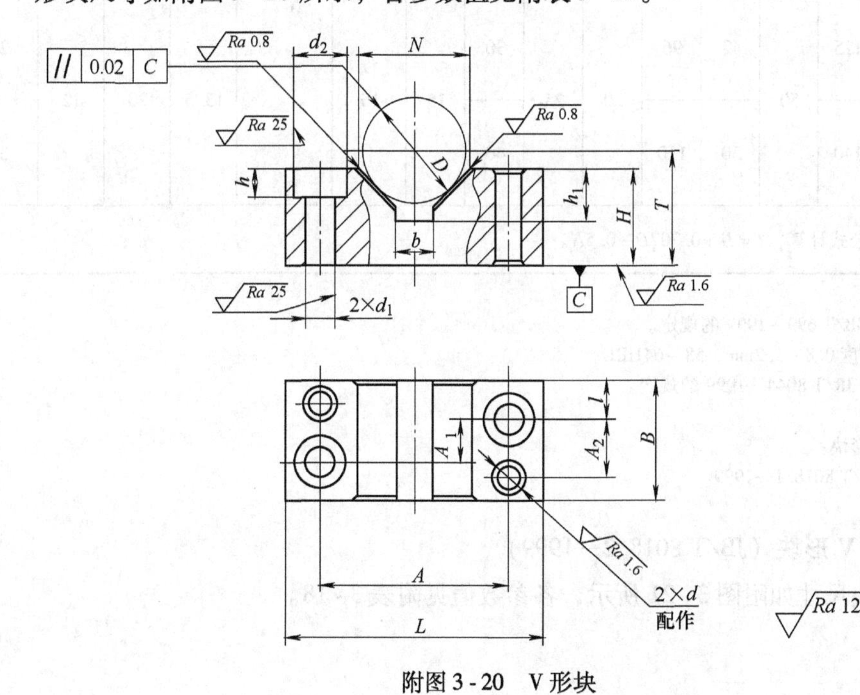

附图 3 - 20 V 形块

附表 3-17 V 形块尺寸 （单位：mm）

N	D	L	B	H	A	A_1	A_2	b	l	d		d_1	d_2	h	h_1
										公称尺寸	极限偏差 H7				
9	5~10	32	16	10	20	5	7	2	5.5	4	+0.012 0	4.5	8	4	5
14	>10~15	38	20	12	26	6	9	4	7			5.5	10	5	7
18	>15~20	46	25	16	32	9	12	6	8	5		6.6	11	6	9
24	>20~25	55		20	40			8							11
32	>25~35	70	32	25	50	12	15	12	10	6		9	15	8	14
42	>35~45	85	40	32	64	16	19	16	12	8	+0.015 0	11	18	10	18
55	>45~60	100		35	76			20							22
70	>60~80	125	50	42	96	20	25	30	15	10		13.5	20	12	25
85	>80~100	140		50	110			40							30

注：尺寸 T 按公式计算，$T=H+0.707D-0.5N$。

技术条件

材料：20 钢按 GB/T 699—1999 的规定。

热处理：渗碳深度 0.8~1.2mm，58~64HRC。

其他技术条件按 JB/T 8044—1999 的规定。

标记示例

N=24mm 的 V 形块：

V 形块 24 JB/T 8018.1—1999

（三）固定 V 形块（JB/T 8018.2—1999）

固定 V 形块尺寸如附图 3-21 所示，各参数值见附表 3-18。

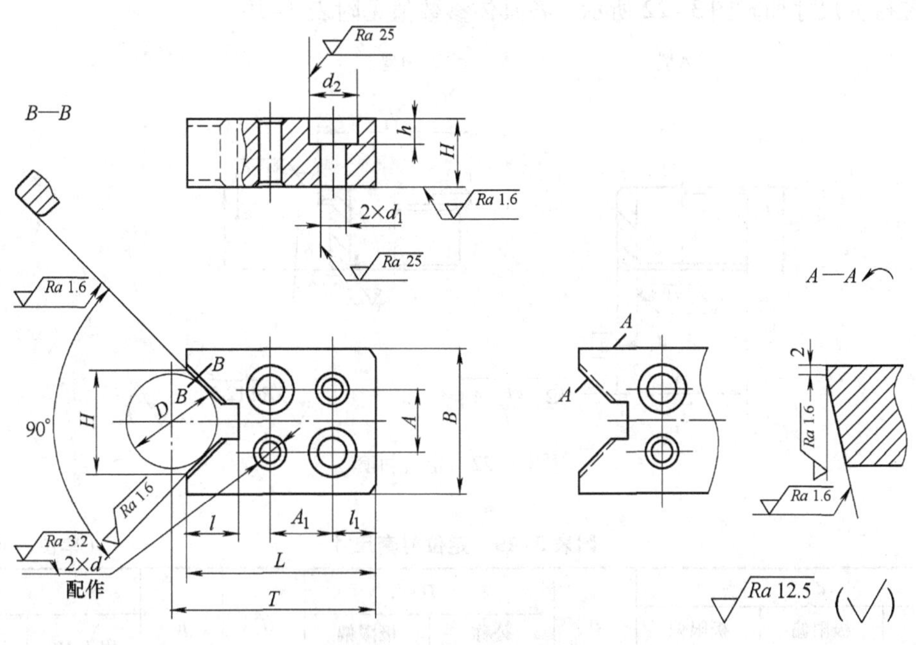

附图 3-21　固定 V 形块

附表 3-18　固定 V 形块　（单位：mm）

<table>
<tr><th rowspan="2">N</th><th rowspan="2">D</th><th rowspan="2">B</th><th rowspan="2">H</th><th rowspan="2">L</th><th rowspan="2">l</th><th rowspan="2">l_1</th><th rowspan="2">A</th><th rowspan="2">A_1</th><th colspan="2">d</th><th rowspan="2">d_1</th><th rowspan="2">d_2</th><th rowspan="2">h</th></tr>
<tr><th>公称尺寸</th><th>极限偏差 H7</th></tr>
<tr><td>9</td><td>5~10</td><td>22</td><td>10</td><td>32</td><td>5</td><td>6</td><td rowspan="2">10</td><td>13</td><td>4</td><td rowspan="4">+0.012
0</td><td>4.5</td><td>8</td><td>4</td></tr>
<tr><td>14</td><td>>10~15</td><td>24</td><td>12</td><td>35</td><td>7</td><td>7</td><td rowspan="2">14</td><td rowspan="2">5</td><td>5.5</td><td>10</td><td>5</td></tr>
<tr><td>18</td><td>>15~20</td><td>28</td><td>14</td><td>40</td><td>10</td><td>8</td><td>12</td><td rowspan="2">6.6</td><td rowspan="2">11</td><td rowspan="2">6</td></tr>
<tr><td>24</td><td>>20~25</td><td>34</td><td rowspan="2">16</td><td>45</td><td>12</td><td>10</td><td>15</td><td>15</td><td>6</td></tr>
<tr><td>32</td><td>>25~35</td><td>42</td><td>55</td><td>16</td><td>12</td><td>20</td><td>18</td><td>8</td><td rowspan="3">+0.015
0</td><td>9</td><td>15</td><td>8</td></tr>
<tr><td>42</td><td>>35~45</td><td>52</td><td rowspan="2">20</td><td>68</td><td>20</td><td>14</td><td>26</td><td>22</td><td rowspan="2">10</td><td rowspan="2">11</td><td rowspan="2">18</td><td rowspan="2">10</td></tr>
<tr><td>55</td><td>>45~60</td><td>65</td><td>80</td><td>25</td><td>15</td><td>35</td><td>28</td></tr>
<tr><td>70</td><td>>60~80</td><td>80</td><td>25</td><td>90</td><td>32</td><td>18</td><td>45</td><td>35</td><td>12</td><td>+0.018
0</td><td>13.5</td><td>20</td><td>12</td></tr>
</table>

注：尺寸 T 按公式计算，$T=L+0.707D-0.5N$。

技术条件

材料：20 钢按 GB/T 699—1999 的规定。

热处理：渗碳深度 0.8~1.2mm，58~64HRC。

其他技术条件按 JB/T 8044—1999 的规定。

标记示例

$N=18$mm 的 A 型固定 V 形块：

V 形块　A18　JB/T 8018.2—1999

（四）定位衬套（JB/T 8013.1—1999）

定位衬套尺寸如附图 3-22 所示，各具体参数值见附表 3-19。

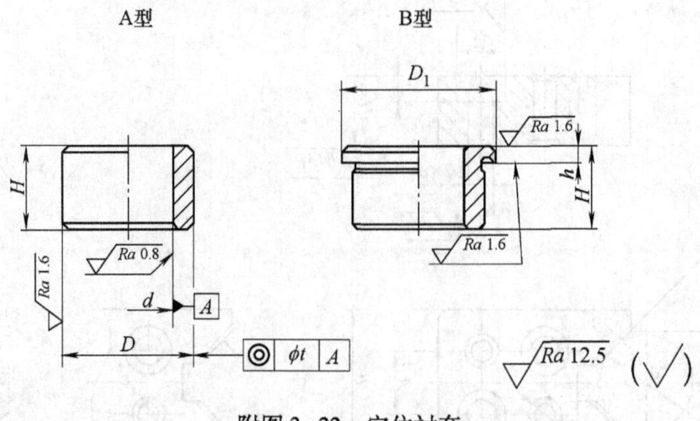

附图 3-22　定位衬套

附表 3-19　定位衬套尺寸　（单位：mm）

d			H	D		D_1	h	t	
公称尺寸	极限偏差 H6	极限偏差 H7		公称尺寸	极限偏差 n6			用于 H6	用于 H7
3	+0.006 0	+0.010 0	8	8	+0.019 +0.010	11	3	0.005	0.008
4	+0.008 0	+0.012 0	10						
6				10		13			
8	+0.009 0	+0.015 0		12	+0.023 +0.012	15			
10			12	15		18			
12	+0.011 0	+0.018 0		18		22	4		
15			16	22	+0.028 +0.015	26			
18				26		30		0.008	0.012
22	+0.013 0	+0.021 0	20	30		34			
26				35	+0.033 +0.017	39	5		
30			25	42		46			
			45						
35	+0.016 0	+0.025 0	25	48		52			
			45						
42			30	55	+0.039 +0.020	59			
			56						
48			30	62		66	6		
			56						

（续）

<table>
<tr><th colspan="3">d</th><th rowspan="2">H</th><th colspan="2">D</th><th rowspan="2">D_1</th><th rowspan="2">h</th><th colspan="2">t</th></tr>
<tr><th>公称尺寸</th><th>极限偏差 H6</th><th>极限偏差 H7</th><th>公称尺寸</th><th>极限偏差 n6</th><th>用于 H6</th><th>用于 H7</th></tr>
<tr><td rowspan="2">55</td><td rowspan="8">+0.019
0</td><td rowspan="8">+0.030
0</td><td>30</td><td rowspan="2">70</td><td rowspan="4">+0.039
+0.020</td><td rowspan="2">74</td><td rowspan="8">6</td><td rowspan="8">0.025</td><td rowspan="8">0.040</td></tr>
<tr><td>56</td></tr>
<tr><td rowspan="2">62</td><td>35</td><td rowspan="2">78</td><td rowspan="2">82</td></tr>
<tr><td>67</td></tr>
<tr><td rowspan="2">70</td><td>35</td><td rowspan="2">85</td><td rowspan="4">+0.045
+0.023</td><td rowspan="2">90</td></tr>
<tr><td>67</td></tr>
<tr><td rowspan="2">78</td><td>40</td><td rowspan="2">95</td><td rowspan="2">100</td></tr>
<tr><td>78</td></tr>
</table>

技术条件

材料：$d \leqslant 25$mm，T8 按 GB/T 1298—2008 的规定；$d > 25$mm，20 钢按 GB/T 699—1999 的规定。

热处理：T8 为 55～60HRC；20 钢渗碳深度 0.8～1.2mm，55～60HRC.

其他技术条件按 JB/T 8044—1999 的规定。

标记示例

$d = 22$mm、公差带为 H6、$H = 20$mm 的 A 型定位衬套：

定位衬套 A22H6×20 JB/T 8013.1—1999

四、常用夹紧元件

（一）带肩六角螺母（JB/T 8004.1—1999）

带肩六角螺母尺寸如附图 3-23 所示，各具体参数值见附表 3-20。

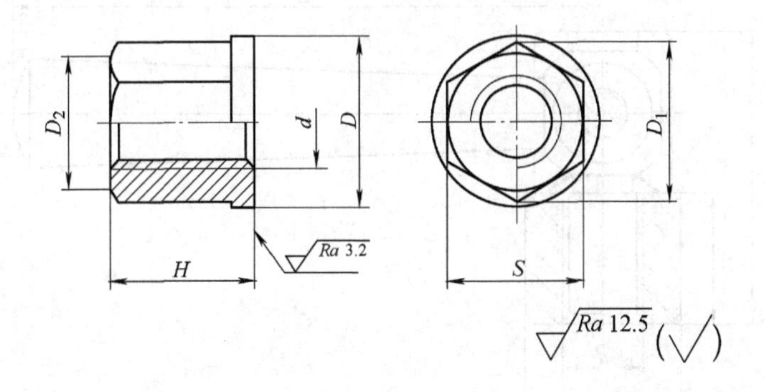

附图 3-23 带肩六角螺母

附表 3-20 带肩六角螺母尺寸 （单位：mm）

d		D	H	S		$D_1 \approx$	$D_2 \approx$
普通螺纹	细牙螺纹			公称尺寸	极限偏差		
M5	—	10	8	8	0 −0.220	9.2	7.5
M6	—	12.5	10	10		11.5	9.5
M8	M8×1	17	12	13	0 −0.270	14.2	13.5
M10	M10×1	21	16	16		17.59	16.5
M12	M12×1.25	24	20	18		19.85	17
M16	M16×1.5	30	25	24	0 −0.330	27.7	23
M20	M20×1.5	37	32	30		34.6	29
M24	M24×1.5	44	38	36	0 −0.620	41.6	34
M30	M30×1.5	56	48	46		53.1	44
M36	M36×1.5	66	55	55	0 −0.740	63.5	53
M42	M42×1.5	78	65	65		75	62
M48	M48×1.5	92	75	75		86.5	72

技术条件

材料：45 钢按 GB/T 699—1999 的规定。

热处理：35～40HRC。

细牙螺母的支承面对螺纹轴心线的垂直度按 GB/T 1184—1996 中附录 B 表规定的级公差。

其他技术条件按 JB/T 8044—1999 的规定。

标记示例

d = M16 的带肩六角螺母：

螺母 M16 JB/T 8004.1—1999

d = M16×1.5 的带肩六角螺母：

螺母 M16×1.5 JB/T 8004.1—1999

（二）回转手柄螺母（JB/T 8004.9—1999）

回转手柄螺母尺寸如附图 3-24 所示，各具体参数值见附表 3-21。

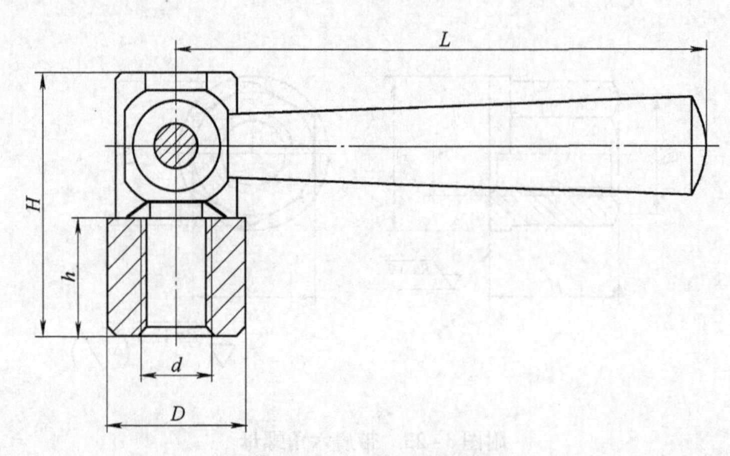

附图 3-24 回转手柄螺母

附表 3-21　回转手柄螺母尺寸　（单位：mm）

d	D	L	H	h
M8	18	65	30	14
M10	22	80	36	16
M12	25	100	45	20
M16	32	120	58	26
M20	40	160	72	32

标记示例：
d = M10 的回转手柄螺母：
手柄螺母　M10　JB/T 8004. 9—1999

（三）快换垫圈（JB/T 8008. 5—1999）

快换垫圈尺寸如附图 3-25 所示，各具体参数值见附表 3-22。

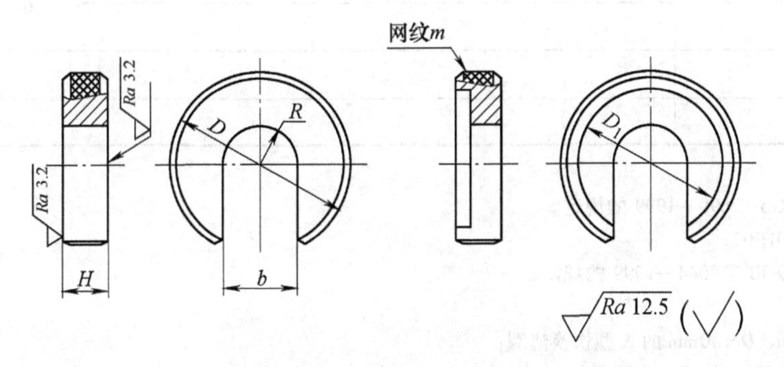

附图 3-25　快换垫圈

附表 3-22　快换垫圈尺寸　（单位：mm）

公称直径（螺纹直径）	5	6	8	10	12	16	20	24	30	36
b	6	7	9	11	13	17	21	25	31	37
D_1	13	15	19	23	26	32	42	50	60	72
m	0.3				0.4					
D	H									

（续）

<table>
<tr><th>公称直径
（螺纹直径）</th><th>5</th><th>6</th><th>8</th><th>10</th><th>12</th><th>16</th><th>20</th><th>24</th><th>30</th><th>36</th></tr>
<tr><td>16</td><td rowspan="4">4</td><td></td><td rowspan="2"></td><td rowspan="3"></td><td rowspan="4"></td><td rowspan="5"></td><td rowspan="6"></td><td rowspan="7"></td><td rowspan="8"></td><td rowspan="9"></td></tr>
<tr><td>20</td><td rowspan="2">5</td></tr>
<tr><td>25</td><td rowspan="2">6</td></tr>
<tr><td>30</td><td rowspan="2">6</td><td rowspan="2">7</td></tr>
<tr><td>35</td><td></td><td rowspan="3">7</td><td rowspan="3">8</td></tr>
<tr><td>40</td><td></td><td></td><td rowspan="3">8</td><td rowspan="4">10</td></tr>
<tr><td>50</td><td></td><td></td><td rowspan="3">10</td></tr>
<tr><td>60</td><td></td><td></td><td></td><td rowspan="3">10</td><td rowspan="4">12</td></tr>
<tr><td>70</td><td></td><td></td><td></td><td></td><td rowspan="4">14</td></tr>
<tr><td>80</td><td></td><td></td><td></td><td></td><td rowspan="3">12</td><td rowspan="3">12</td></tr>
<tr><td>90</td><td></td><td></td><td></td><td></td><td></td><td rowspan="2">16</td></tr>
<tr><td>100</td><td></td><td></td><td></td><td></td><td></td><td rowspan="2">14</td></tr>
<tr><td>110</td><td></td><td></td><td></td><td></td><td></td><td></td><td rowspan="2">14</td><td rowspan="2">16</td><td>—</td></tr>
<tr><td>120</td><td></td><td></td><td></td><td></td><td></td><td></td><td rowspan="2">16</td><td>16</td></tr>
<tr><td>130</td><td></td><td></td><td></td><td></td><td></td><td></td><td></td><td rowspan="2">18</td><td>—</td></tr>
<tr><td>140</td><td></td><td></td><td></td><td></td><td></td><td></td><td></td><td></td><td>18</td></tr>
<tr><td>160</td><td></td><td></td><td></td><td></td><td></td><td></td><td></td><td></td><td></td><td>20</td></tr>
</table>

技术条件

材料：45 钢按 GB/T 699—1999 的规定。

热处理：35 ~40HRC。

其他技术条件按 JB/T 8044—1999 的规定。

标记示例：

公称直径 =6mm、D =30mm 的 A 型快换垫圈：

垫圈　A6 ×30　JB/T 8008. 5—1999

（四）光面压块（JB/T 8009. 1—1999）

光面压块尺寸如附图 3 - 26 所示，各具体参数值见附表 3 - 23。

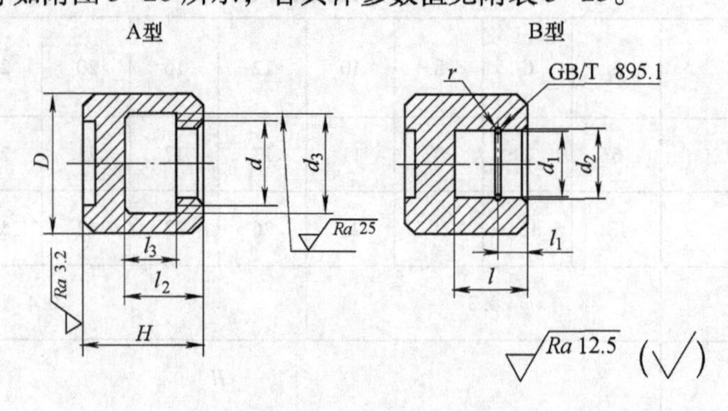

附图 3 - 26　光面压块

附表 3-23　光面压块尺寸　　（单位：mm）

公称直径（螺纹直径）	D	H	d	d_1	d_2		d_3	l	l_1	l_2	l_3	r	挡圈 GB/T 895.1
					公称尺寸	极限偏差							
4	8	7	M4	—	—	—	4.5	—	—	4.5	2.5	—	—
5	10	9	M5				6			6	3.5		
6	12		M6	4.8	5.3	$^{+0.100}_{0}$	7	6	2.4			0.4	5
8	16	12	M8	6.3	6.9		10	7.5	3.1	8	5		6
10	18	15	M10	7.4	7.9		12	8.5	3.5	9	6		7
12	20	18	M12	9.5	10		14	10.5	4.2	11.5	7.5		9
16	25	20	M16	12.5	13.1	$^{+0.120}_{0}$	18	13	4.4	13	9	0.6	12
20	30	25	M20	16.5	17.5		22	16	5.4	15	10.5	1	16
24	36	28	M24	18.5	19.5	$^{+0.280}_{0}$	26	18	6.4	17.5	12.5		18

技术条件

材料：45 钢按 GB/T 699—1999 的规定。

热处理：35～40HRC。

其他技术条件按 JB/T 8044—1999 的规定。

标记示例：

公称直径 = 12mm 的 A 型光面压块：

压块　A12　JB/T 8009.1—1999

（五）移动压板（JB/T 8010.1—1999）

移动压板尺寸如附图 3-27 所示，其具体各参数值见附表 3-24。

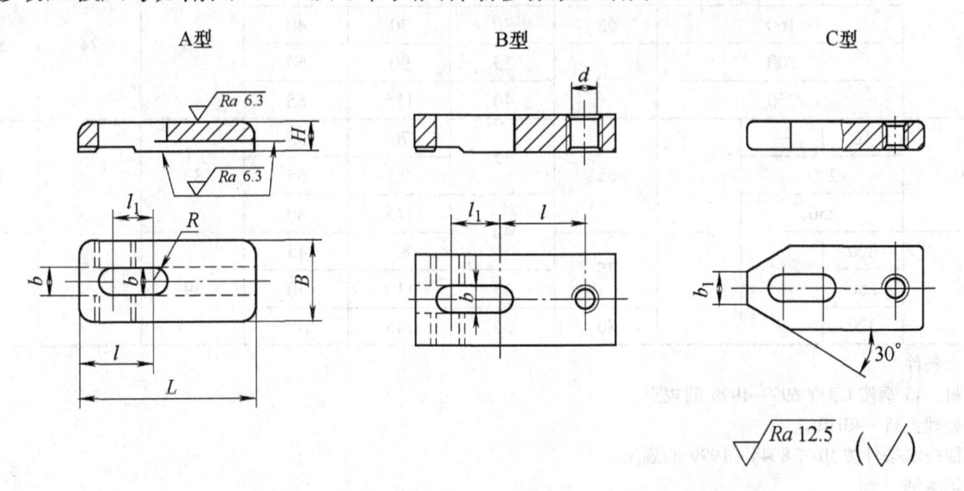

附图 3-27　移动压板

附表 3-24 移动压板尺寸 （单位：mm）

公称直径（螺纹直径）	L			B	H	l	l_1	b	b_1	d
	A 型	B 型	C 型							
6	40	—	40	18	6	17	9	6.6	7	M6
	45	45	—	20	8	19	11			
		50		22	12	22	14			
8	45	—	—	20	8	18	8	9	9	M8
		50		22	10	22	12			
	60	60	60	25	14	27	17			
10		—	—		10		14	11	10	M10
		70		28	12	30	17			
		80		30	16	35	23			
12	70	—	—	32	14	30	15	14	12	M12
		80			16	35	20			
		100			18	45	30			
		120		36	22	55	43			
16	80	—	—		18	35	15	18	16	M16
		100		40	22	44	24			
		120			25	54	35			
		160		45	30	74	54			
20	100	—	—		22	42	18	22	20	M20
		120			25	52	30			
		160		50	30	72	48			
		200		55	35	92	68			
24	120	—	—	50	28	52	22	26	24	M24
		160		55	30	70	40			
		200		60	35	90	60			
		250			40	115	85			
30	16	—	—	65	35	70	35	33	—	M30
	200	200				90	55			
	250	250			40	115	80			
36	200	—		75		85	45	39		—
	250				45	110	70			
	320			80	50	145	105			

技术条件

材料：45 钢按 GB/T 699—1999 的规定。

热处理：35～40HRC。

其他技术条件按 JB/T 8044—1999 的规定。

标记示例

公称直径 =6mm、L =45mm 的 A 型移动压板：

压板 A6×45 JB/T 8010.1—1999

附录Ⅲ-3 夹具设计中易出现的错误示例（附表3-25）

附表3-25 夹具设计中易出现的错误示例

项 目	正误对比		简要说明
	错误或不好的	正确的	
定位销在夹具体上的定位与连接	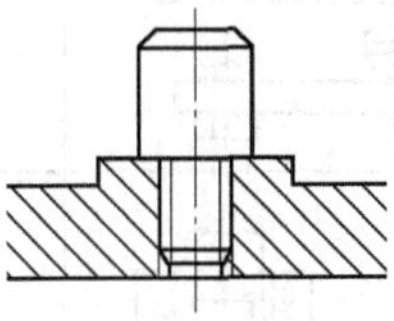	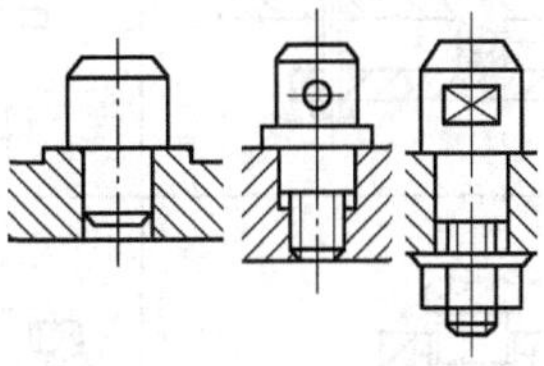	（1）定位销本身位置误差太大，因为螺纹不起定心作用 （2）带螺纹的销应有旋紧用的扳手孔或扳手平面
螺纹连接	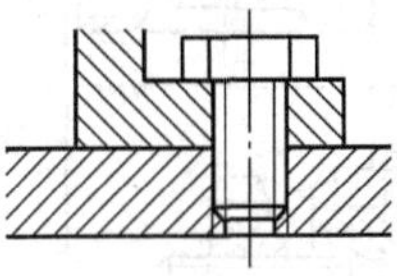	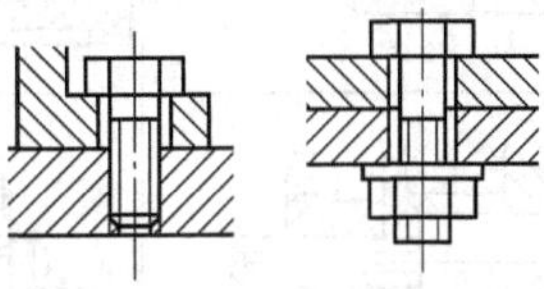	被连接件应为光孔。若两者都有螺纹，将无法拧紧
可调支承	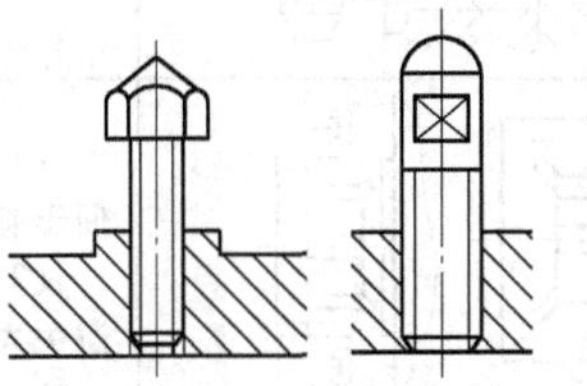	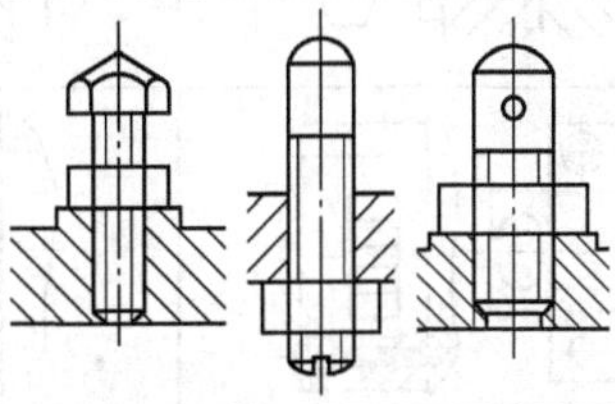	（1）应有锁紧螺母 （2）应有扳手孔（面）或一字槽（十字槽）
工件安放	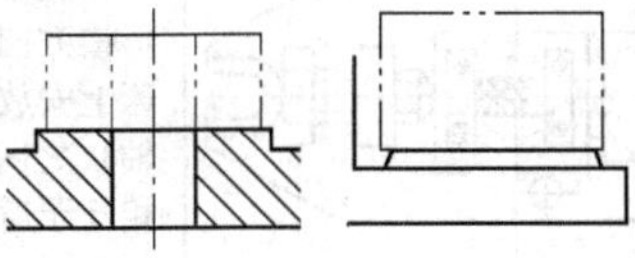	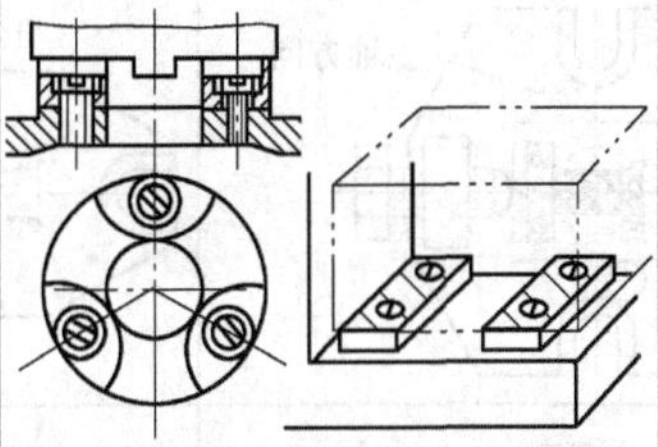	工件最好不要直接与夹具体接触，应加放支承板、支承垫圈等
机构自由度	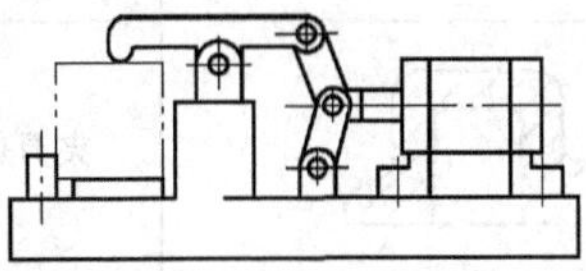	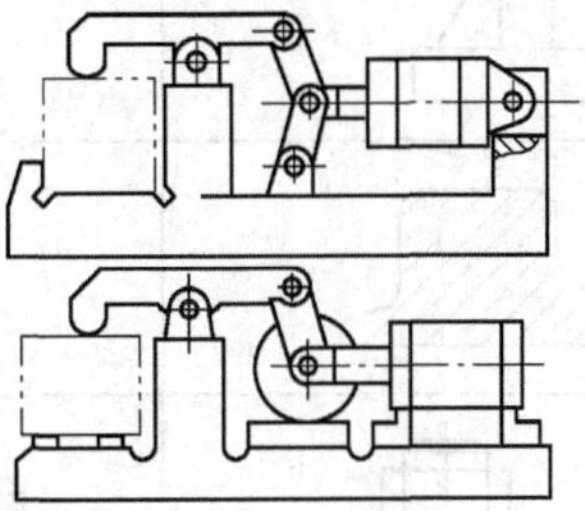	夹紧机构运动时不得发生干涉，应验算其自由度，$F \neq 0$。如左图：$F = 3 \times 4 - 2 \times 6 = 0$ 右上图：$F = 3 \times 5 - 2 \times 7 = 1$ 右下图：$F = 3 \times 3 - 2 \times 4 = 1$
考虑极限状态不卡死	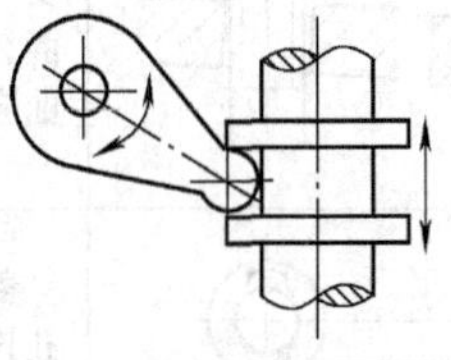	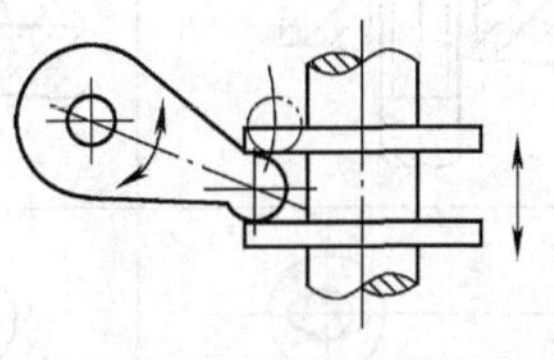	摆动零件动作过程中不应卡死，应检查极限位置

（续）

项　目	正　误　对　比		简要说明
	错误或不好的	正确的	
联动机构的运动补偿	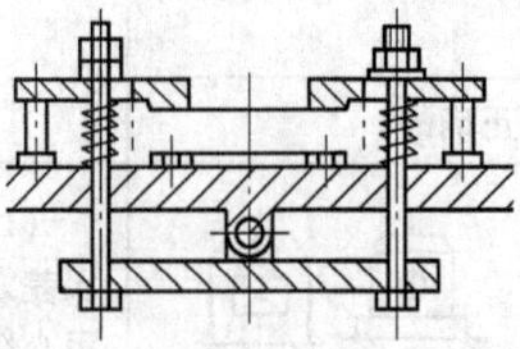	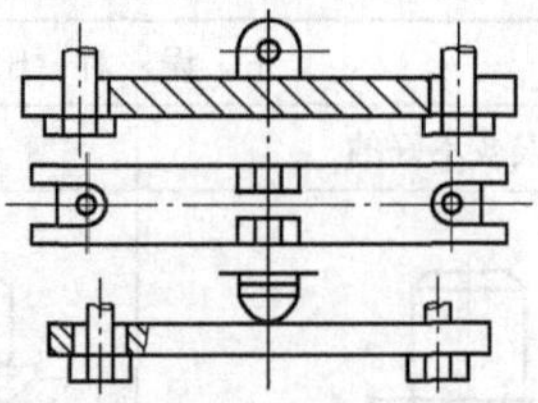	联动机构应操作灵活省力，不应发生干涉，可采用槽、长圆孔、高副等作为补偿环节
摆动压块	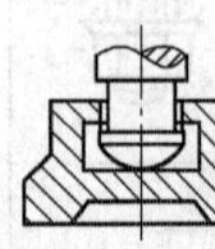	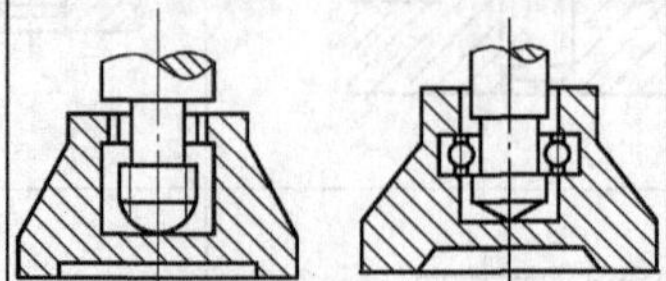	压杆应能装入，且当压杆上升时摆动块不得脱落
可移动心轴	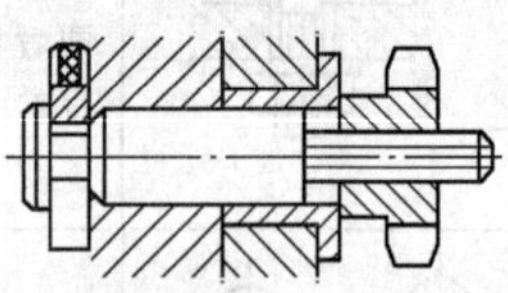	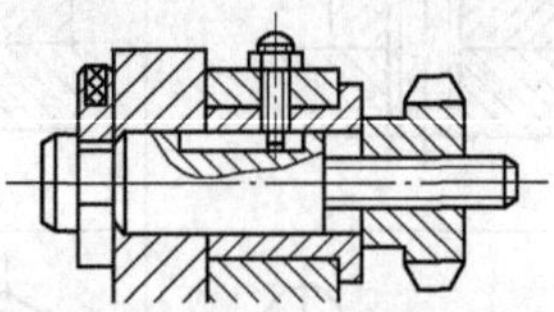	手轮转动时应保证心轴只移动不转动
移动V形架	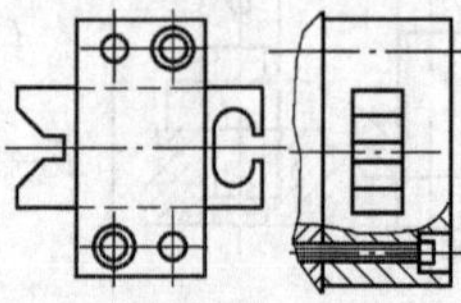	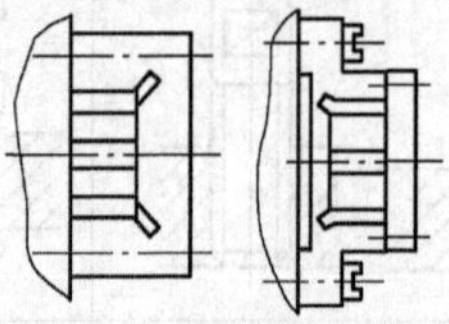	（1）V形架移动副应便于制造、调整和维修 （2）与夹具体之间应避免大平面接触
耳孔方向	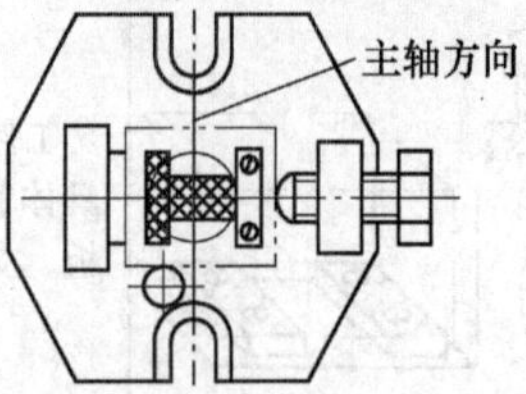 主轴方向	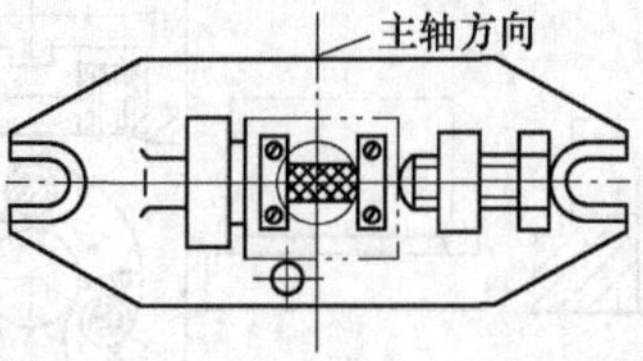 主轴方向	耳孔方向（即工作台T形槽方向）应与夹具在机床上安放及刀具（机床主轴）之间协调一致，不应相互矛盾
加强肋的设置	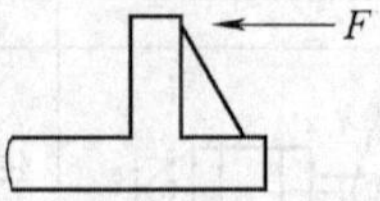 F	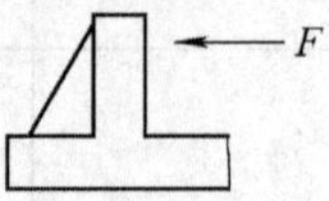 F	加强肋应尽量放在使之承受压应力的方向
铸造结构	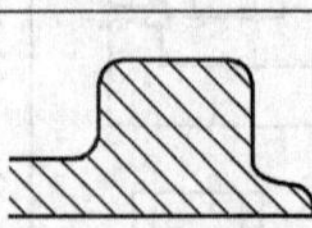	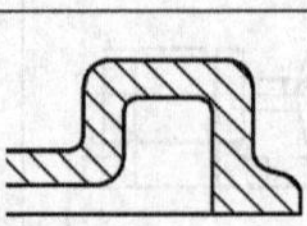	夹具体铸件应壁厚均匀
使用球面垫圈	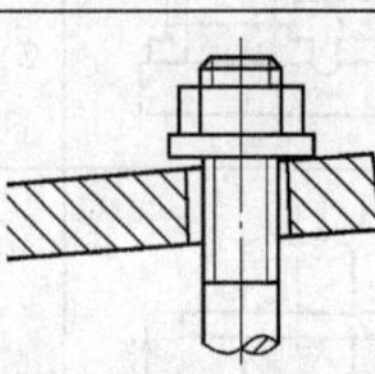	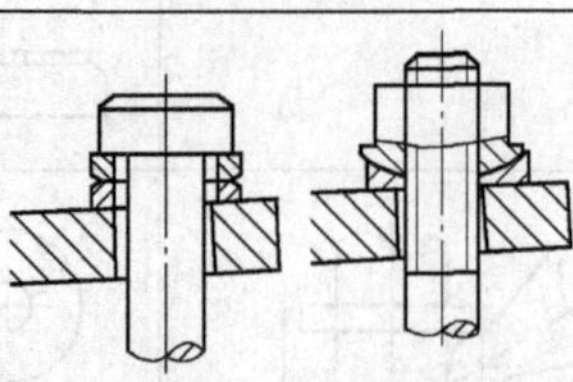	螺杆与压板有可能倾斜受力时，应采用球面垫圈，避免螺纹产生附加弯曲应力而遭破坏
菱形销安装方向	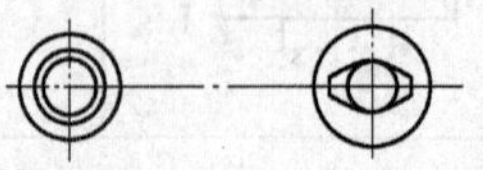	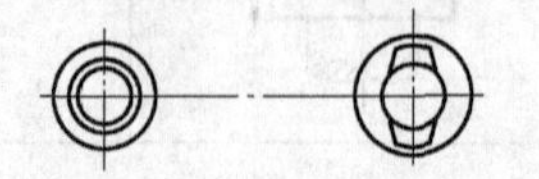	菱形销的长轴应处于两孔连心线垂直方向上

附录Ⅲ-4 夹具设计题目选编

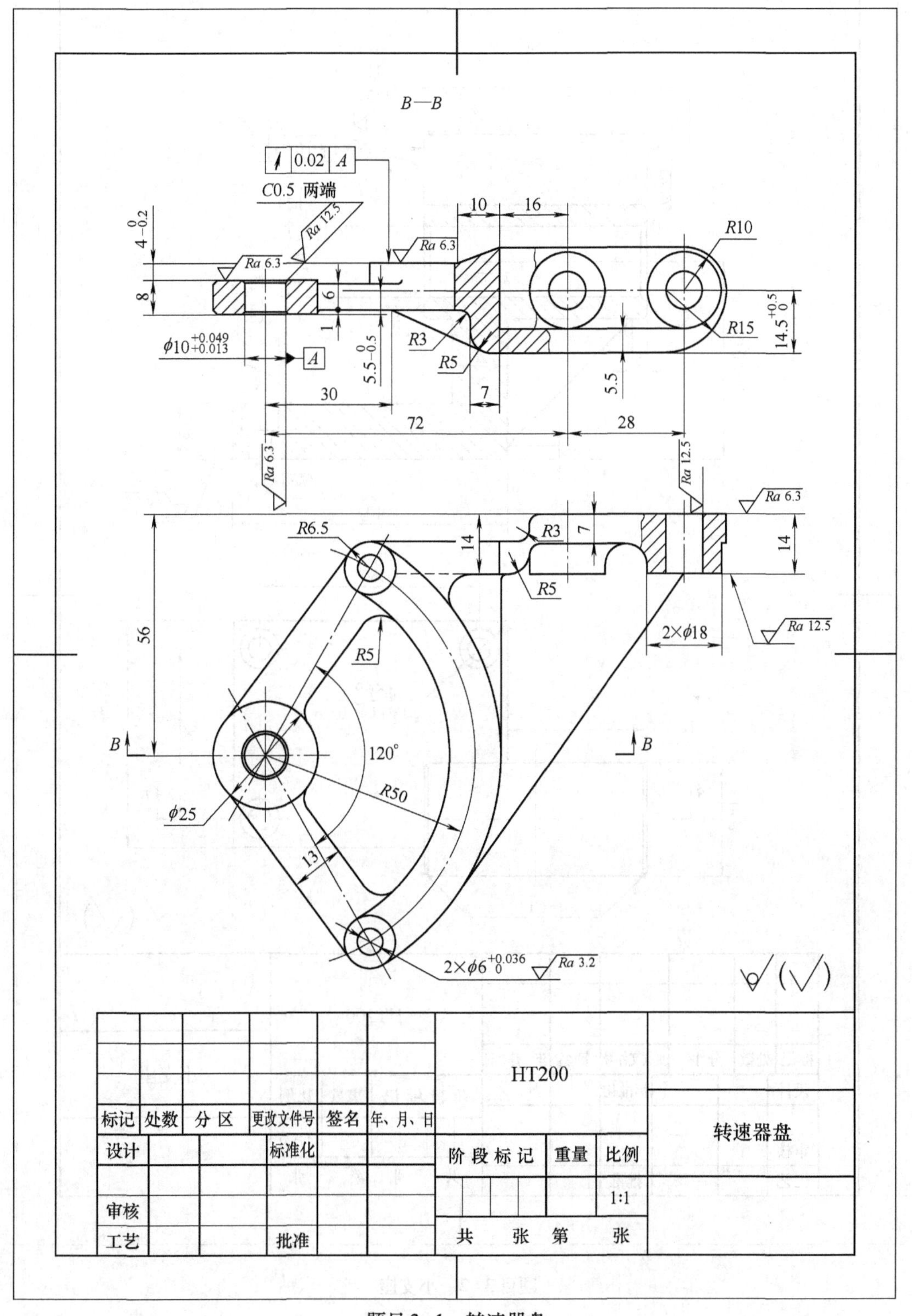

题目3-1 转速器盘

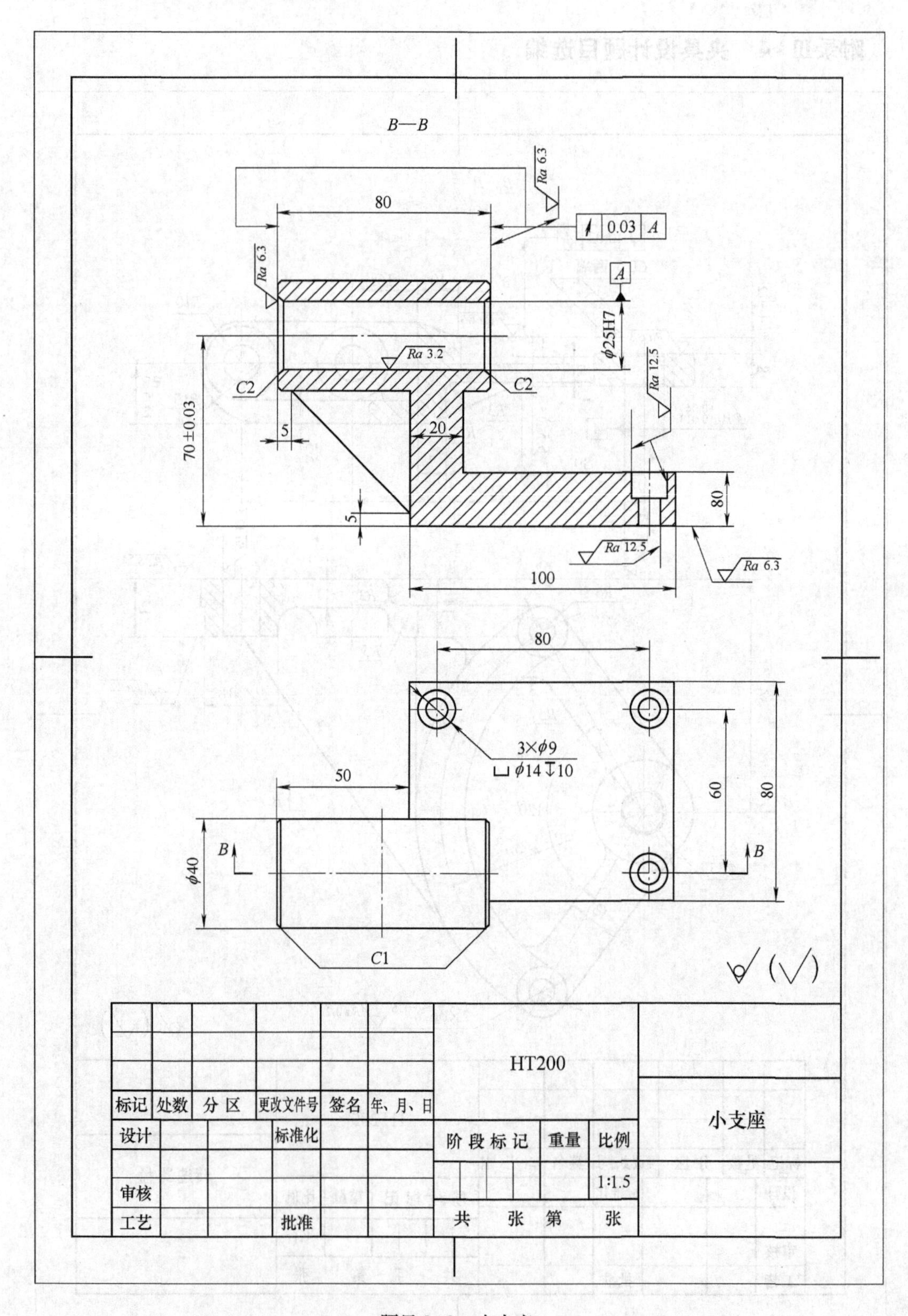
B—B
80
Ra 6.3
0.03 A
A
Ra 6.3
Ra 3.2
ϕ25H7
C2
C2
Ra 12.5
70±0.03
5
20
5
80
Ra 12.5
Ra 6.3
100
80
3×ϕ9
⌴ϕ14↧10
50
60
80
ϕ40
B
B
C1
HT200
标记 处数 分 区 更改文件号 签名 年、月、日
设计 标准化
审核
工艺 批准
阶 段 标 记 重量 比例
1:1.5
共 张 第 张
小支座

题目 3-2 小支座

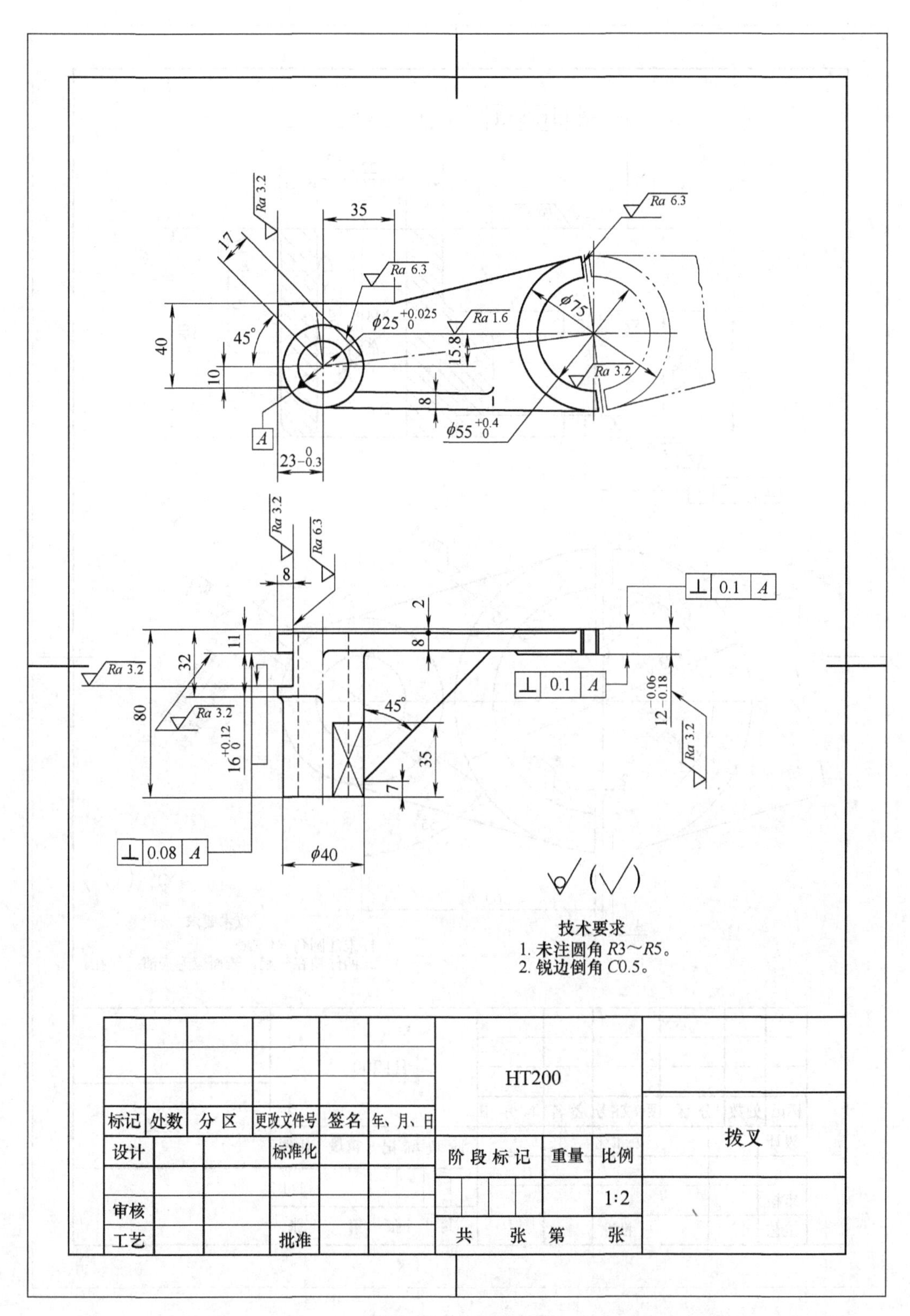

Ra 3.2
35
Ra 6.3
17
Ra 6.3
40
45°
$\phi25^{+0.025}_{0}$
Ra 1.6
15.8
$\phi75$
10
Ra 3.2
8
$\phi55^{+0.4}_{0}$
A
$23^{0}_{-0.3}$
Ra 3.2
Ra 6.3
8
0.1 A
2
8
11
32
Ra 3.2
0.1 A
80
Ra 3.2
45°
$12^{-0.06}_{-0.18}$
$16^{+0.12}_{0}$
35
Ra 3.2
7
0.08 A
$\phi40$
技术要求
1. 未注圆角 R3～R5。
2. 锐边倒角 C0.5。
HT200
标记 处数 分区 更改文件号 签名 年、月、日
设计 标准化
阶段标记 重量 比例
拨叉
审核
1:2
工艺 批准
共 张 第 张

题目3-3 拨叉（一）

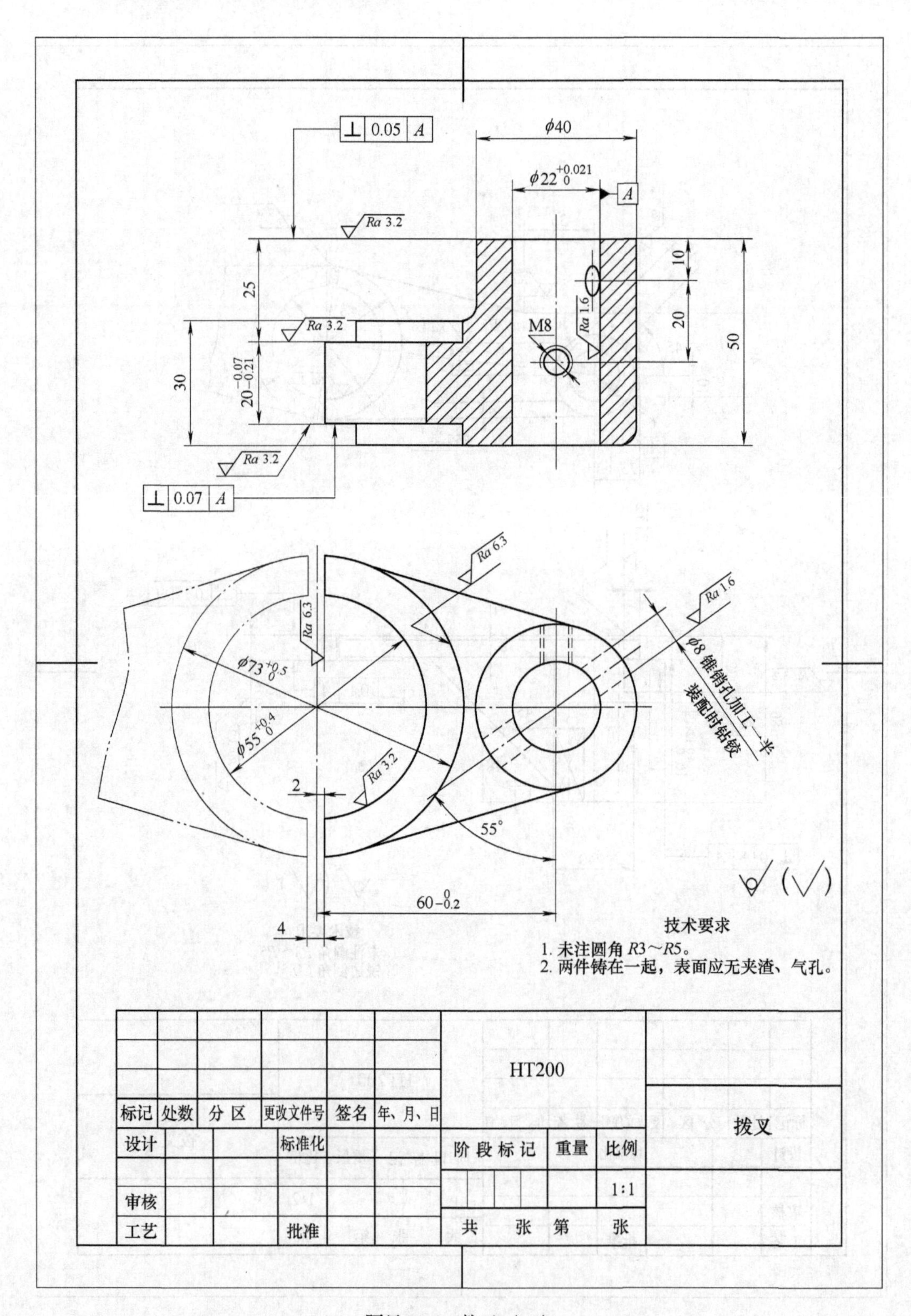
⊥ 0.05 A
ϕ40
ϕ22 +0.021 0
A
Ra 3.2
25
10
20
50
Ra 1.6
M8
Ra 3.2
30
20 −0.07 −0.21
Ra 3.2
⊥ 0.07 A
Ra 6.3
Ra 1.6
Ra 6.3
ϕ8 锥销孔加工一半
装配时钻铰
ϕ73 +0.5 0
ϕ55 +0.4 0
Ra 3.2
2
55°
60 0 −0.2
4
技术要求
1. 未注圆角 R3～R5。
2. 两件铸在一起，表面应无夹渣、气孔。
HT200
标记
处数
分 区
更改文件号
签名
年、月、日
设计
标准化
阶 段 标 记
重量
比例
拨叉
1:1
审核
工艺
批准
共 张 第 张

题目 3-4 拨叉（二）

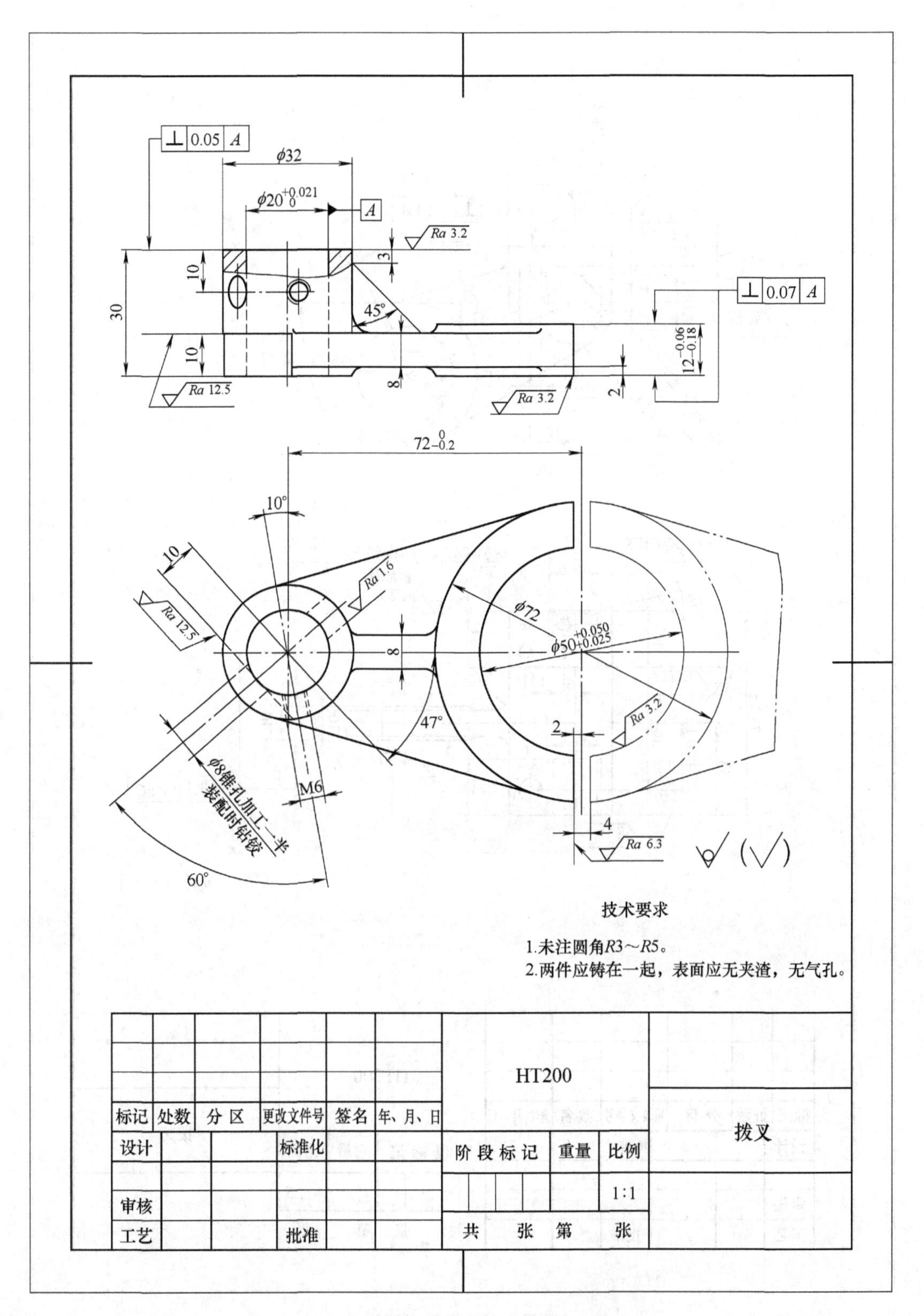
⊥ 0.05 A
ϕ32
ϕ20+0.021 0
A
Ra 3.2
3
10
30
45°
10
⊥ 0.07 A
12−0.06 −0.18
8
2
Ra 12.5
Ra 3.2
72−0 −0.2
10°
10
Ra 1.6
Ra 12.5
ϕ72
8
ϕ50+0.050 +0.025
47°
2
Ra 3.2
ϕ8锥孔加工一半
装配时钻铰
M6
4
Ra 6.3
60°
技术要求
1.未注圆角R3～R5。
2.两件应铸在一起，表面应无夹渣，无气孔。
HT200
标记 处数 分区 更改文件号 签名 年、月、日
设计 标准化
审核
工艺 批准
阶段标记 重量 比例
1:1
共 张 第 张
拨叉

题目3-5 拨叉（三）

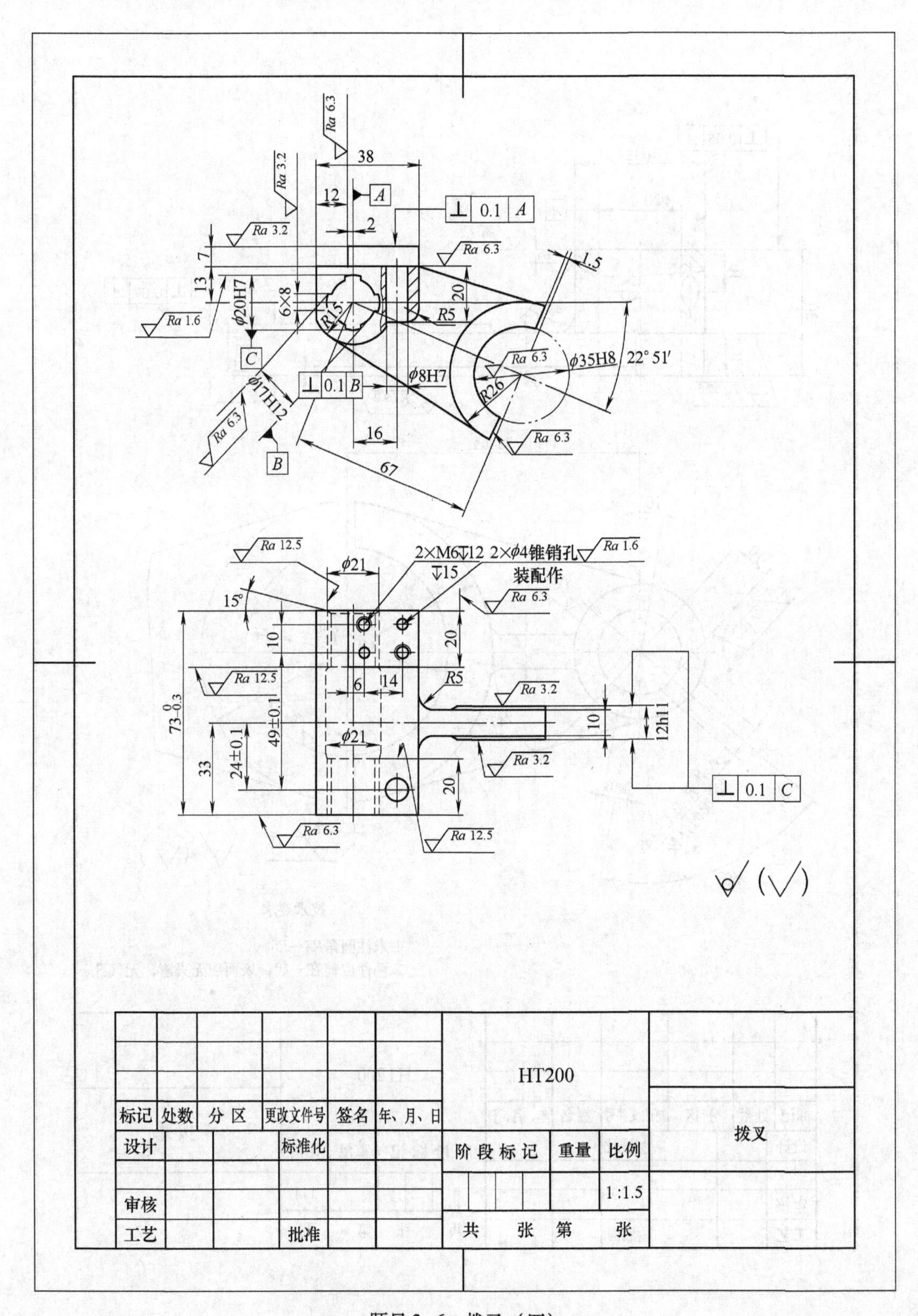
HT200
拨叉
标记 处数 分 区 更改文件号 签名 年、月、日
设计 标准化 阶段标记 重量 比例
审核 1:1.5
工艺 批准 共 张 第 张
2×M6↧12 2×φ4锥销孔
↧15 装配作
φ35H8 22°51′
φ20H7
φ8H7
φ17H12
12h11

题目 3-6 拨叉（四）

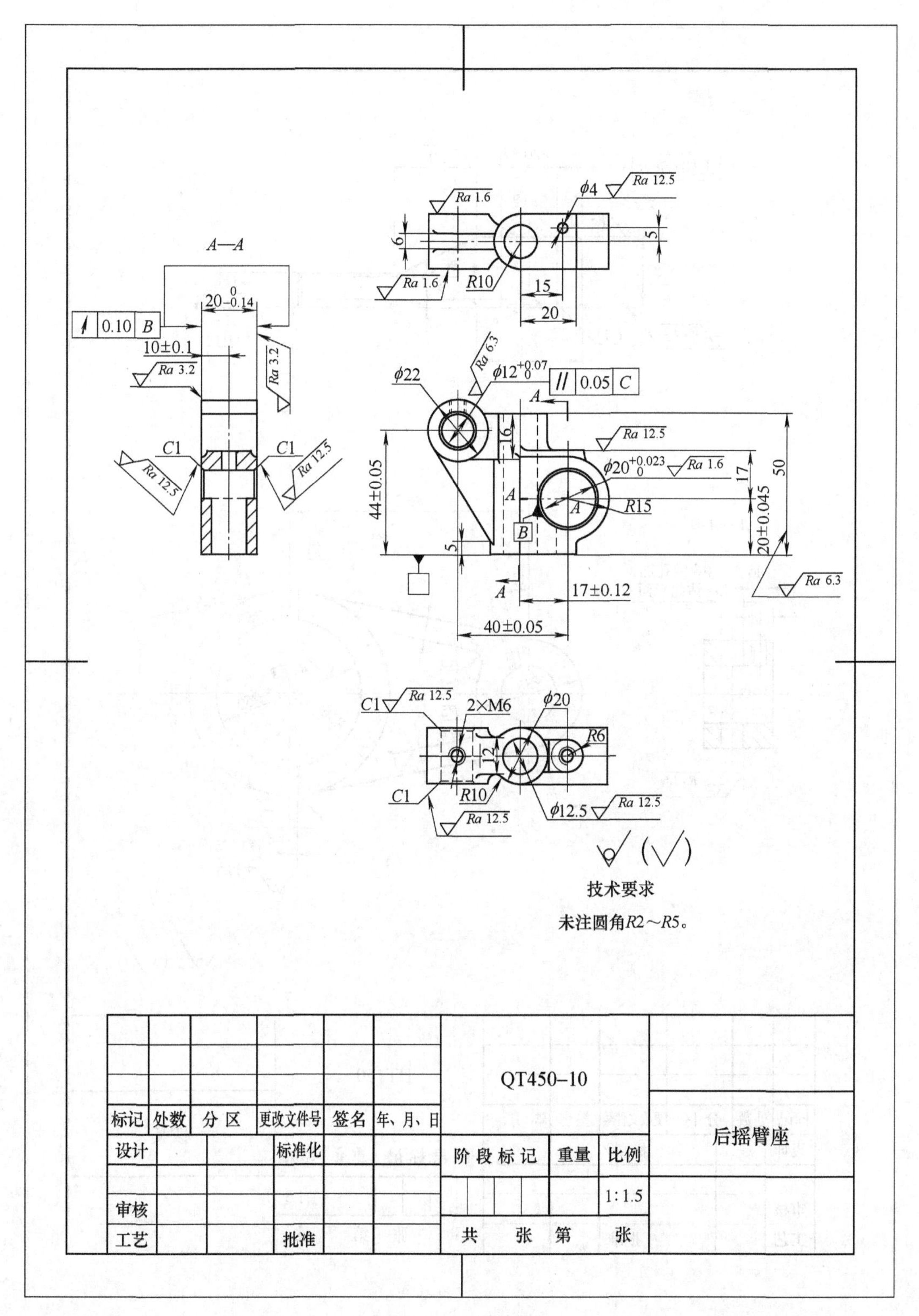
A—A
0.10 B
20 0 −0.14
10±0.1
Ra 3.2
Ra 3.2
C1
C1
Ra 12.5
Ra 12.5
Ra 1.6
ϕ4
Ra 12.5
6
5
Ra 1.6
R10
15
20
ϕ22
Ra 6.3
ϕ12 +0.07 0
// 0.05 C
A
Ra 12.5
ϕ20 +0.023 0
Ra 1.6
17
50
44±0.05
A
A
R15
B
20±0.045
5
A
17±0.12
Ra 6.3
40±0.05
C1
Ra 12.5
2×M6
ϕ20
R6
12
C1
R10
ϕ12.5
Ra 12.5
Ra 12.5
技术要求
未注圆角R2～R5。
QT450-10
标记
处数
分 区
更改文件号
签名
年、月、日
设计
标准化
阶 段 标 记
重量
比例
后摇臂座
1∶1.5
审核
工艺
批准
共　张　第　张

题目3-7　后摇臂座

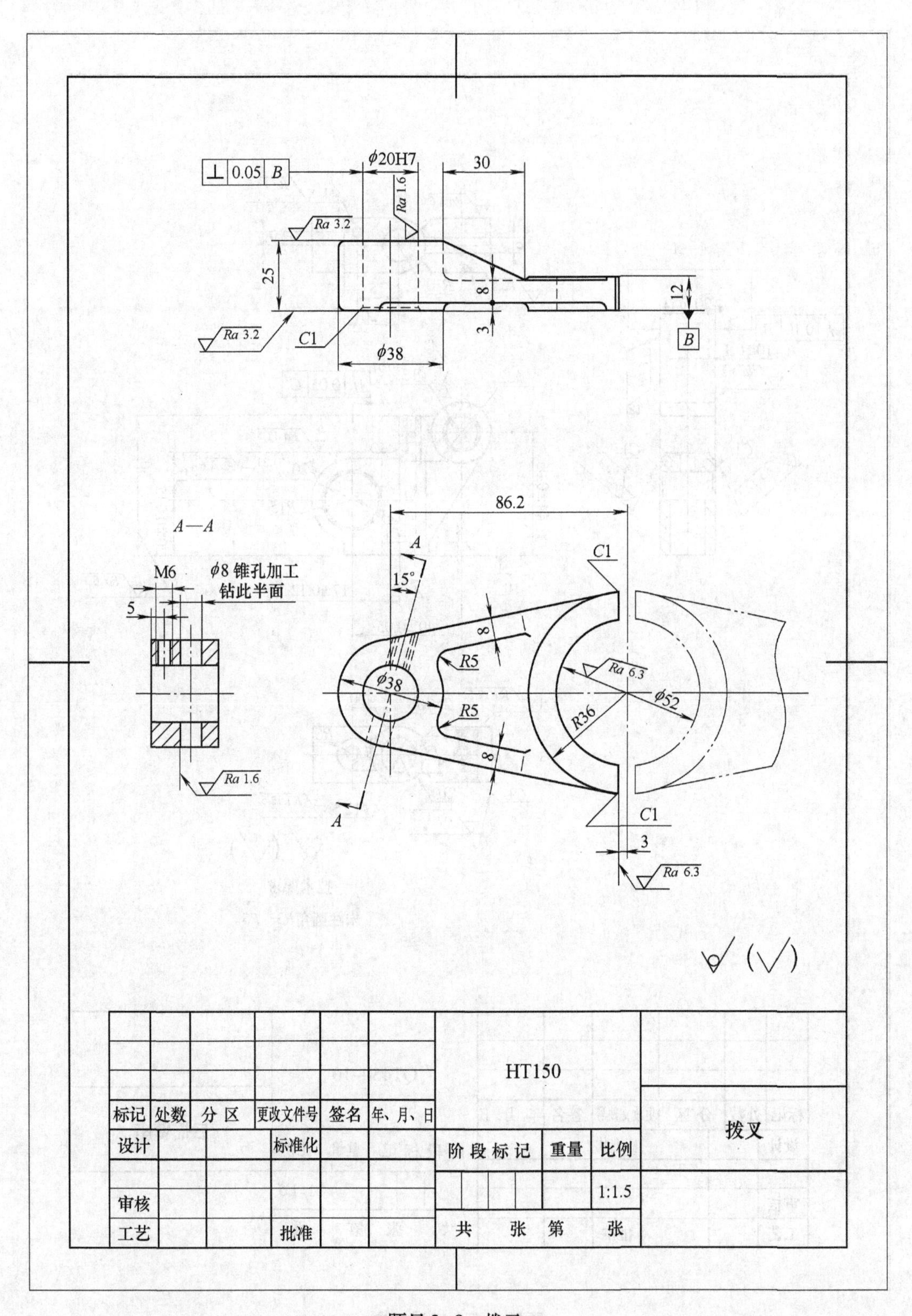
⊥ 0.05 B
ϕ20H7
30
Ra 1.6
Ra 3.2
25
8
12
3
Ra 3.2
C1
ϕ38
B
86.2
A—A
A
C1
M6
ϕ8 锥孔加工
钻此半面
15°
5
8
R5
Ra 6.3
ϕ38
R5
ϕ52
R36
8
Ra 1.6
A
C1
3
Ra 6.3
HT150
标记
处数
分 区
更改文件号
签名
年、月、日
设计
标准化
阶 段 标 记
重量
比例
拨叉
1:1.5
审核
工艺
批准
共 张 第 张

题目3-8 拨叉

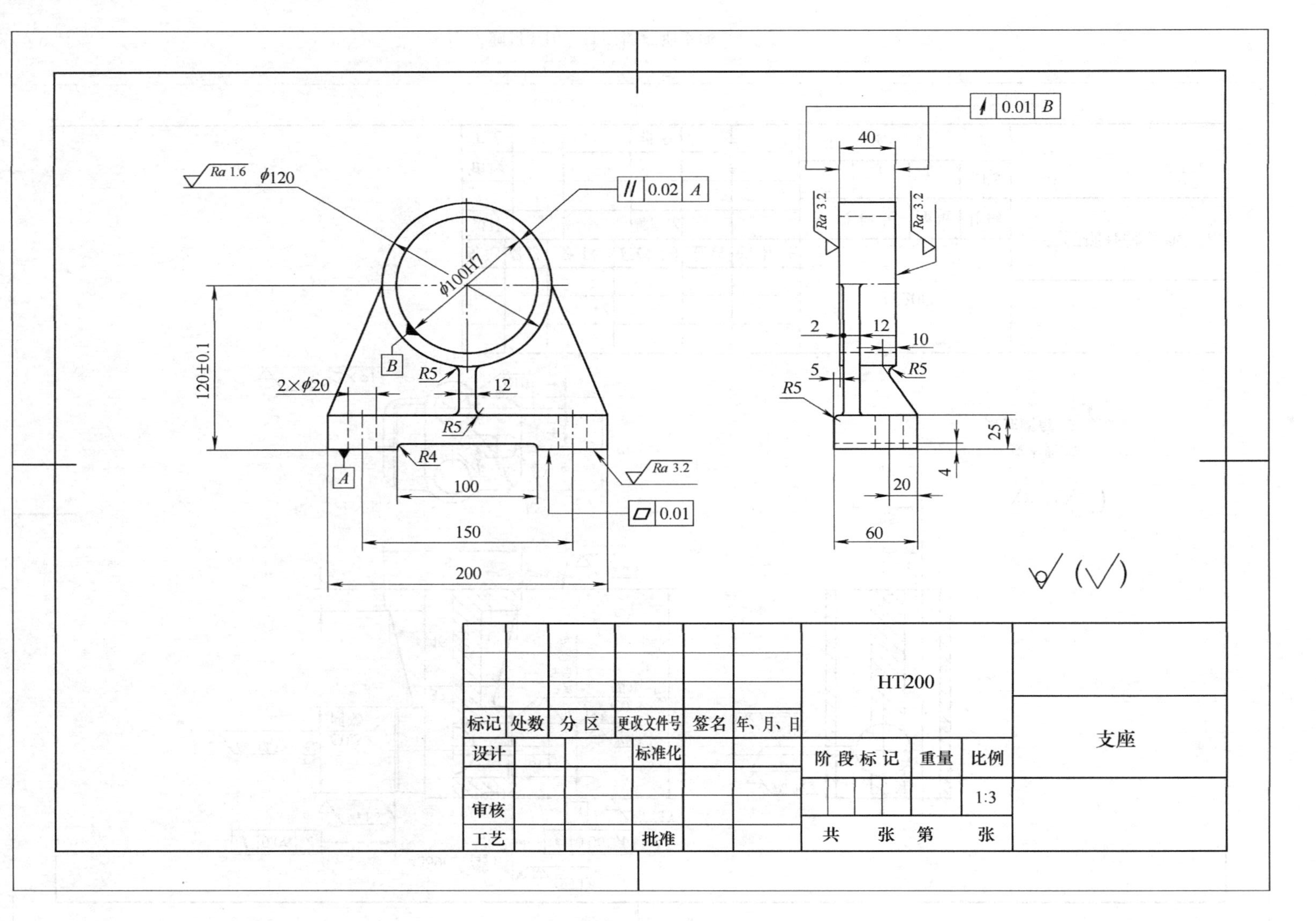
Ra 1.6
φ120
0.02 A
φ100H7
120±0.1
B
R5
2×φ20
12
R5
R4
A
100
150
200
Ra 3.2
0.01
0.01 B
40
Ra 3.2
Ra 3.2
2
12
10
5
R5
R5
25
4
20
60
HT200
支座
标记 处数 分区 更改文件号 签名 年、月、日
设计 标准化
审核
工艺 批准
阶段标记 重量 比例
1:3
共 张 第 张

题目3-9 支座

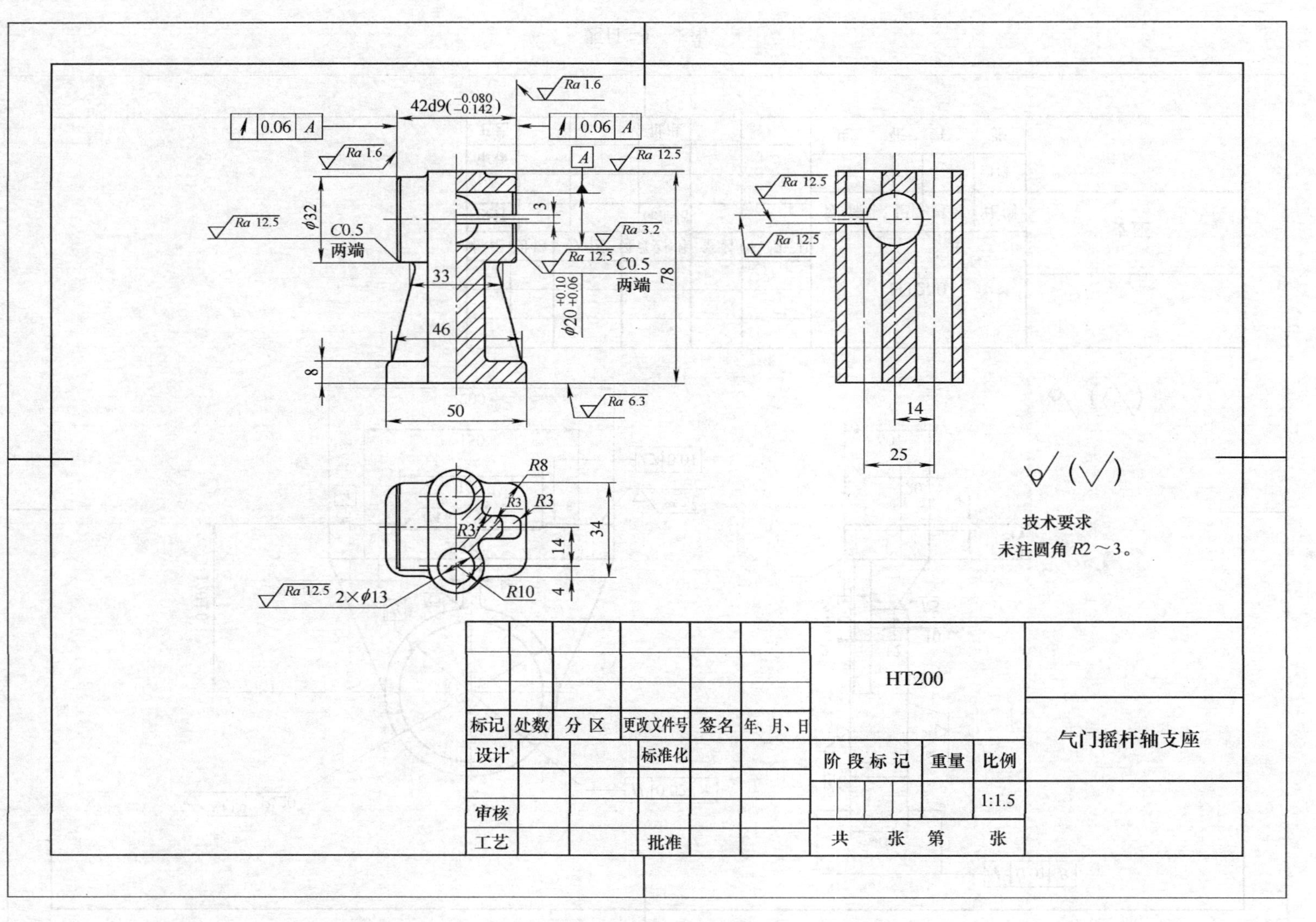

题目3-10 气门摇杆轴支座

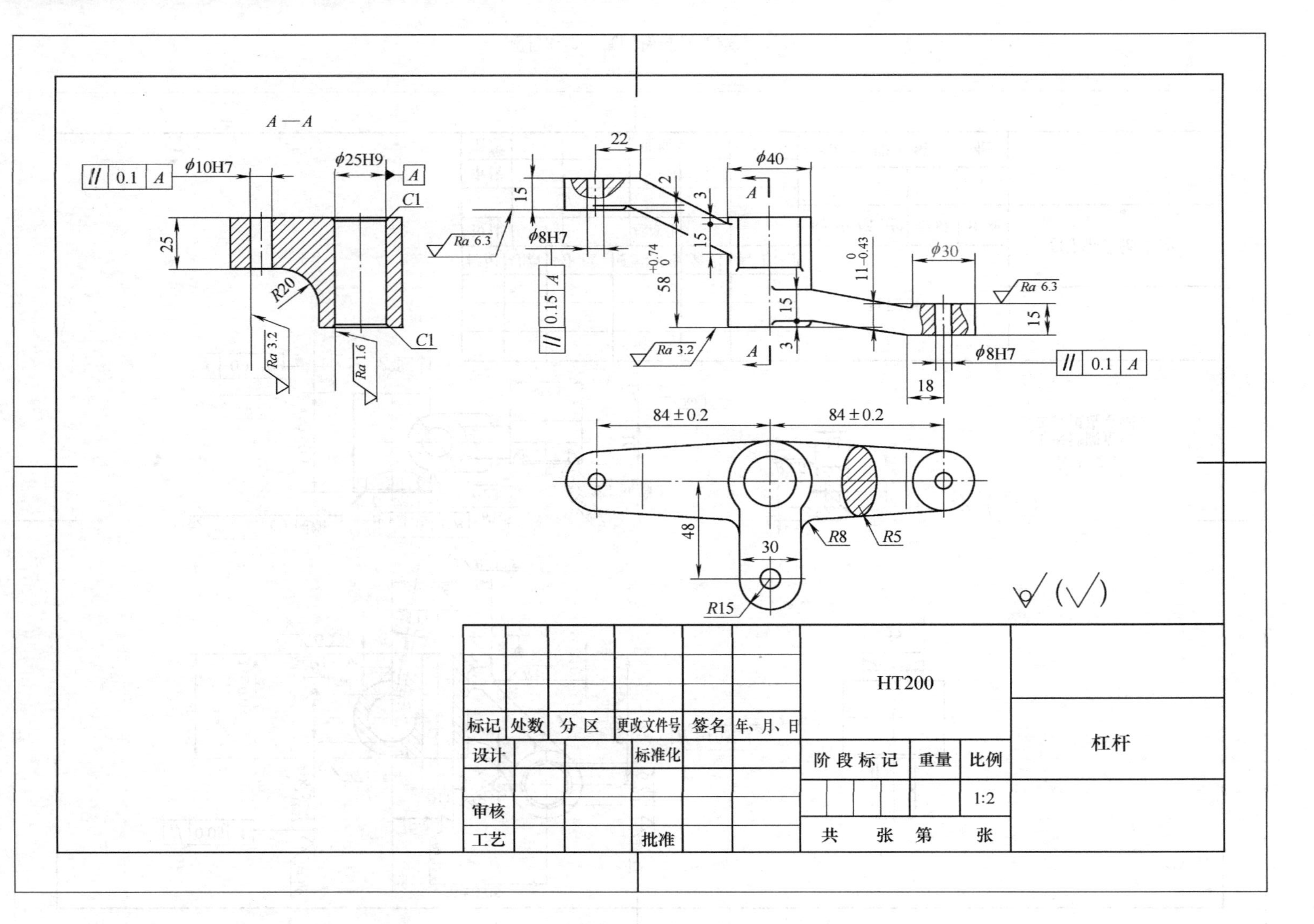
A—A
φ10H7
φ25H9
C1
R20
Ra 3.2
Ra 1.6
Ra 6.3
φ8H7
0.15 A
0.1 A
φ40
φ30
84±0.2
84±0.2
48
30
R8
R5
R15
HT200
杠杆
标记
处数
分 区
更改文件号
签名
年、月、日
设计
标准化
审核
工艺
批准
阶 段 标 记
重量
比例
1:2
共　张　第　张

题目3-11　杠杆

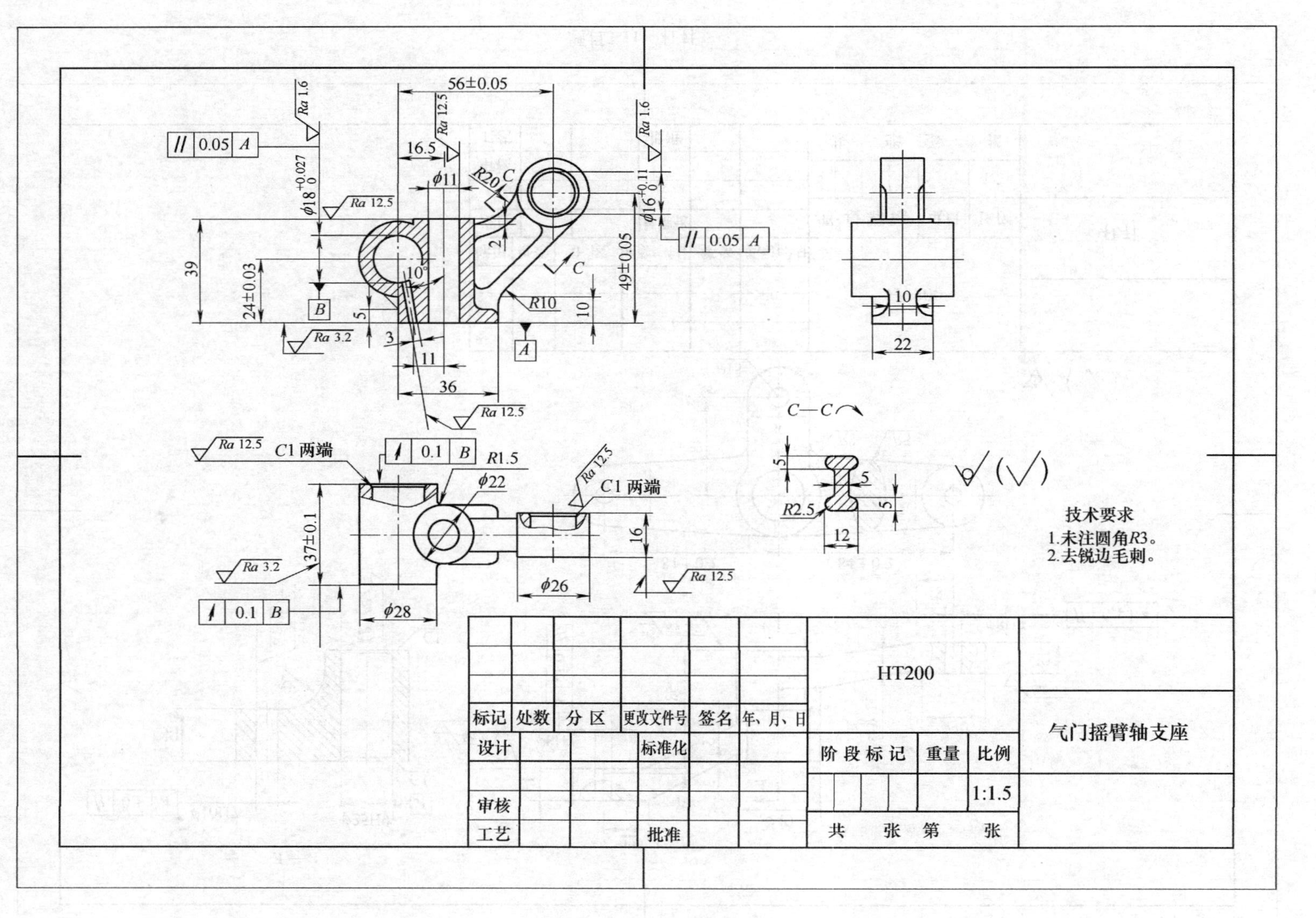

题目3-12 气门摇臂轴支座

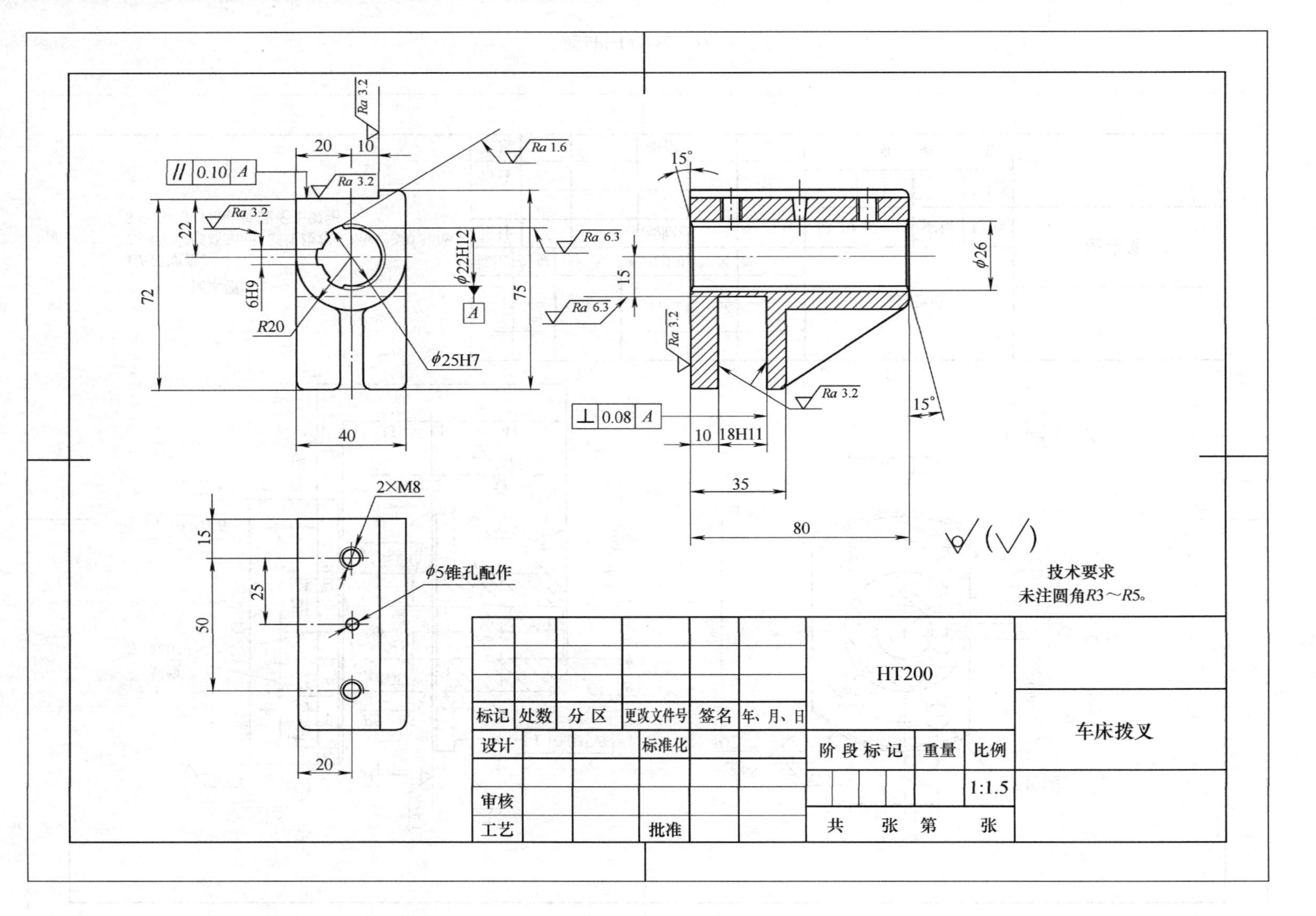
技术要求
未注圆角R3～R5。
车床拨叉
HT200
标记
处数
分 区
更改文件号
签名
年、月、日
设计
标准化
审核
工艺
批准
阶 段 标 记
重量
比例
1:1.5
共　张　第　张
φ5锥孔配作
2×M8
φ25H7
φ22H12
φ26
18H11
6H9
R20
Ra 1.6
Ra 3.2
Ra 6.3
0.10 A
0.08 A
80
75
72
50
40
35
25
22
20
15
10
15°

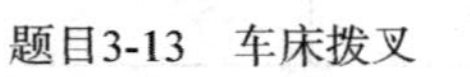
题目3-13　车床拨叉

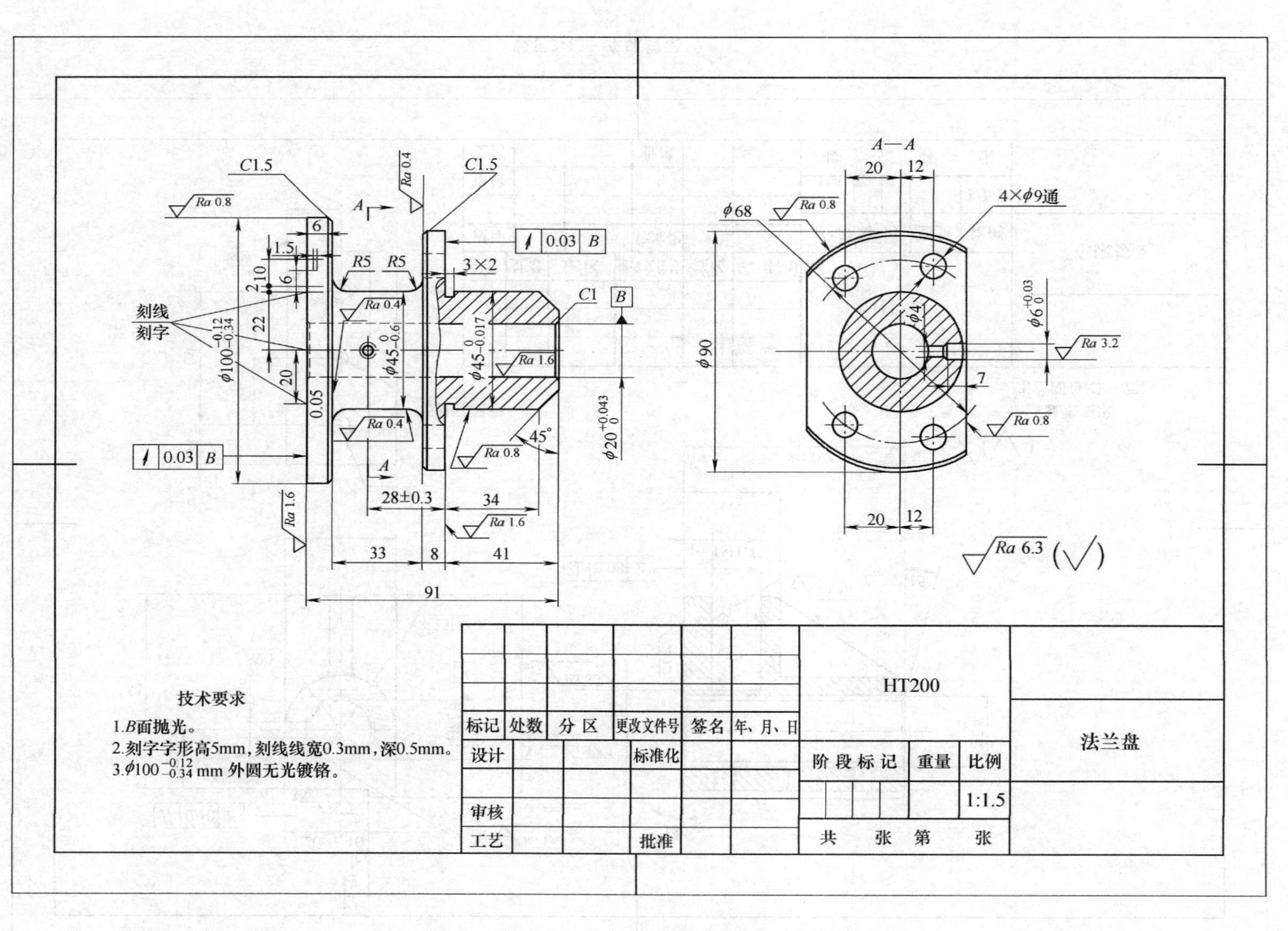
A—A
4×φ9通
φ68
φ90
Ra 0.8
Ra 3.2
Ra 6.3 (√)
C1.5
C1
B
0.03 B
R5
3×2
刻线
刻字
28±0.3
33
8
41
34
91
45°
技术要求
1.B面抛光。
2.刻字字形高5mm,刻线线宽0.3mm,深0.5mm。
3.φ100 $^{-0.12}_{-0.34}$ mm 外圆无光镀铬。
标记 处数 分区 更改文件号 签名 年、月、日
设计 标准化
审核
工艺 批准
HT200
阶段标记 重量 比例
1:1.5
共 张 第 张
法兰盘

题目3-14 法兰盘

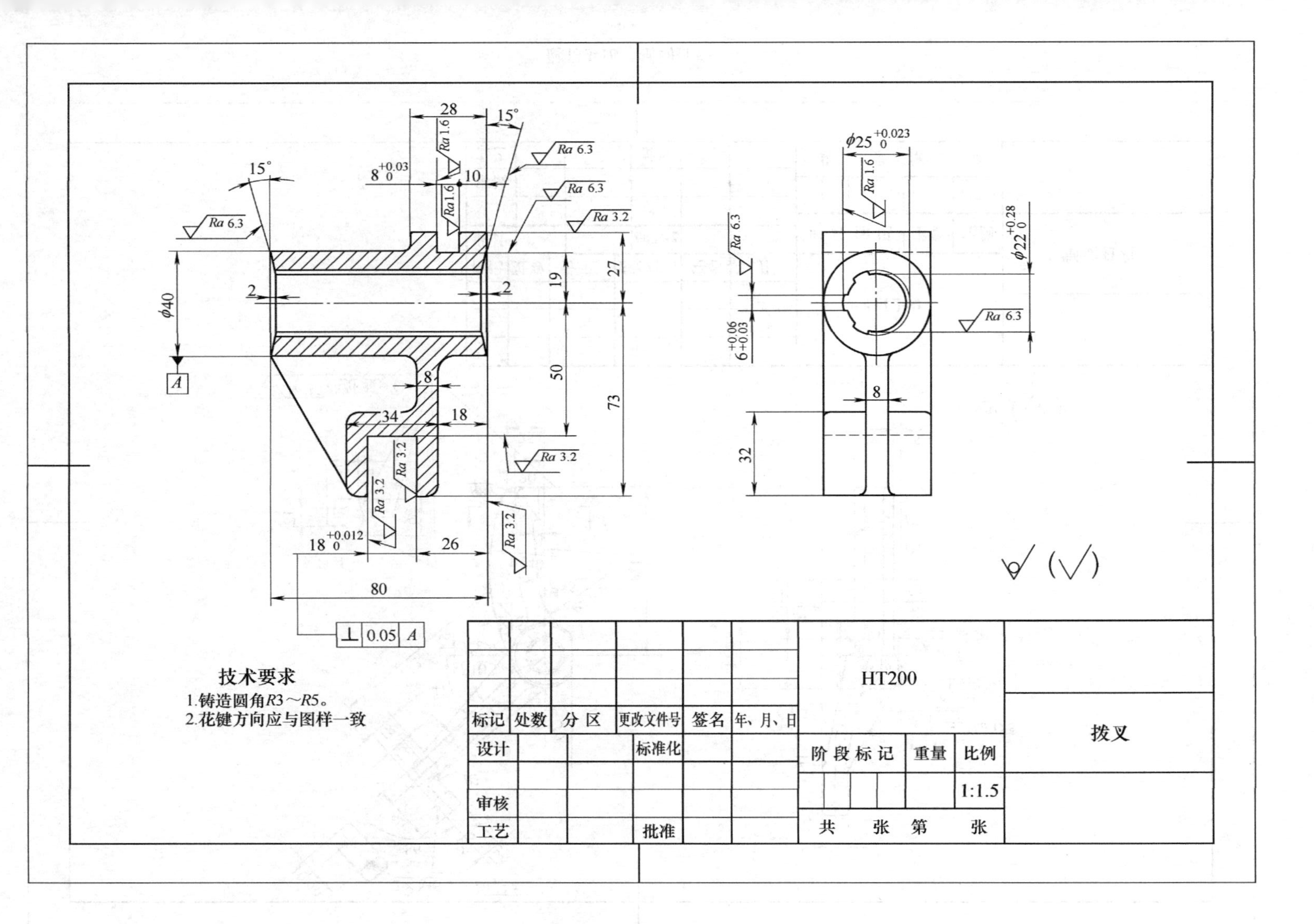
28
15°
15°
8+0.03 0
10
Ra 6.3
Ra 3.2
Ra 1.6
φ40
A
2
2
19
27
50
73
8
34
18
18+0.012 0
26
80
⊥ 0.05 A
φ25+0.023 0
φ22+0.28 0
6+0.06 +0.03
8
32
技术要求
1.铸造圆角R3～R5。
2.花键方向应与图样一致
HT200
拨叉
标记
处数
分 区
更改文件号
签名
年、月、日
设计
标准化
阶段标记
重量
比例
1:1.5
审核
工艺
批准
共　张　第　张

题目3-15　拨叉

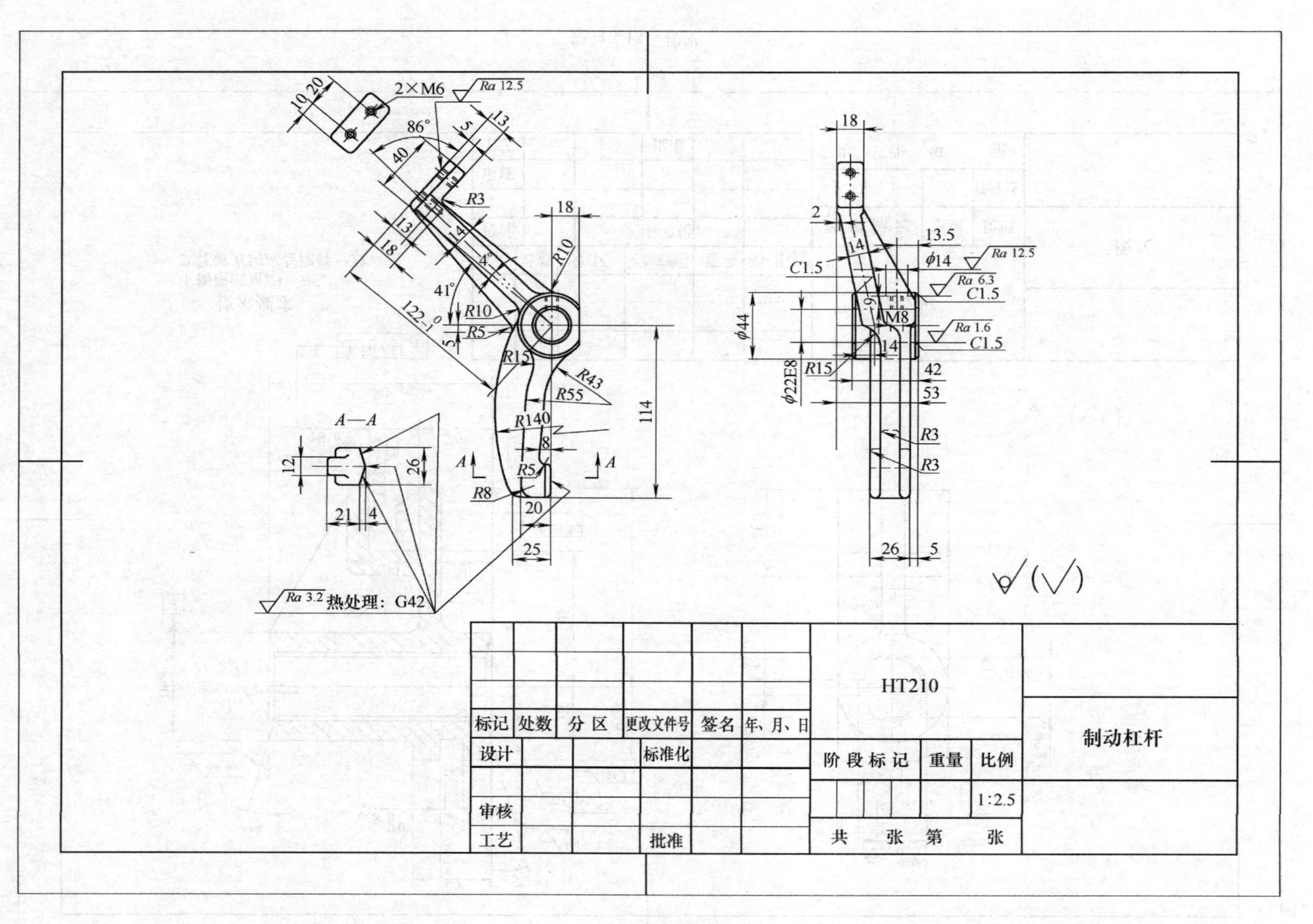
2×M6
Ra 12.5
10
20
86°
40
5
13
R3
18
13
14
4°
41°
R10
122-1 0
R10
R5
5
R15
R43
R55
R140
114
8
R5
R8
20
25
A—A
12
26
21
4
A
A
Ra 3.2 热处理：G42
18
2
13.5
ϕ14
Ra 12.5
Ra 6.3
C1.5
C1.5
14
6
M8
Ra 1.6
C1.5
ϕ44
14
R15
ϕ22E8
42
53
R3
R3
26
5
HT210
标记
处数
分 区
更改文件号
签名
年、月、日
设计
标准化
审核
工艺
批准
阶 段 标 记
重量
比例
1:2.5
共 张 第 张
制动杠杆

题目3-16 制动杠杆

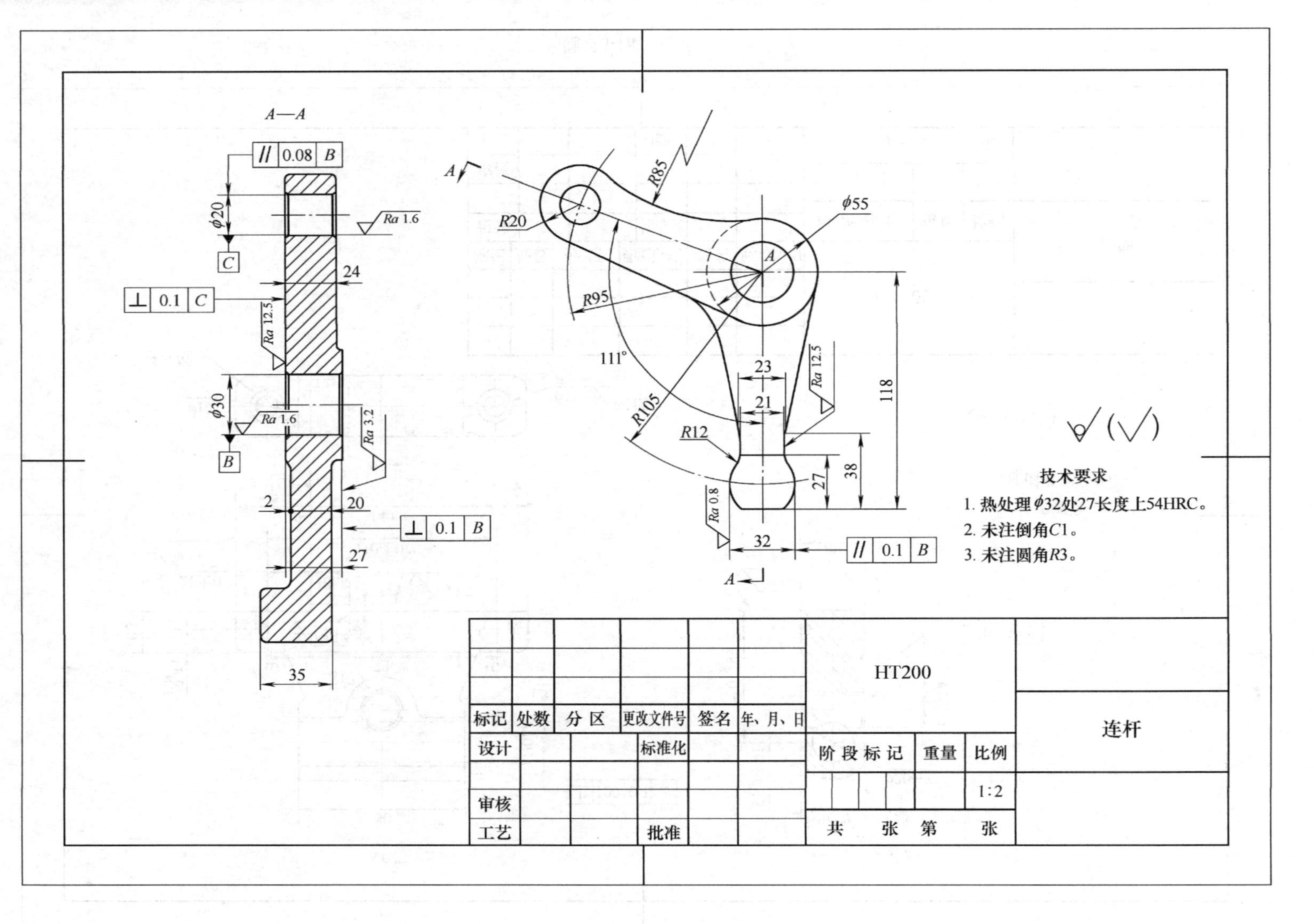
A—A
0.08 B
ϕ20
Ra 1.6
C
24
0.1 C
Ra 12.5
ϕ30
Ra 1.6
B
Ra 3.2
2
20
0.1 B
27
35
A
R85
R20
ϕ55
A
R95
111°
23
21
Ra 12.5
118
R105
R12
38
27
Ra 0.8
32
0.1 B
A
技术要求
1. 热处理ϕ32处27长度上54HRC。
2. 未注倒角C1。
3. 未注圆角R3。
HT200
连杆
标记 处数 分区 更改文件号 签名 年、月、日
设计 标准化
阶段标记 重量 比例
1:2
审核
工艺 批准
共 张 第 张

题目3-17 连杆

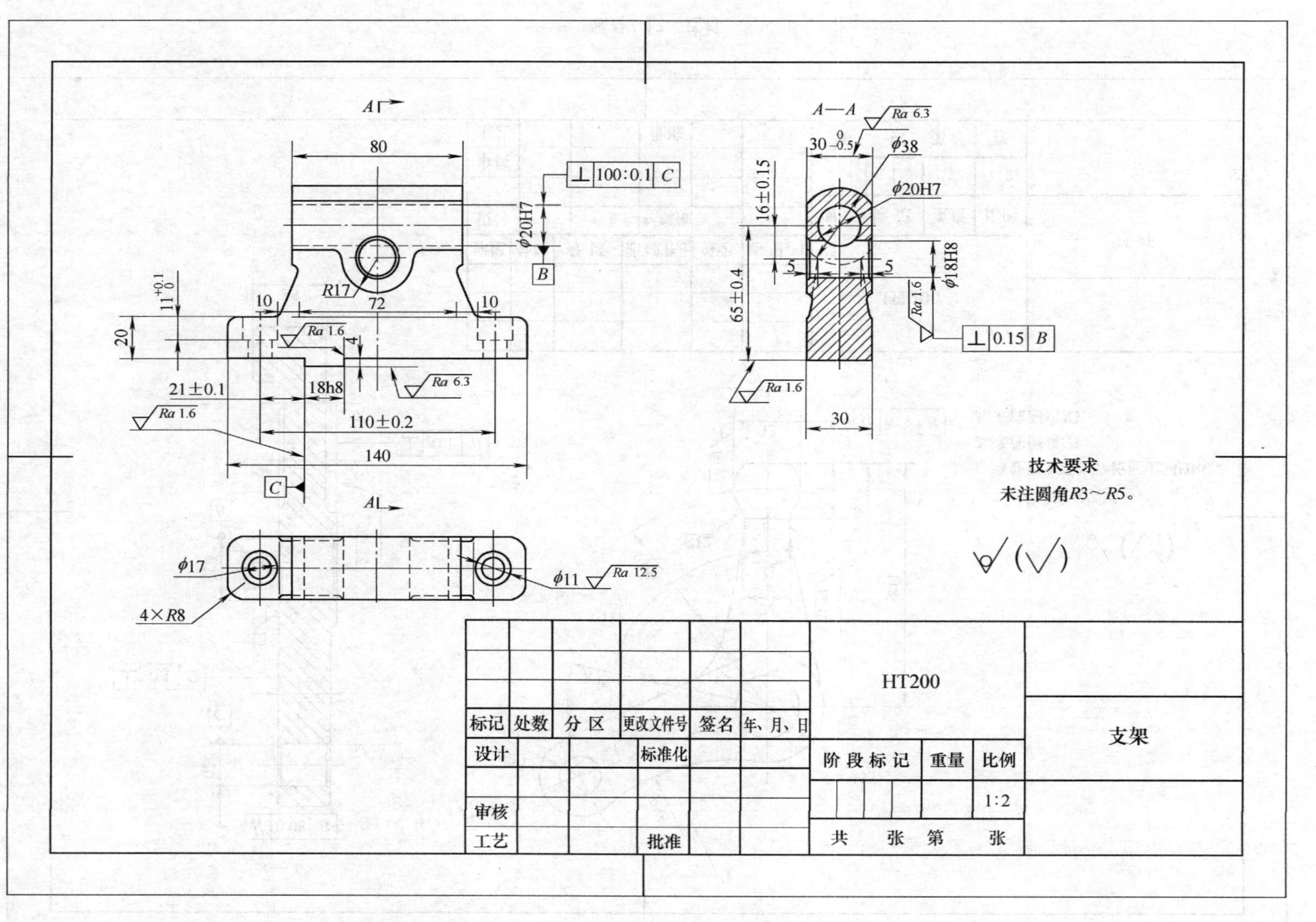

A—A
Ra 6.3
30 $^{0}_{-0.5}$
φ38
φ20H7
16±0.15
65±0.4
5
5
φ18H8
Ra 1.6
⊥ 0.15 B
Ra 1.6
30
80
⊥ 100:0.1 C
φ20H7
B
R17
72
10
10
11 $^{+0.1}_{0}$
20
Ra 1.6
4
Ra 6.3
21±0.1
18h8
Ra 1.6
110±0.2
140
C
φ17
4×R8
φ11
Ra 12.5
技术要求
未注圆角R3～R5。
HT200
支架
标记 处数 分区 更改文件号 签名 年、月、日
设计 标准化 阶段标记 重量 比例
审核 1:2
工艺 批准 共 张 第 张

题目3-18 支架

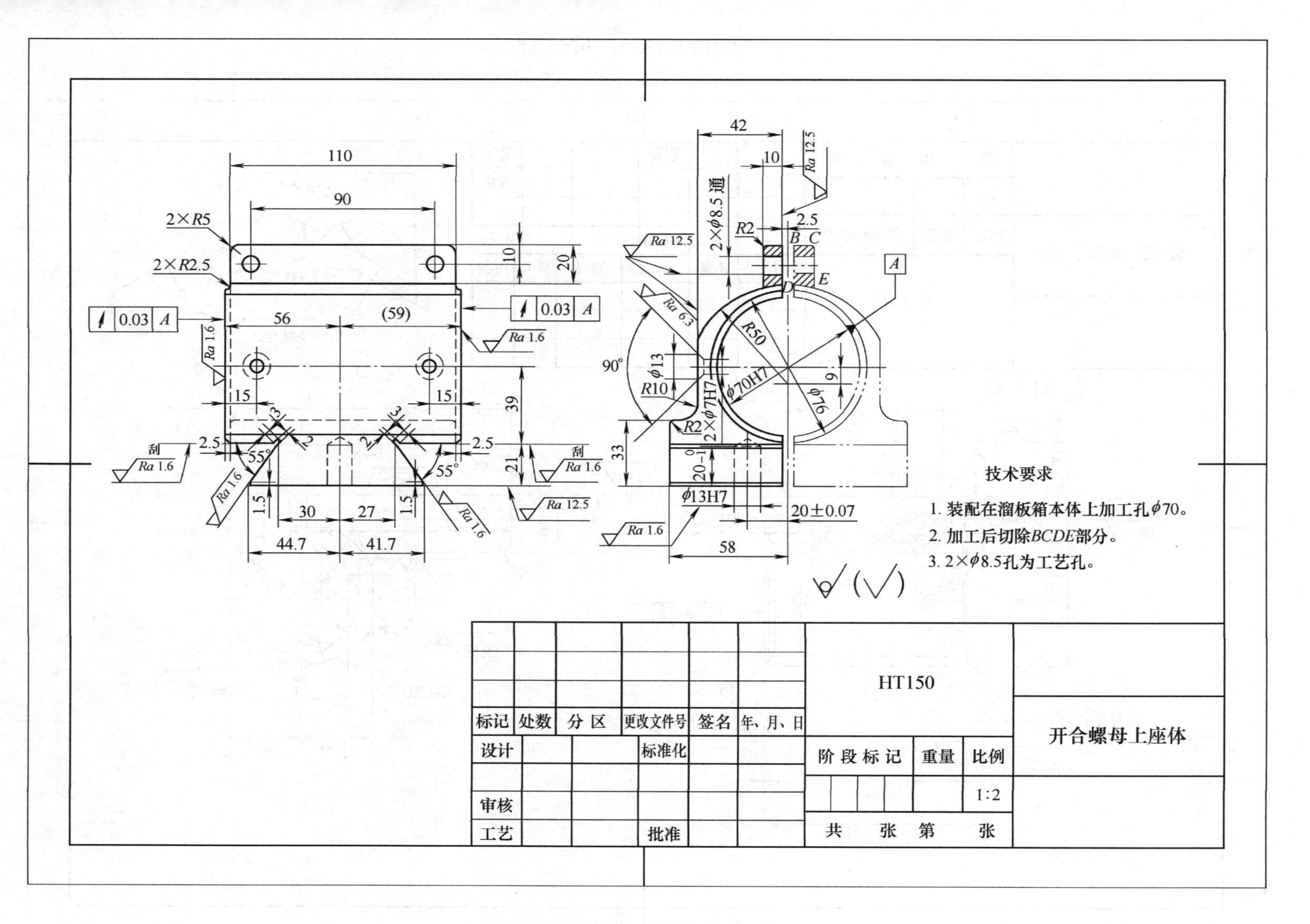

题目3-19 开合螺母上座体

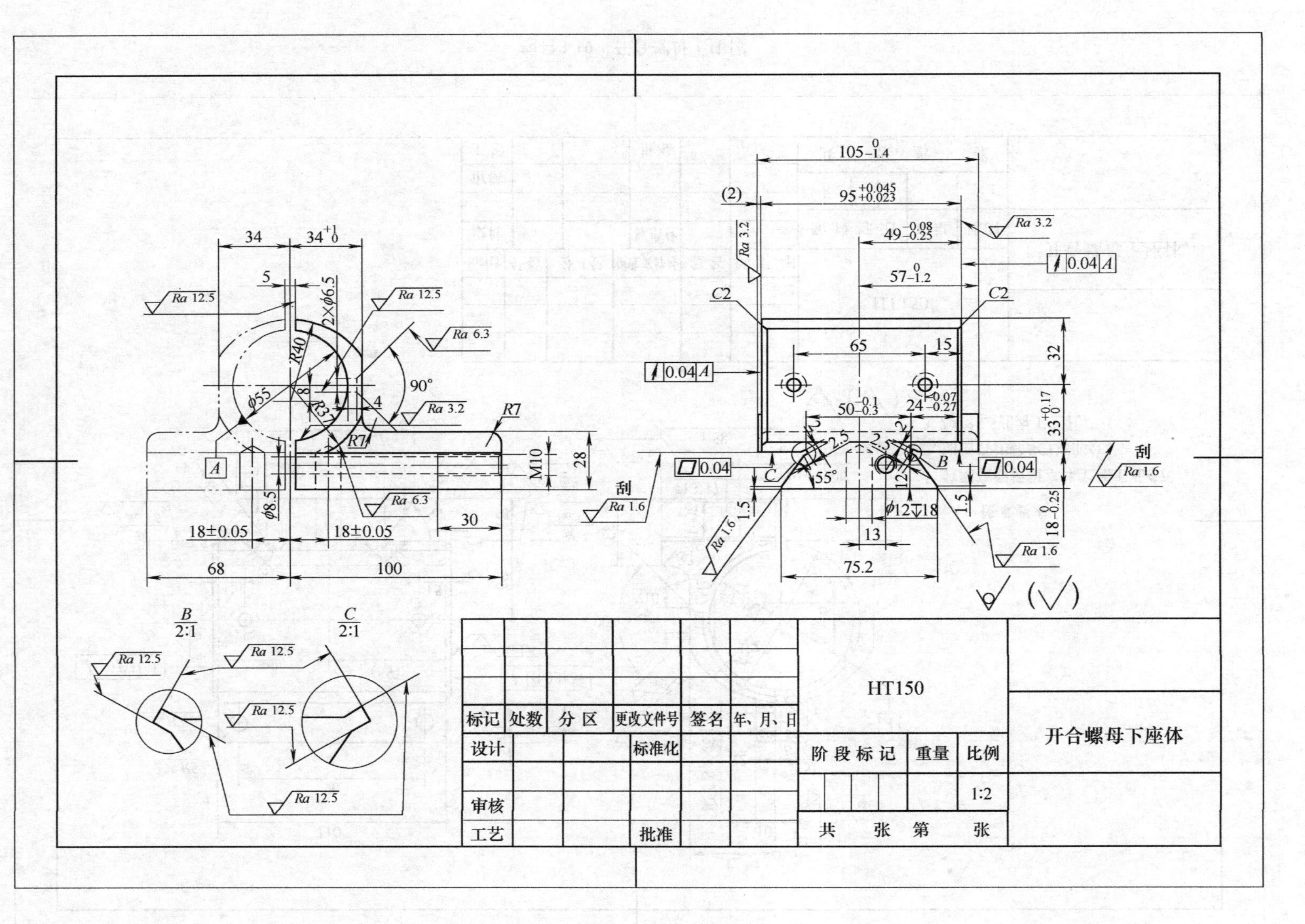

题目3-20 开合螺母下座体

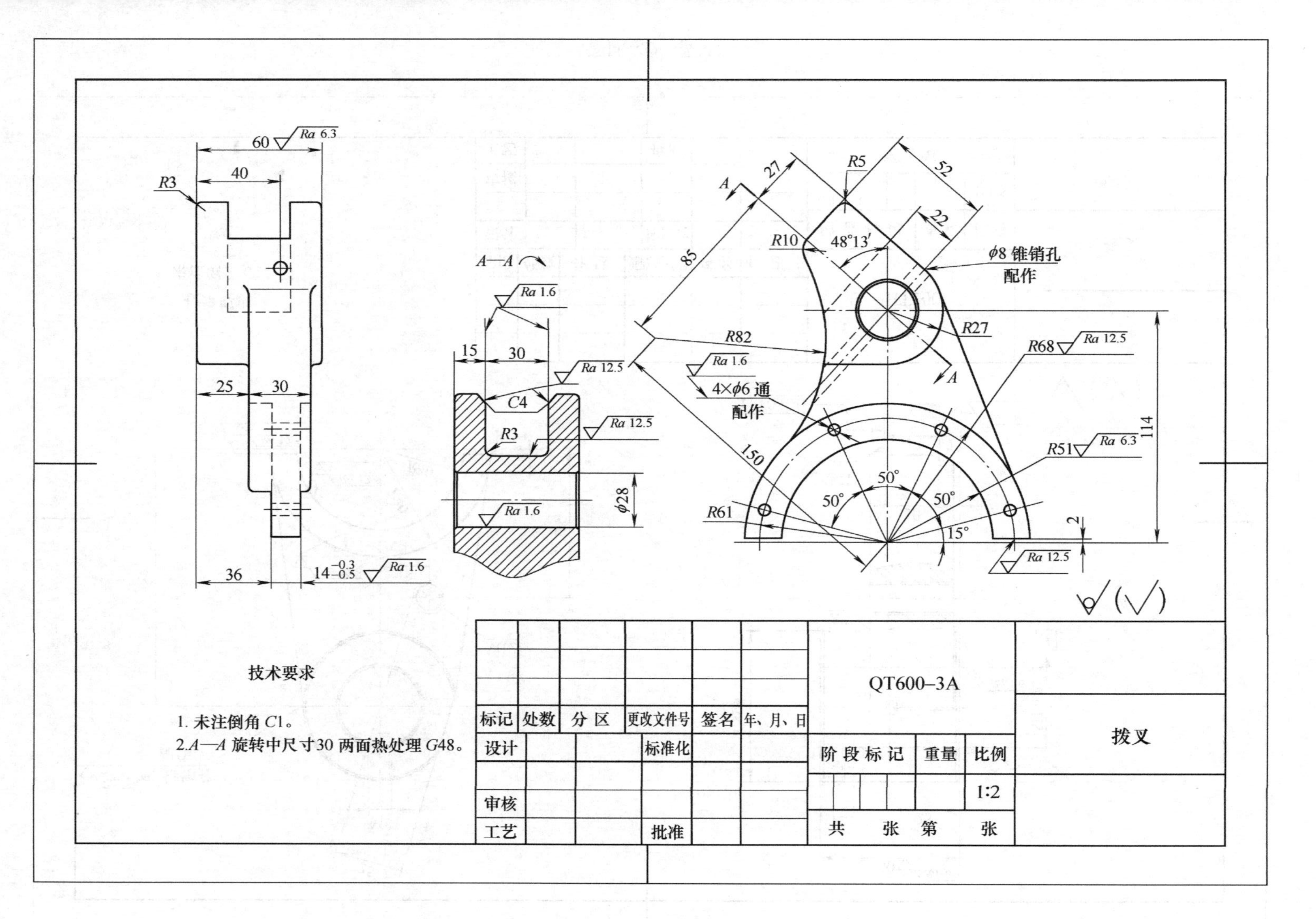
技术要求
1. 未注倒角C1。
2. A—A旋转中尺寸30两面热处理G48。
A—A
φ8 锥销孔
配作
4×φ6 通
配作
QT600-3A
拨叉
标记
处数
分区
更改文件号
签名
年、月、日
设计
标准化
审核
工艺
批准
阶段标记
重量
比例
1:2
共 张 第 张

题目3-21 拨叉

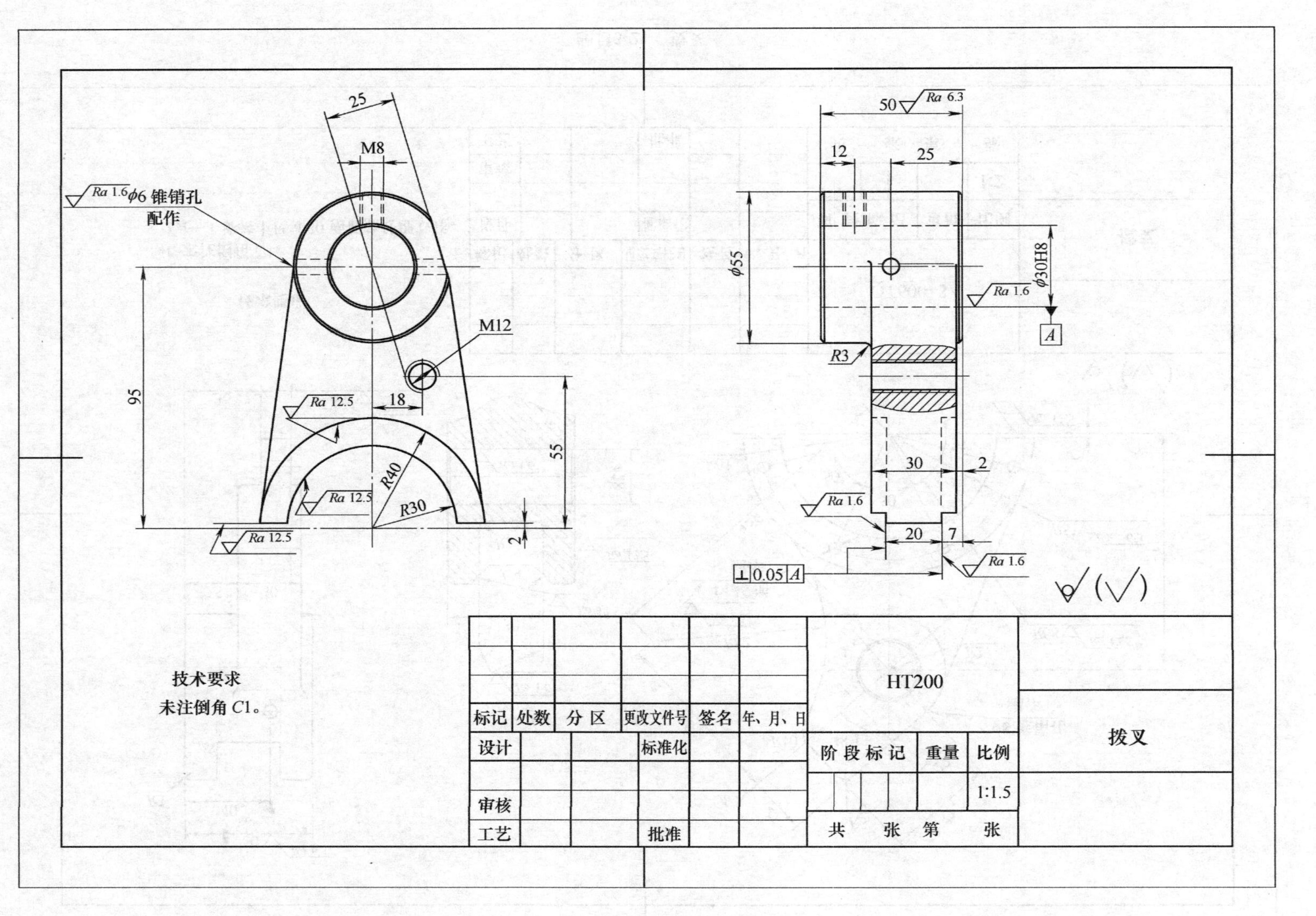

25
M8
Ra 1.6 φ6 锥销孔
配作
M12
95
Ra 12.5
18
55
R40
Ra 12.5
R30
2
Ra 12.5
50 Ra 6.3
12
25
φ55
φ30H8
Ra 1.6
A
R3
30
2
Ra 1.6
20
7
Ra 1.6
⊥0.05 A
技术要求
未注倒角 C1。
HT200
拨叉
标记
处数
分 区
更改文件号
签名
年、月、日
设计
标准化
阶段标记
重量
比例
1:1.5
审核
工艺
批准
共 张 第 张

题目3-22 拨叉

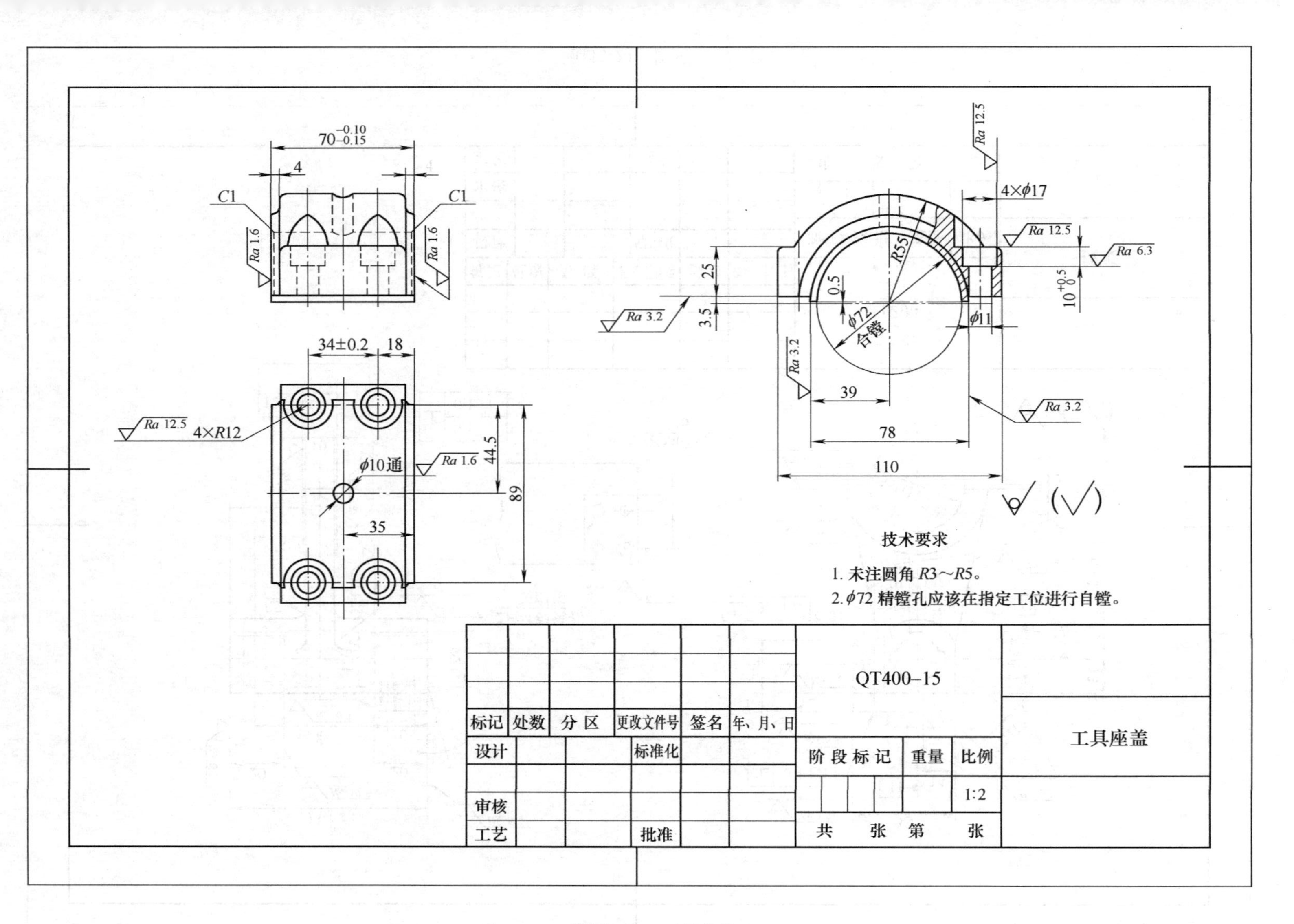
70 −0.10 −0.15
4
C1
C1
Ra 1.6
Ra 1.6
34±0.2
18
Ra 12.5
4×R12
φ10通
Ra 1.6
44.5
89
35
Ra 12.5
4×φ17
Ra 12.5
Ra 6.3
R55
25
0.5
10 +0.5 0
Ra 3.2
3.5
φ72 合镗
φ11
Ra 3.2
39
Ra 3.2
78
110
技术要求
1. 未注圆角 R3～R5。
2. φ72 精镗孔应该在指定工位进行自镗。
QT400−15
工具座盖
标记 处数 分 区 更改文件号 签名 年、月、日
设计 标准化
审核
工艺 批准
阶 段 标 记 重量 比例
1:2
共 张 第 张

题目3-23 工具座盖

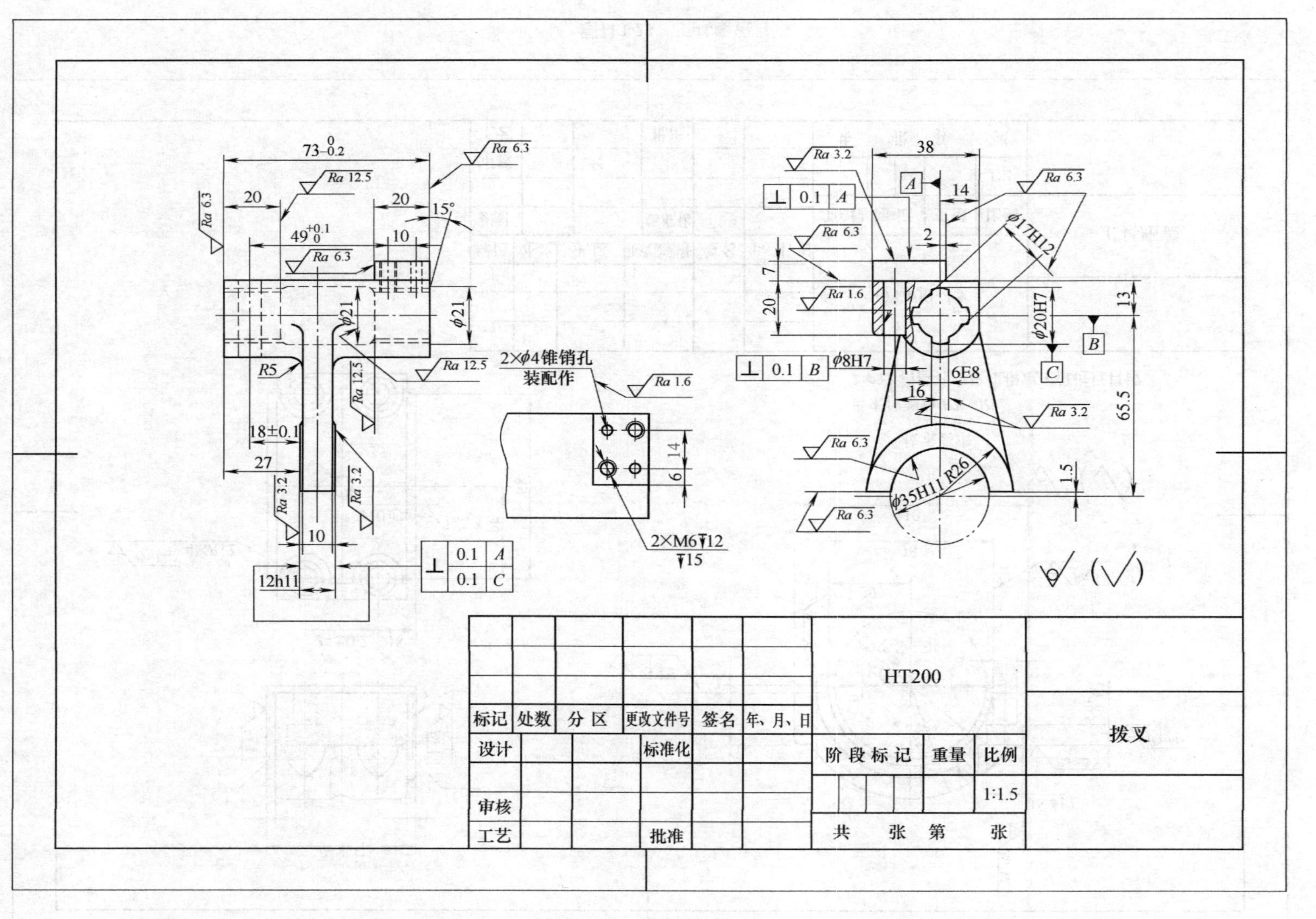
2×φ4锥销孔
装配作
2×M6▼12
▼15
φ20H7
φ17H12
φ8H7
6E8
φ35H11
R26
65.5
12h11
18±0.1
R5
φ21
HT200
标记
处数
分区
更改文件号
签名
年、月、日
设计
标准化
审核
工艺
批准
阶段标记
重量
比例
1:1.5
共 张 第 张
拨叉

题目3-24 拨叉

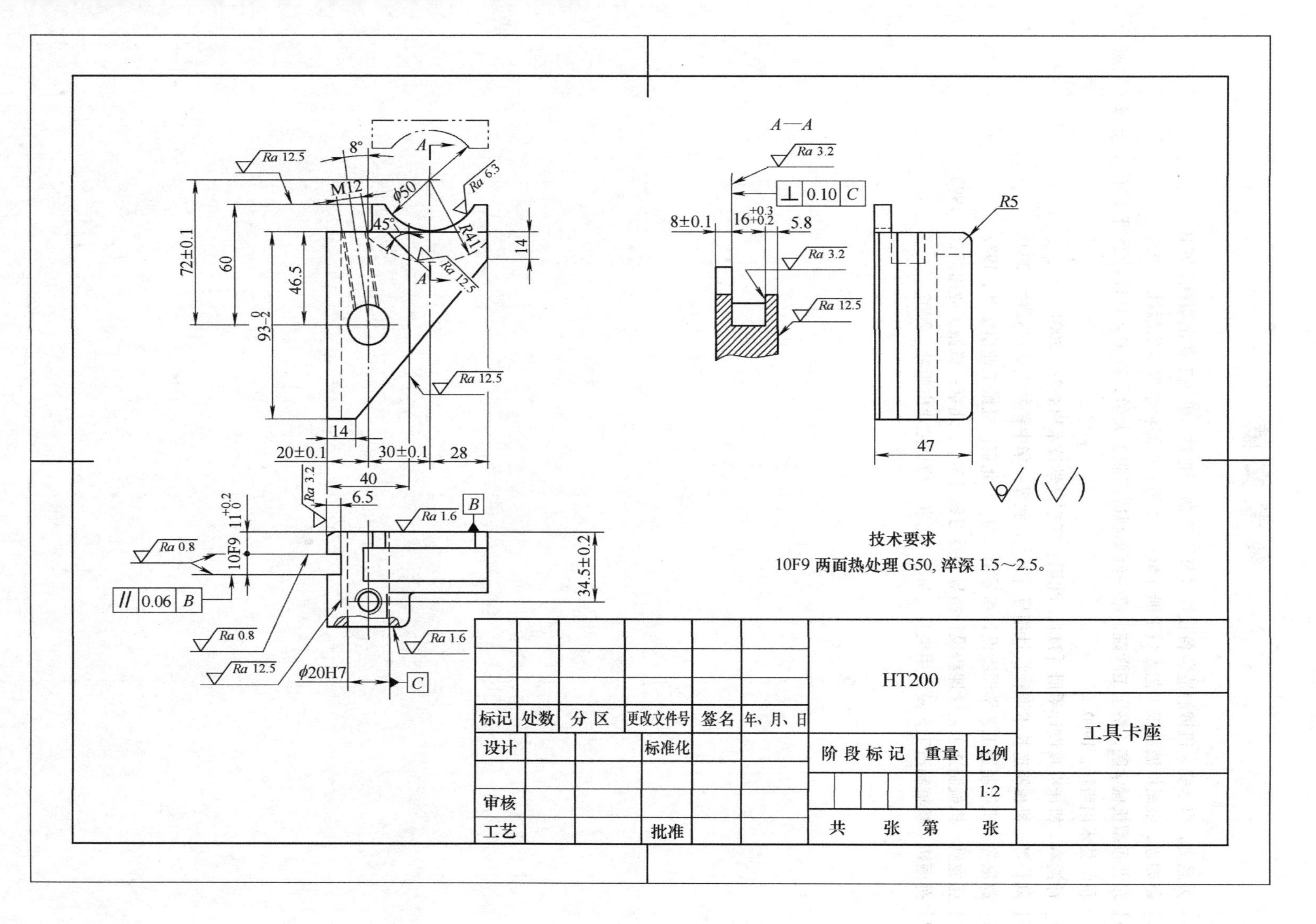
A—A
技术要求
10F9 两面热处理 G50，淬深 1.5～2.5。
HT200
工具卡座
标记 处数 分区 更改文件号 签名 年、月、日
设计 标准化
审核
工艺 批准
阶段标记 重量 比例
1:2
共　张　第　张

题目3-25　工具卡座

参考文献

[1] 关慧贞，冯辛安．机械制造装备设计 [M]．3 版．北京：机械工业出版社，2010.
[2] 赵如福．金属机械加工工艺人员手册 [M]．上海：上海科学技术出版社，1990.
[3] 东北重型机械学院，洛阳工学院，第一汽车制造厂职工大学．机床夹具设计手册 [M]．上海：上海科学技术出版社，1990.
[4] 徐鸿本．机床夹具设计手册 [M]．沈阳：辽宁科学技术出版社，2004.
[5] 刘长青．机械制造技术课程设计指导 [M]．武汉：华中科技大学出版社，2007.
[6] 赵家齐．机械制造工艺学课程设计指导书 [M]．北京：机械工业出版社，1987.
[7] 张龙勋．机械制造工艺学课程设计指导书及习题 [M]．北京：机械工业出版社，1993.
[8] 孙丽媛．机械制造工艺及专用夹具 [M]．北京：冶金工业出版社，2002.

图 2 - 29

图 2 - 46

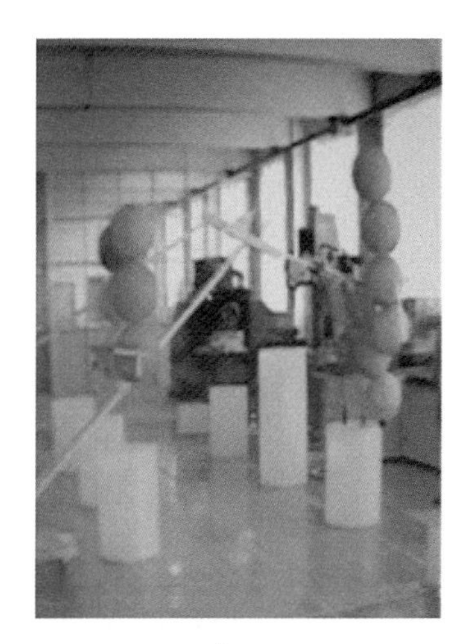

a)

b)

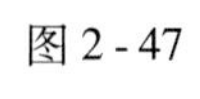

图 2 - 47

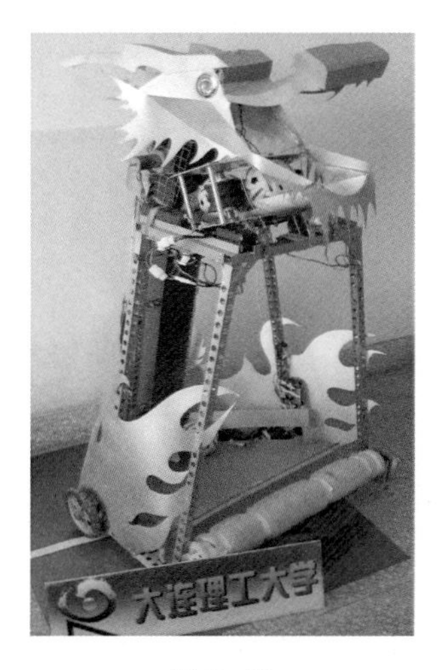

图 2 - 50

图 2 - 51

图 2 - 52

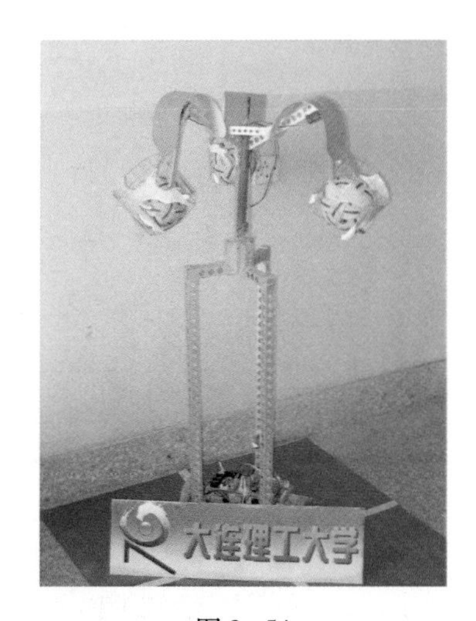

图 2 - 54

图 2 - 55

图 2 - 60

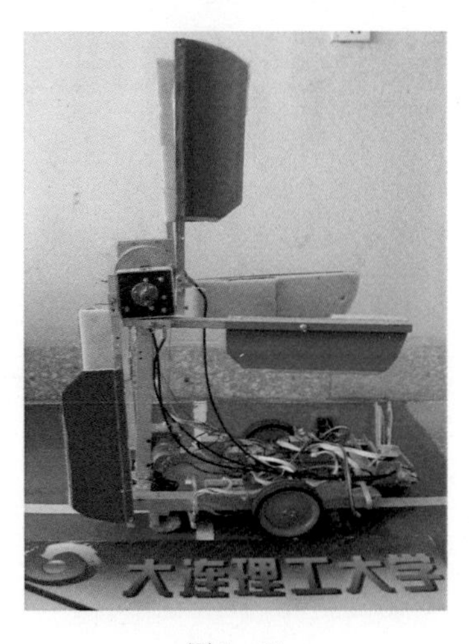

图 2 - 61

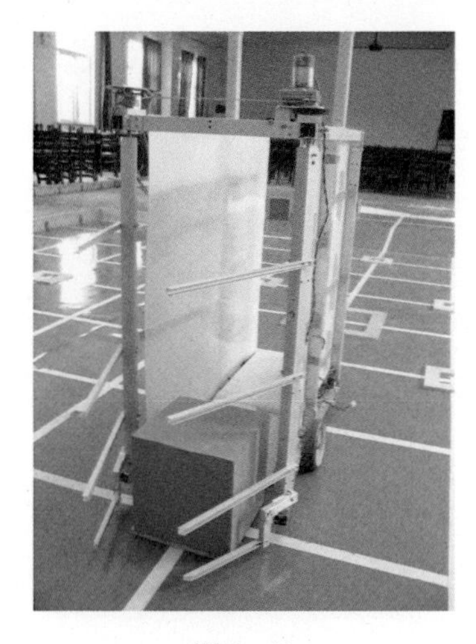

图 2 - 64